CALCUDOKU JAPANESE LOGIC PUZZLES

I0406004

Copyright © 2019 Creative Logic Press

All rights reserved. This book or any portion thereof may not be reproduced or used in any manner whatsoever without the express written permission of the publisher except for the use of brief quotations in a book review.

CALCUDOKU

HOW TO SOLVE

CALCUDOKU IS A MATHEMATICAL AND LOGICAL PUZZLE LOOSELY SIMILAR TO SUDOKU. IT WAS INVENTED BY A JAPANESE MATHEMATICS TEACHER TETSUYA MIYAMOTO. THE OBJECTIVE IS TO FILL THE GRID IN WITH THE DIGITS 1 THROUGH N (WHERE N IS THE NUMBER OF ROWS OR COLUMNS IN THE GRID) SUCH THAT:

*EACH ROW CONTAINS EXACTLY ONE OF EACH DIGIT.
*EACH COLUMN CONTAINS EXACTLY ONE OF EACH DIGIT.
*EACH BOLD-OUTLINED GROUP OF CELLS (BLOCK) CONTAINS DIGITS WHICH ACHIEVE THE SPECIFIED RESULT USING THE SPECIFIED MATHEMATICAL OPERATION: ADDITION (+), SUBTRACTION (-), MULTIPLICATION (×), AND DIVISION (÷).

UNLIKE KILLER SUDOKU, DIGITS MAY REPEAT WITHIN A BLOCK.

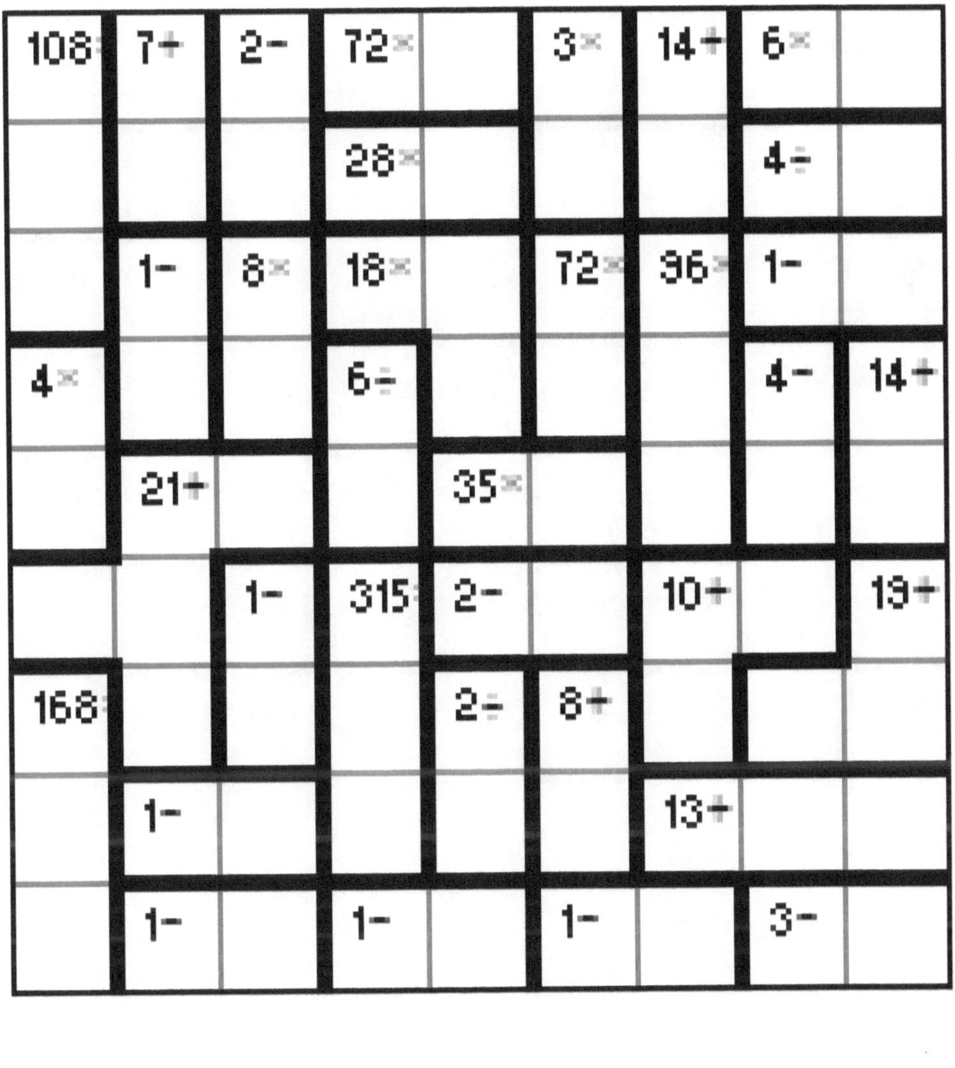

1

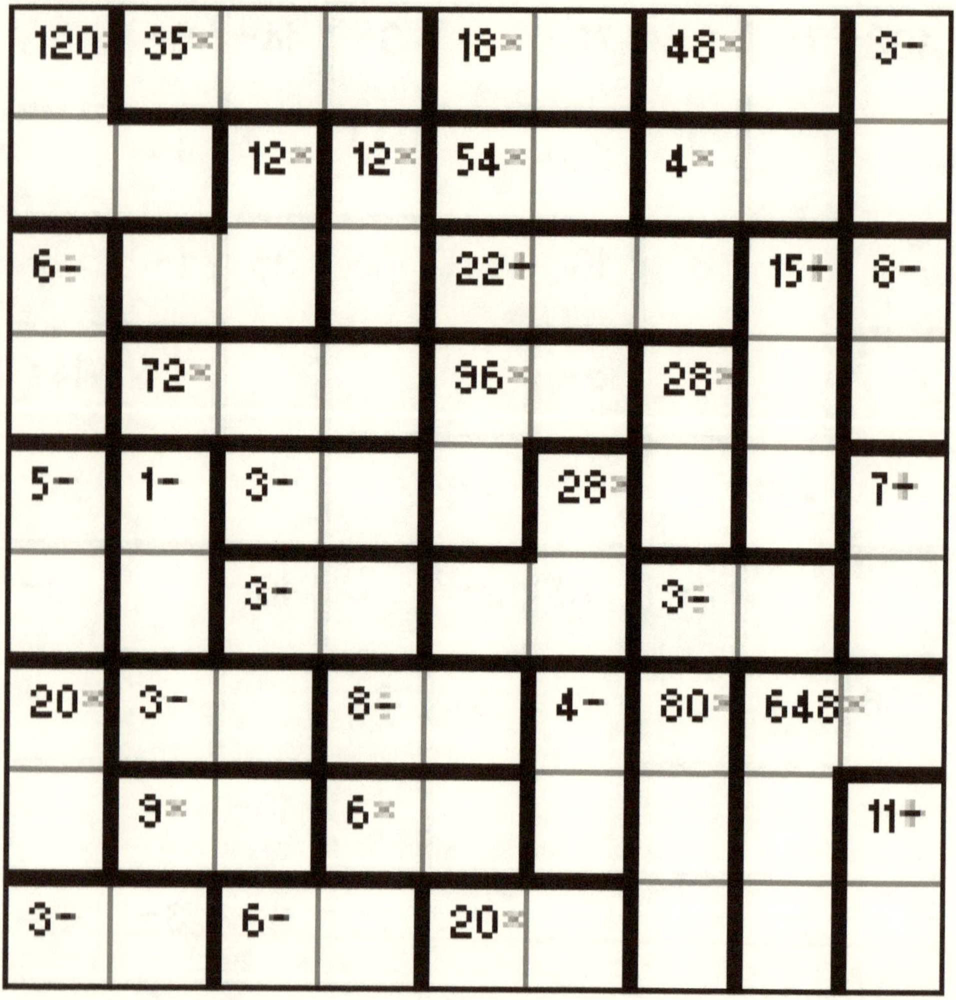

2

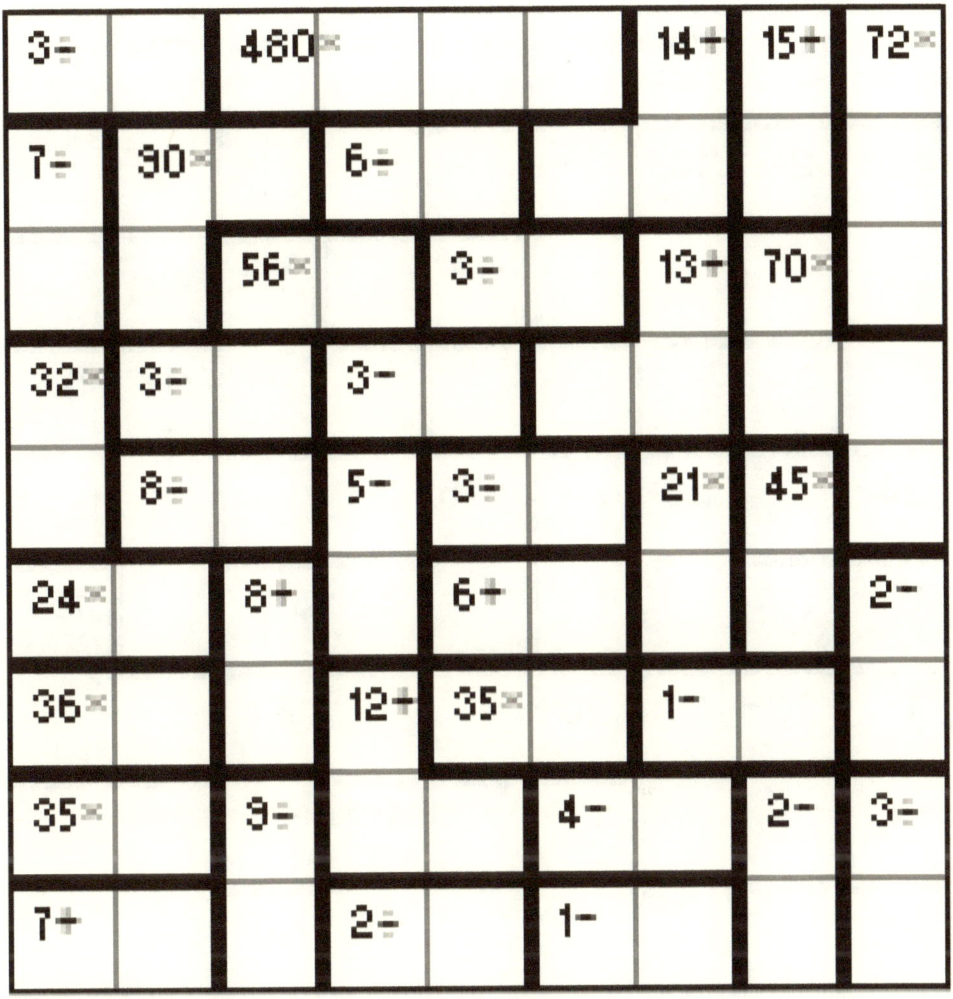

3÷		480×				14+	15+	72×
7÷	90×		6÷					
		56×		3=		13+	70×	
32×	3÷		3−					
	8÷		5−	3=		21×	45×	
24×		8+		6+				2−
36×			12+	35×		1−		
35×		9÷			4−		2−	3÷
7+			2÷		1−			

3

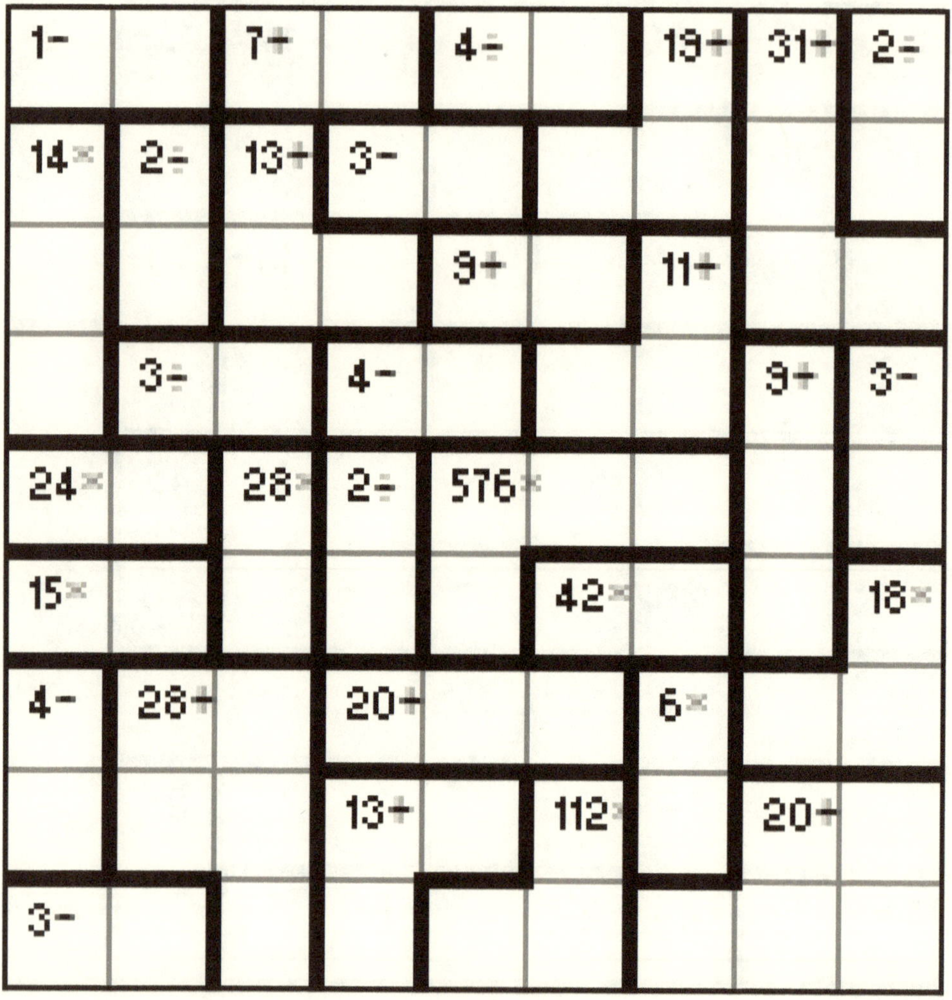

4

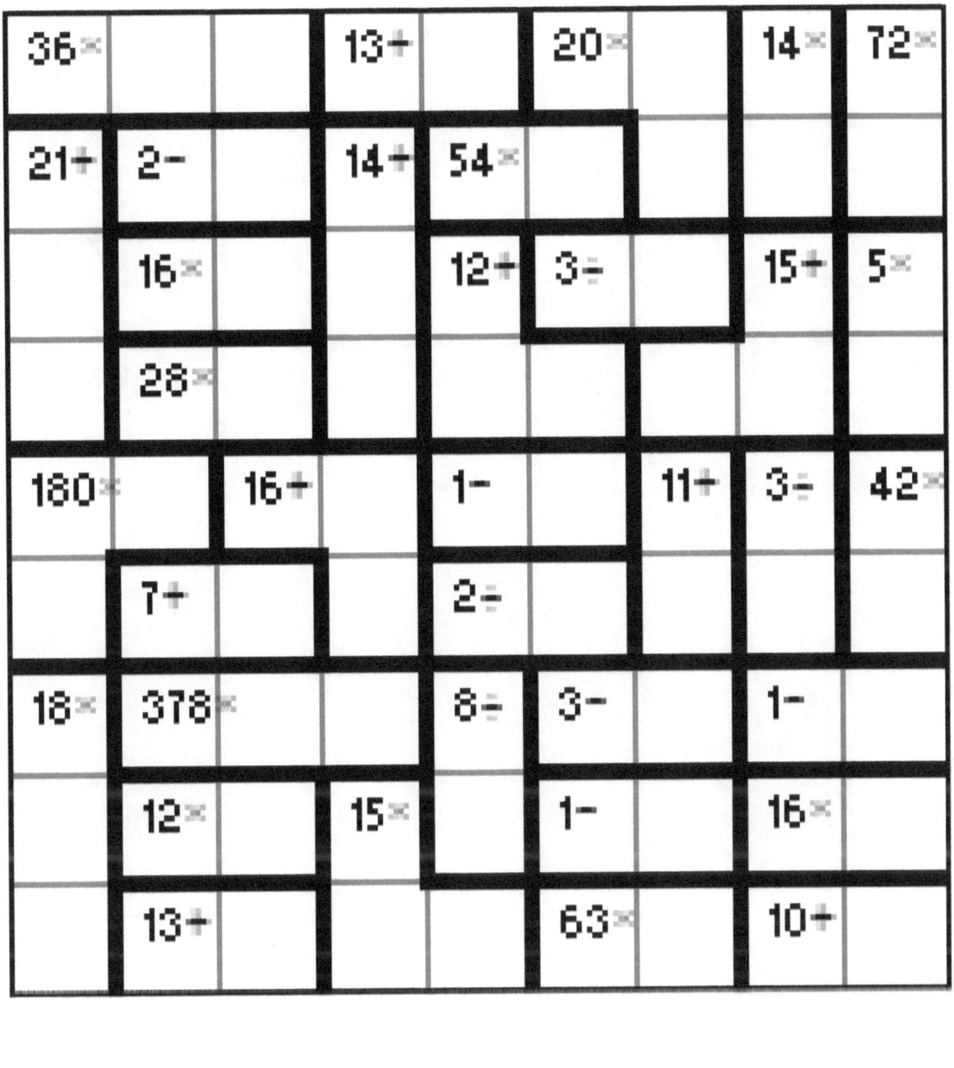

5

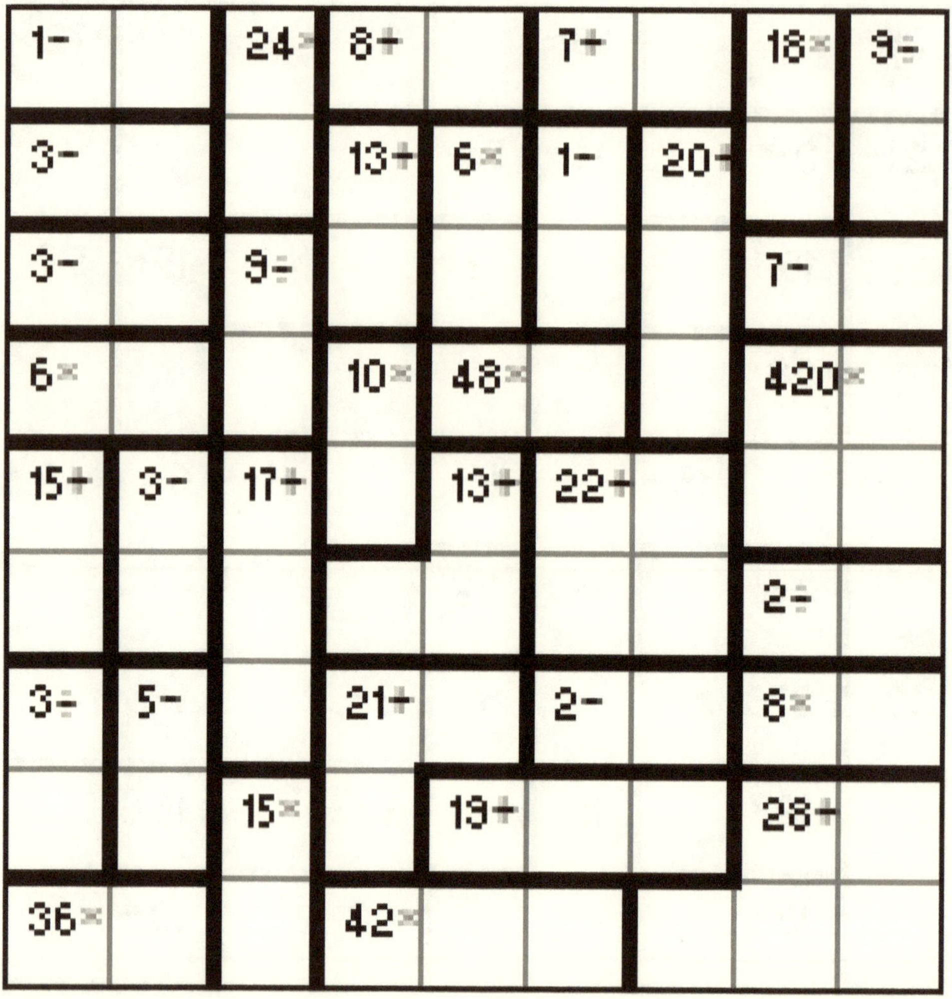

6

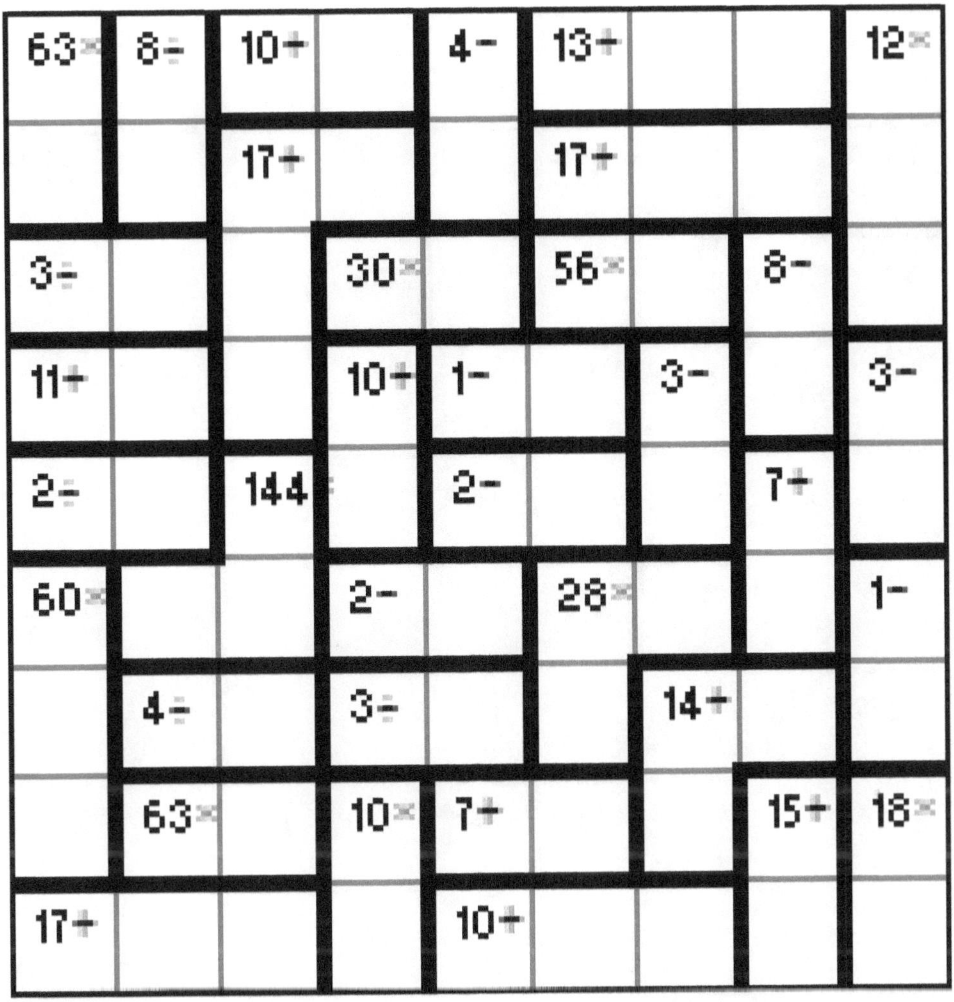

7

63×	8÷	10+		4−	13+			12×
		17+			17+			
3÷			30×		56×		8−	
11+			10+	1−		3−		3−
2÷		144×		2−			7+	
60×			2−		28×			1−
	4÷		3÷			14+		
	63×		10×	7+			15+	18×
17+				10+				

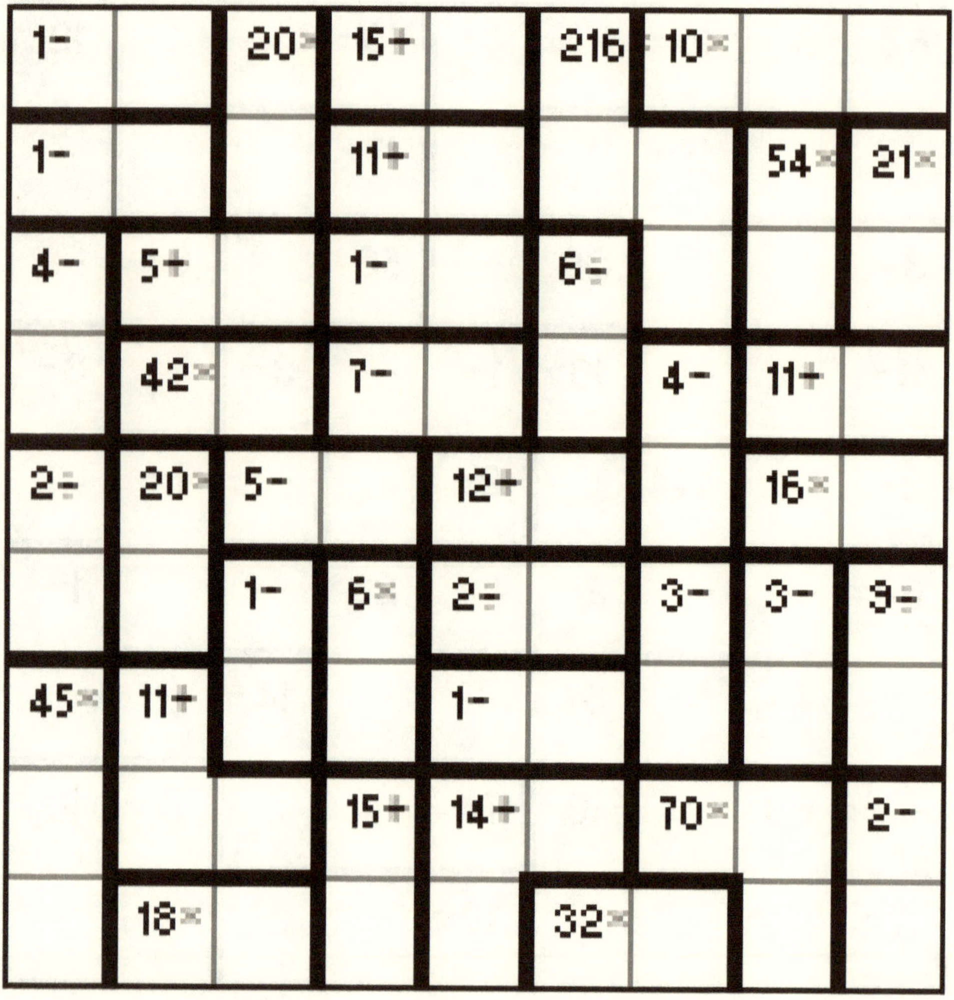

8

1−		20×	15+		216×	10×		
1−			11+				54×	21×
4−	5+		1−		6÷			
	42×		7−			4−	11+	
2÷	20×	5−		12+			16×	
		1−	6×	2÷		3−	3−	9÷
45×	11+			1−				
			15+	14+		70×		2−
	18×				32×			

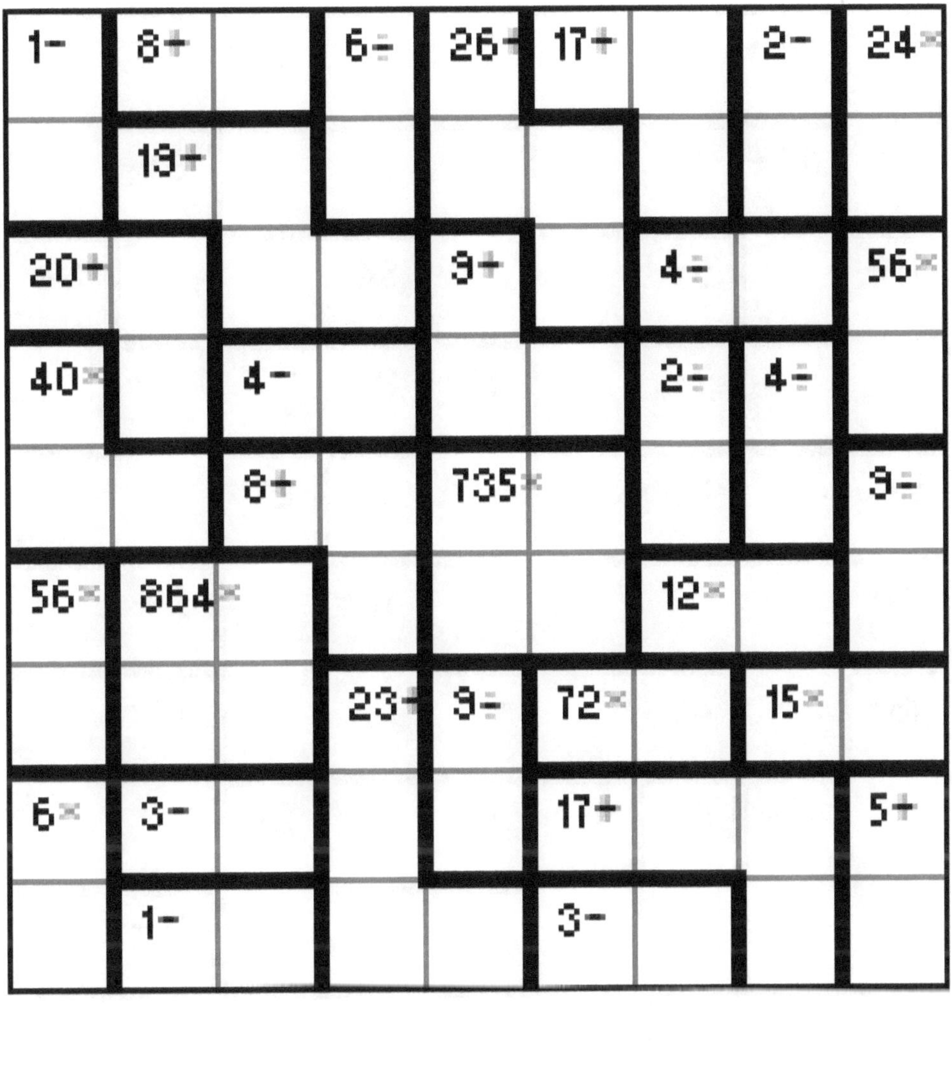

9

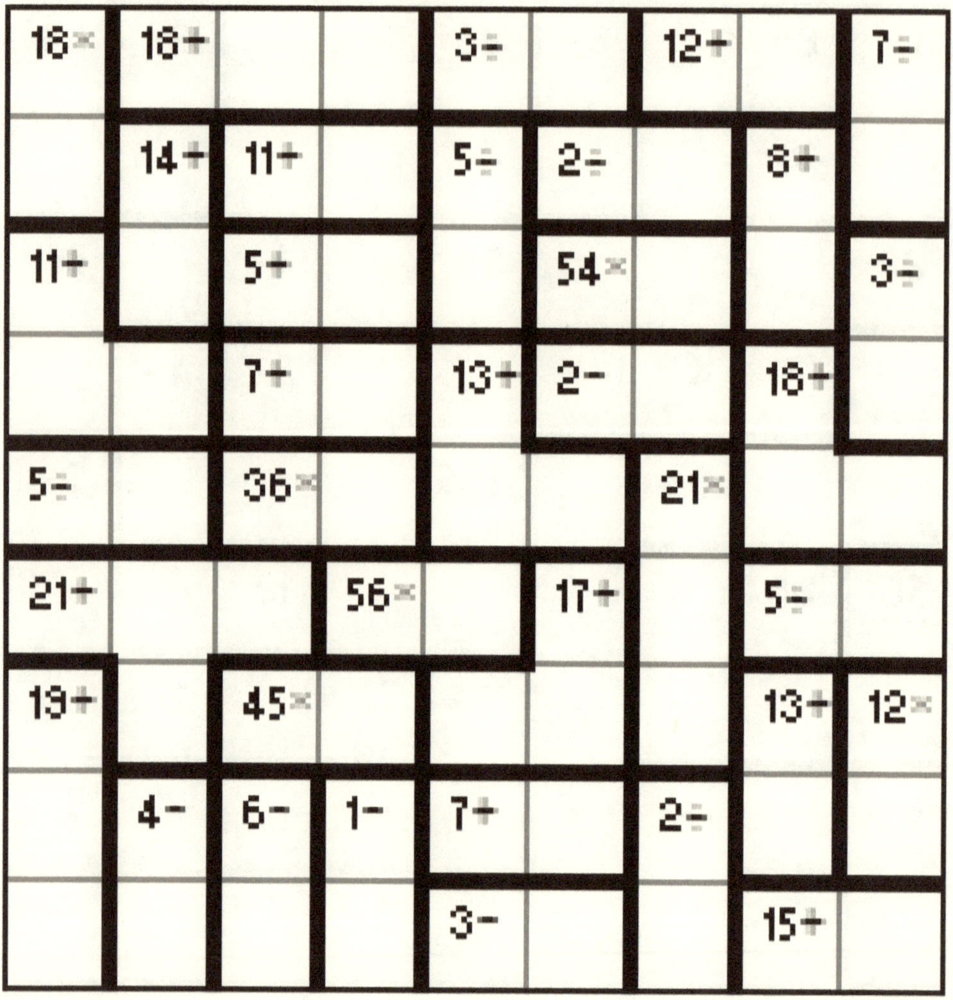

10

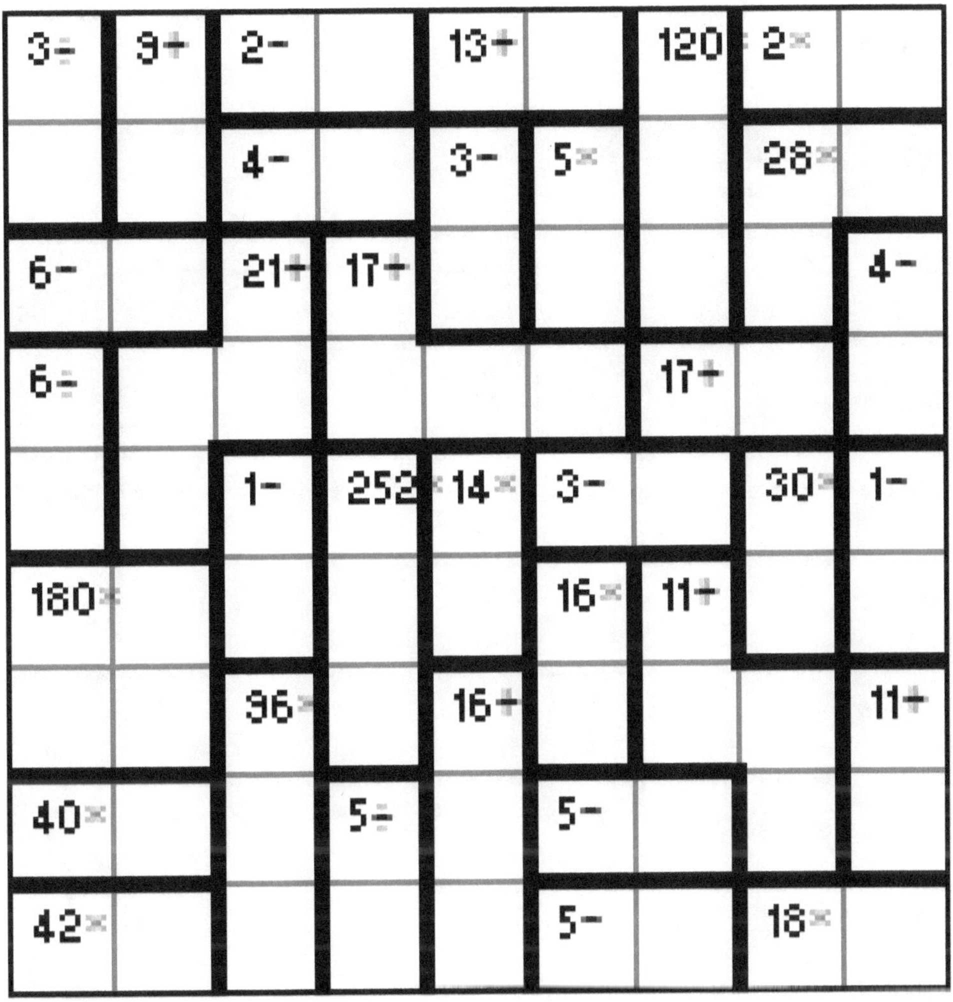

11

16+		2÷		30×		5+		8×
2÷	18+		5−	3×		30×		
	13+			17+		18+	14+	
			27+	15+				
27×	9+				2×		17+	24×
	9+			2−				
22+			4÷		16+		7+	
	10+		7−		12+	1−	18×	
14+		3÷					16+	

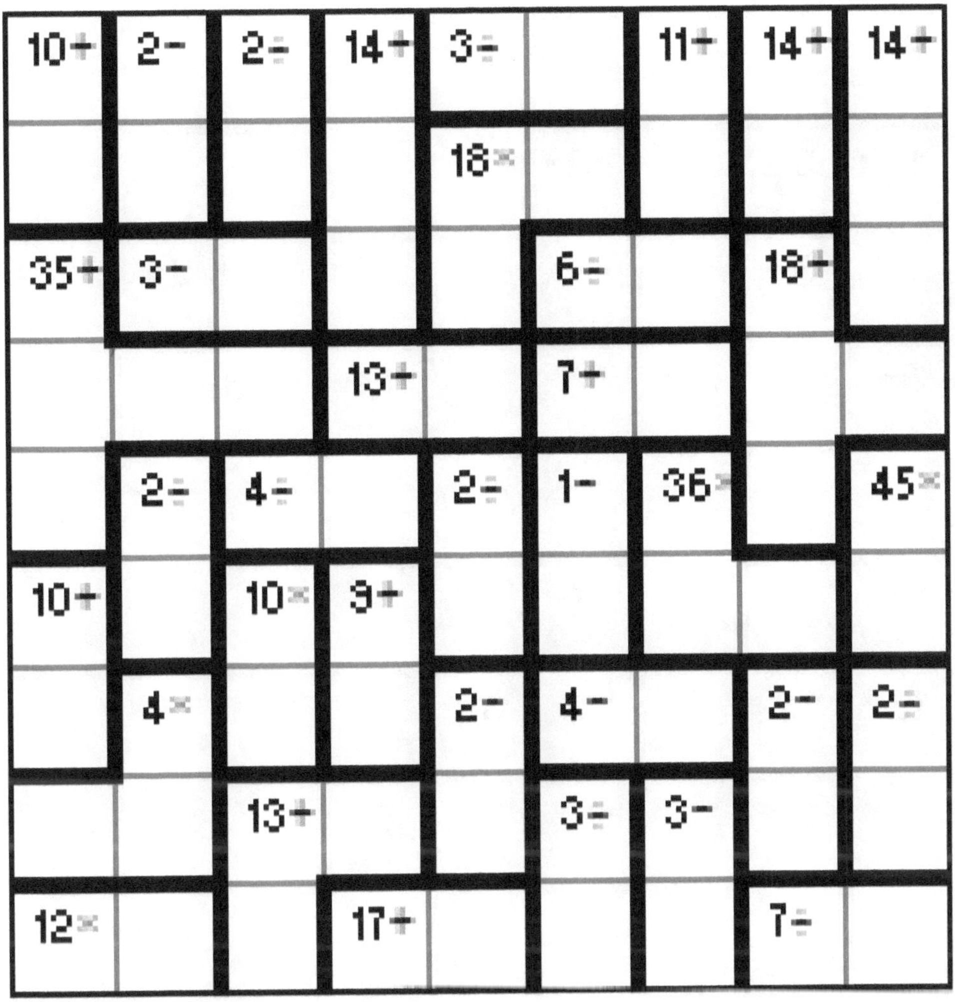

13

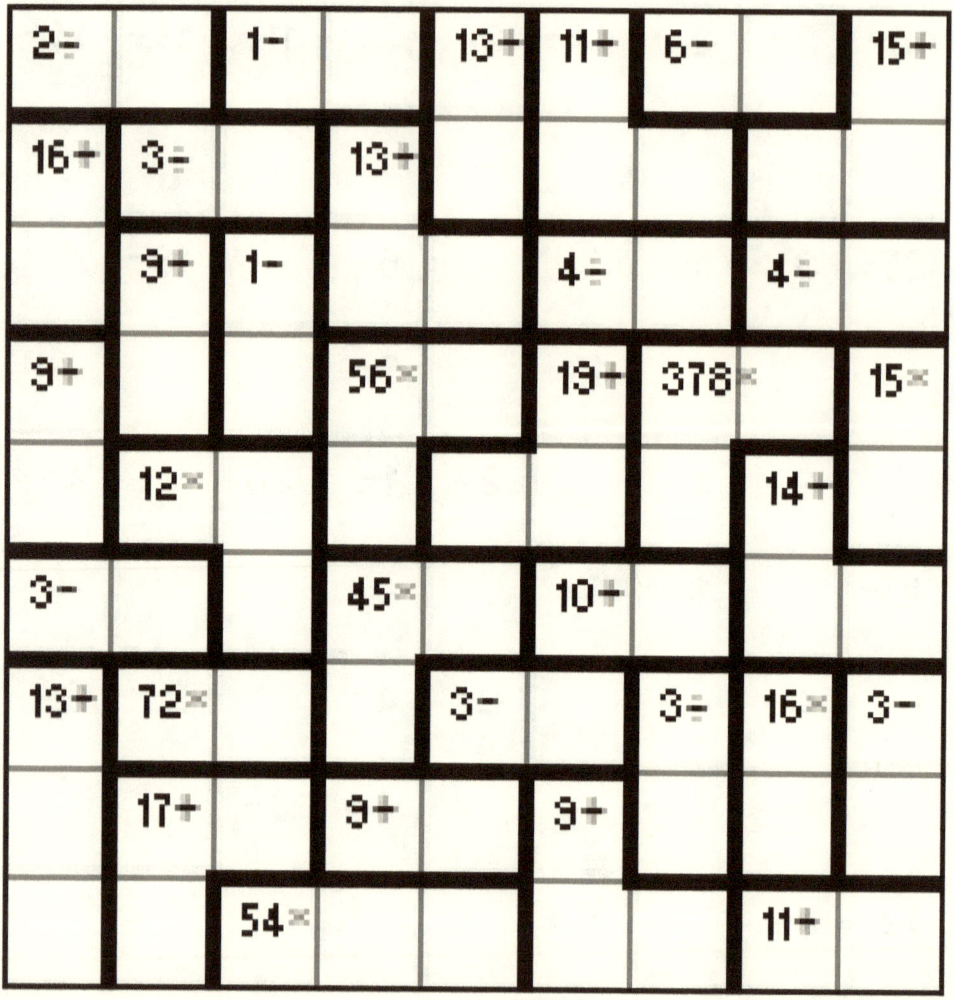

2÷		1−		13+	11+	6−		15+
16+	3÷		13+					
	9+	1−			4÷		4÷	
9+			56×		19+	378×		15×
	12×						14+	
3−			45×		10+			
13+	72×			3−		3÷	16×	3−
	17+		9+		9+			
		54×					11+	

14

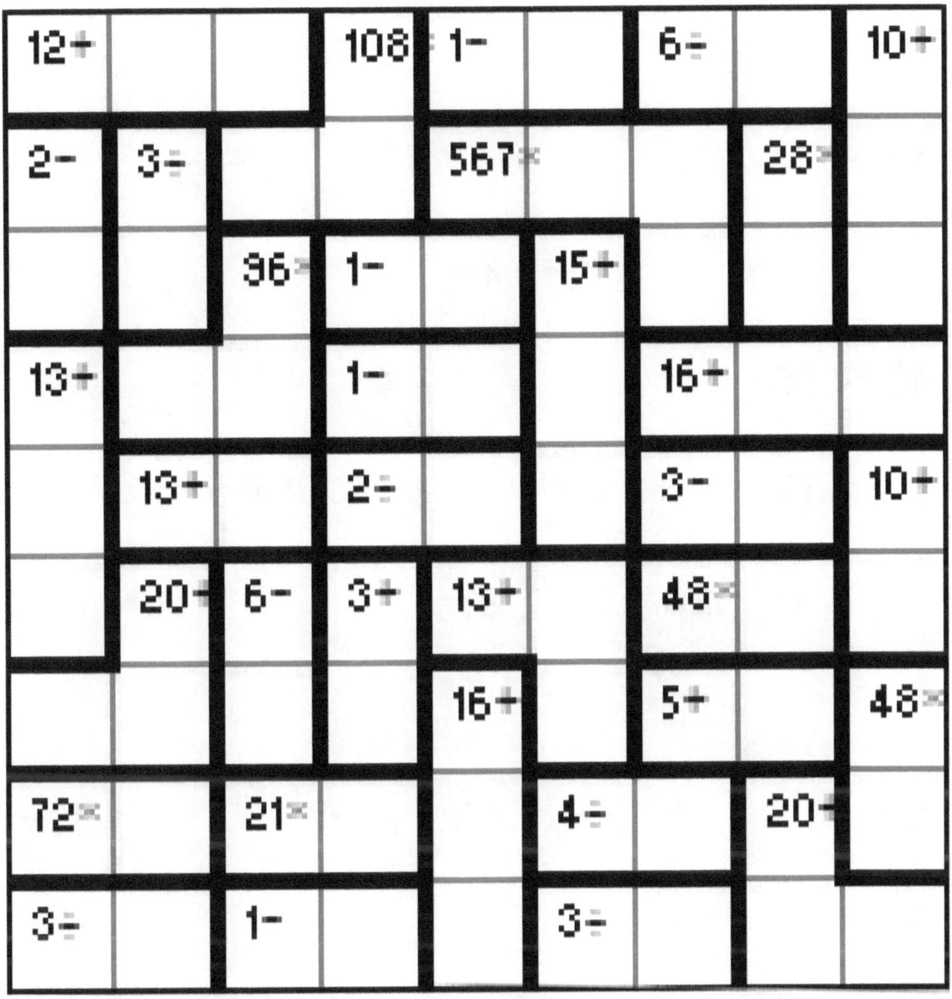

15

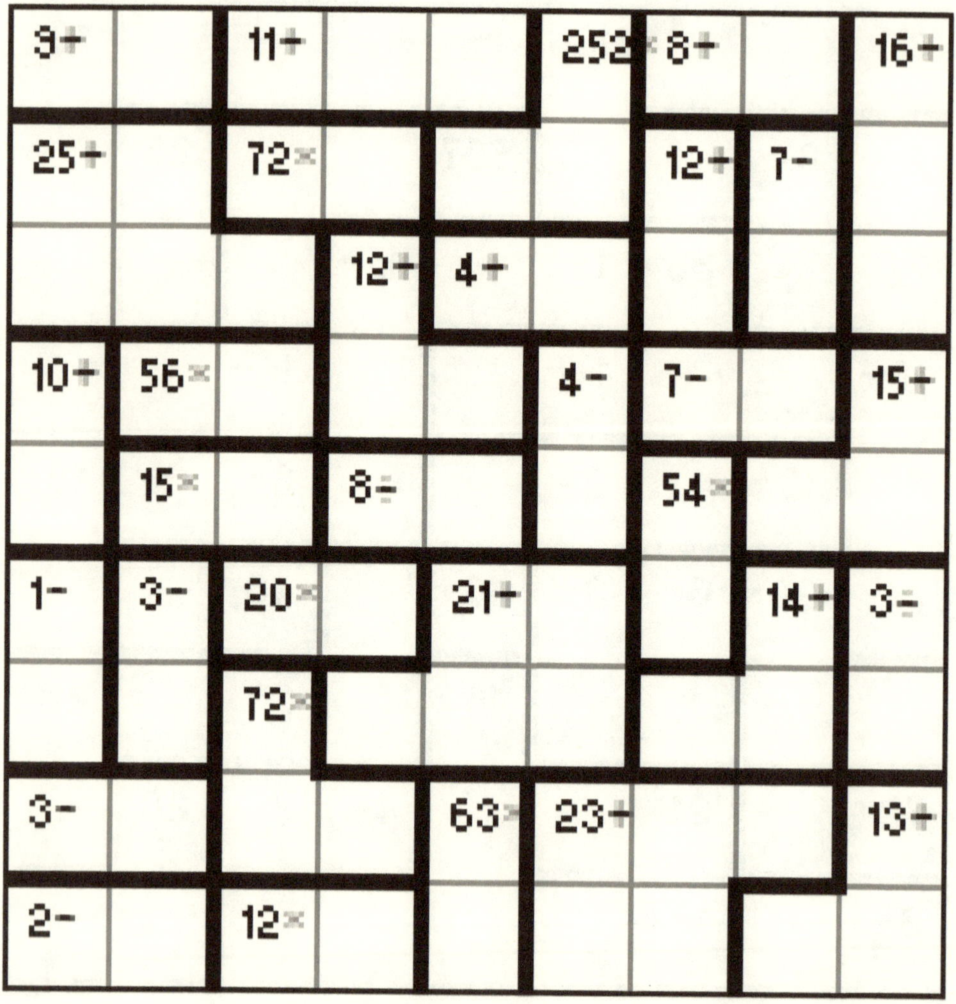

16

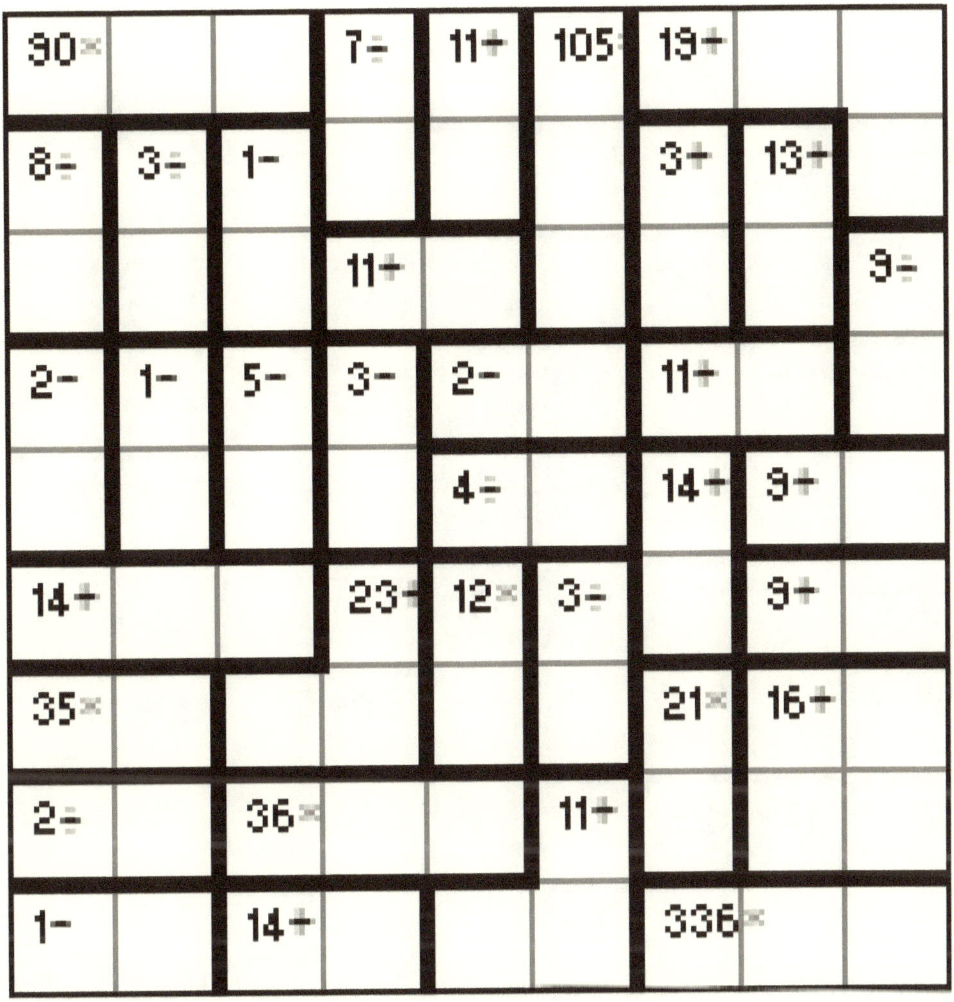
90×
7÷
11+
105×
19+
8÷
3÷
1−
3+
13+
11+
9÷
2−
1−
5−
3−
2−
11+
4÷
14+
9+
14+
23+
12×
3÷
9+
35×
21×
16+
2÷
36×
11+
1−
14+
336×

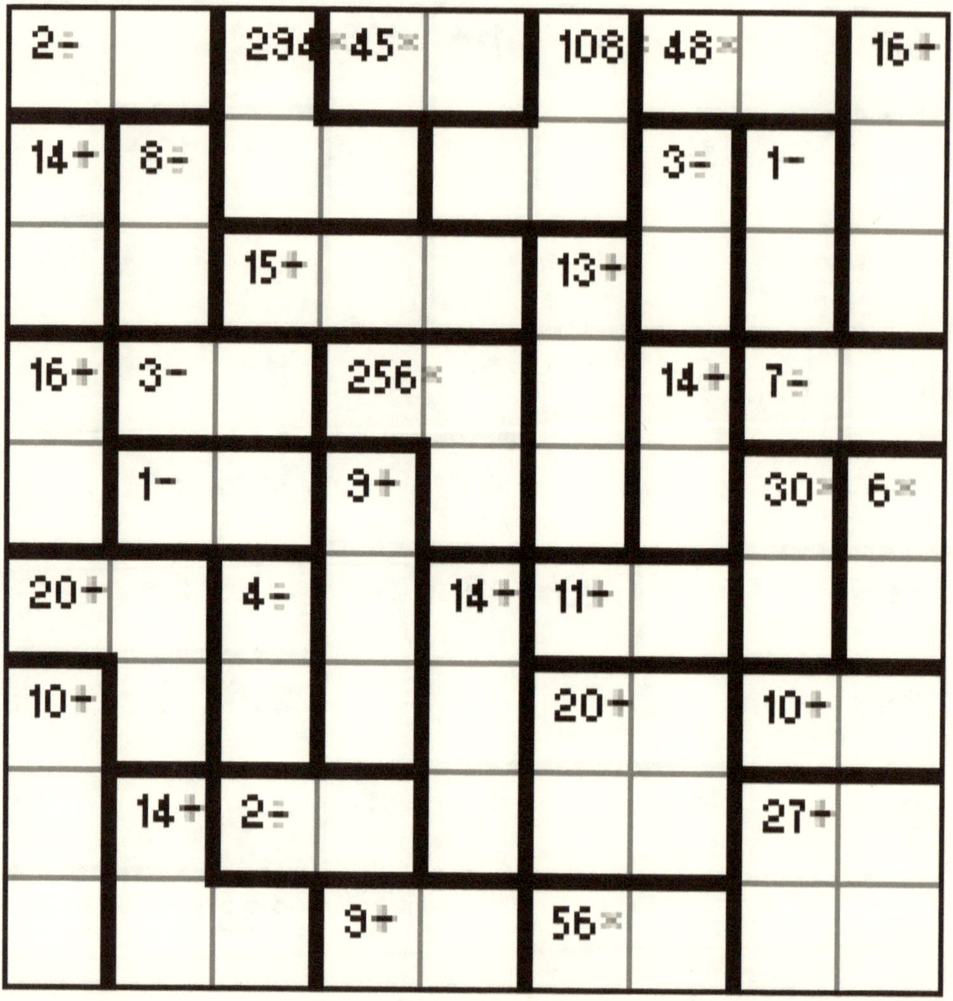

2÷		294×	45×		108×	48×		16+
14+	8÷					3÷	1−	
		15+			13+			
16+	3−		256×			14+	7÷	
	1−		9+				30×	6×
20+		4÷		14+	11+			
10+					20+		10+	
	14+	2÷					27+	
			9+		56×			

18

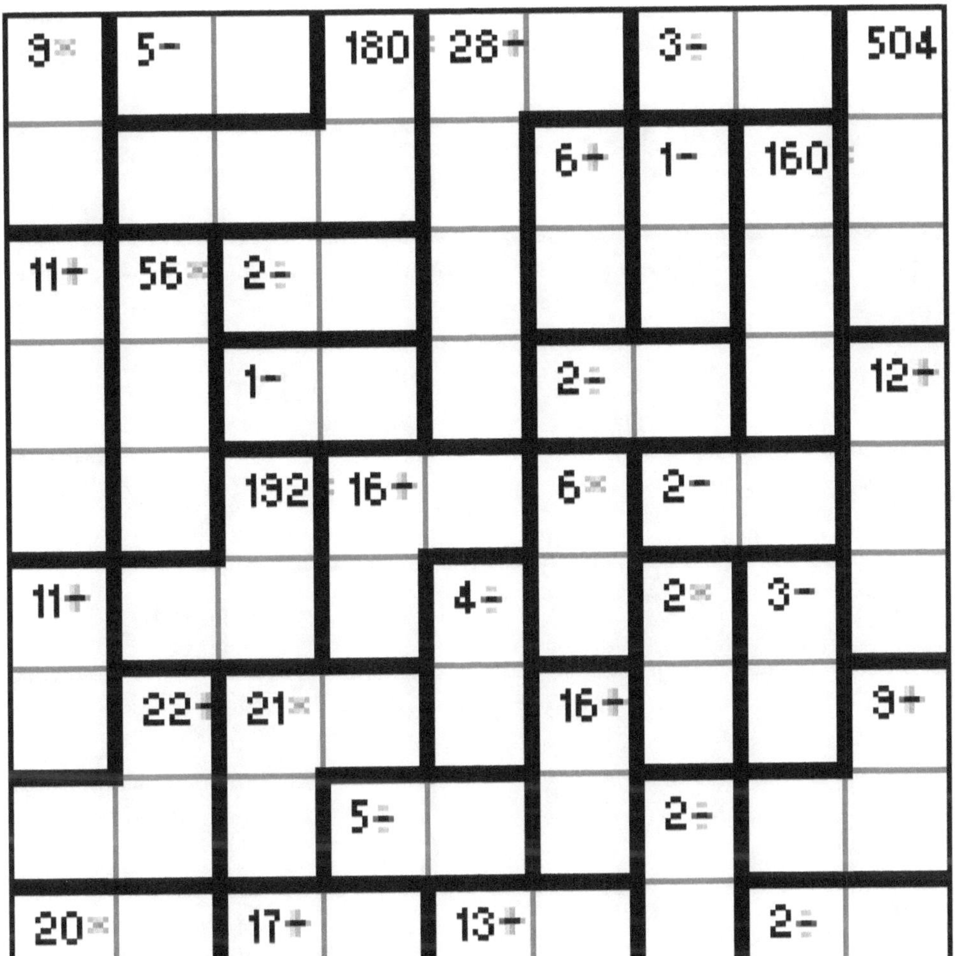

19

9×	5−		180	28+		3=		504
					6+	1−	160	
11+	56×	2=						
		1−			2=			12+
		192	16+		6×	2−		
11+				4=		2×	3−	
	22+	21×			16+			9+
			5=			2=		
20×		17+		13+			2=	

4+
17+
25+
12+
2÷
10+
9×
1−
18×
16+
24+
13+
3+
5−
7+
1−
13+
14+
1−
13+
28+
13+
3+
54×
14+
11+
16+
96×
16+
27×
8÷
11+

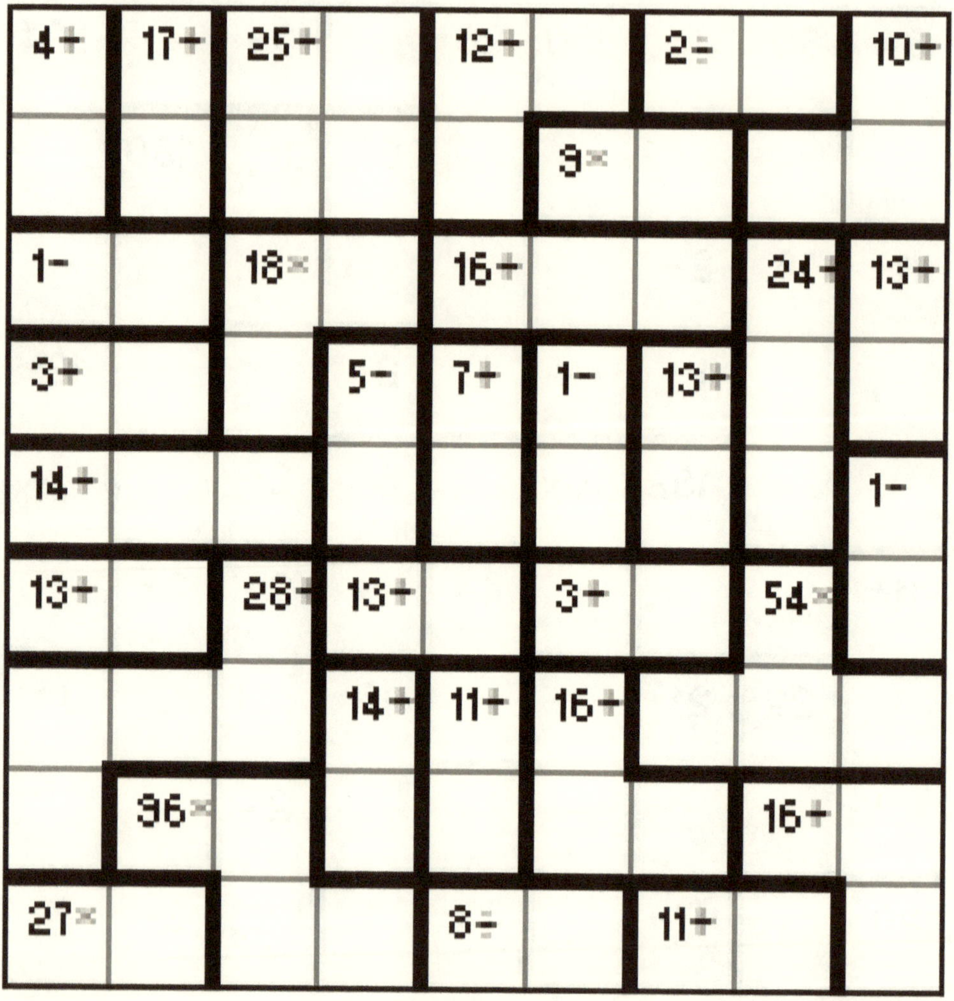

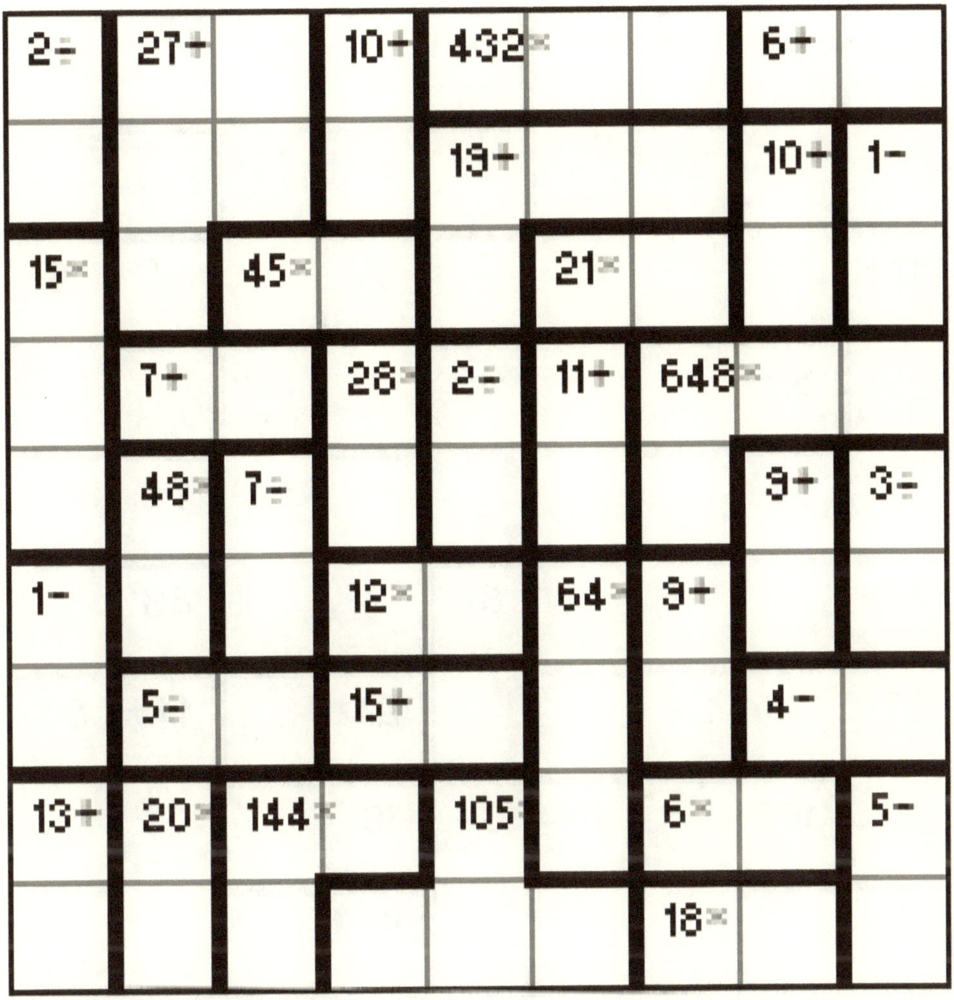

2÷	27+		10+	432×		6+	
				19+			10+	1−
15×		45×			21×			
	7+		28×	2÷	11+	648×		
	48×	7÷					9+	3÷
1−			12×		64×	9+		
	5÷		15+				4−	
13+	20×	144×		105×		6×		5−
						18×		

21

14×
90×
72×
1−
24×
18+
24×
2−
14+
17+
4−
3÷
16×
9+
1−
3−
32+
6÷
1−
13+
1−
8÷
48×
27×
2÷
24×
14+
63×
160×
11+
3÷
10×
13+
5−

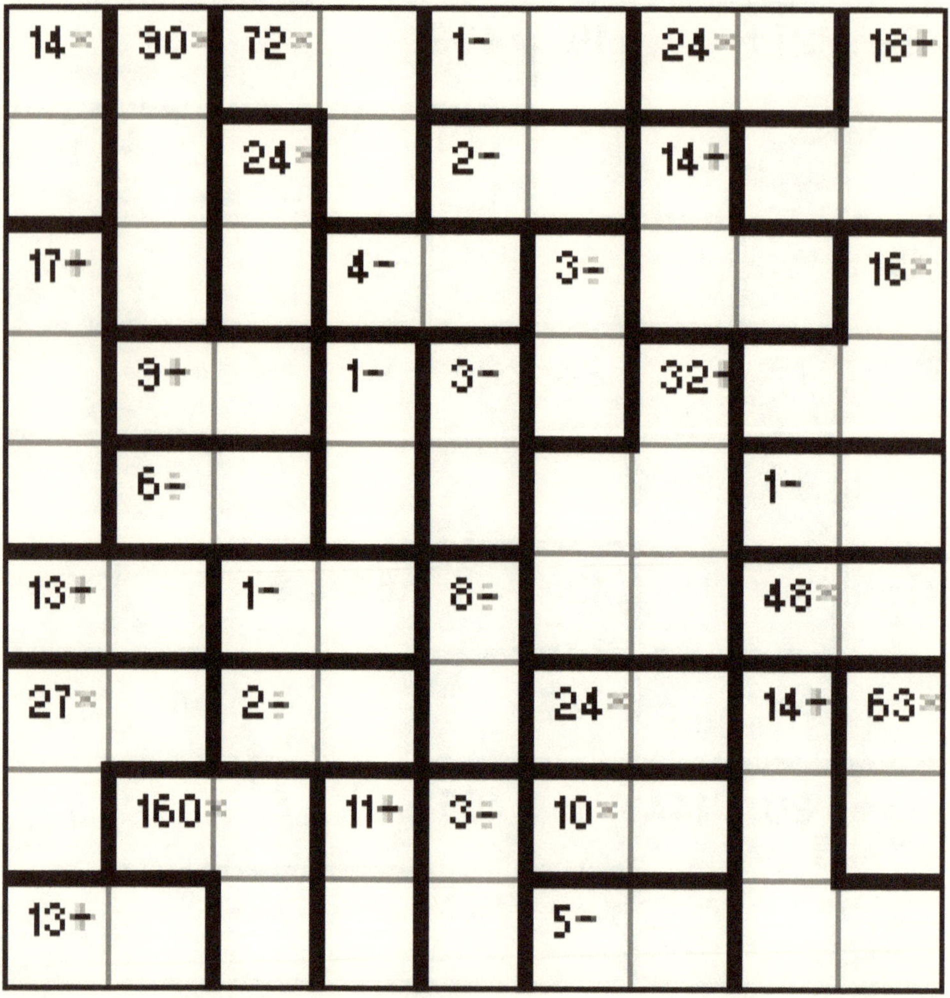

72×	4÷	1−	2×	2−		168×		9+
				3÷	9+			
7×	1−		13+			360×		2÷
	6×			120×				
2−	8+		5−	2−	1−		5−	
		54×			28×		15+	
12×	13+		12+		6×			224×
		4−	30×	8÷		96×		
20×							6−	

1−
48×
30+
23+
315×
11+
10+
9+
9+
14×
108×
5−
240×
9+
20×
16+
1−
72×
84×
9+
14+
15+
72×
14+
8+
7÷
12×
5÷
3÷
8÷
42×
4−

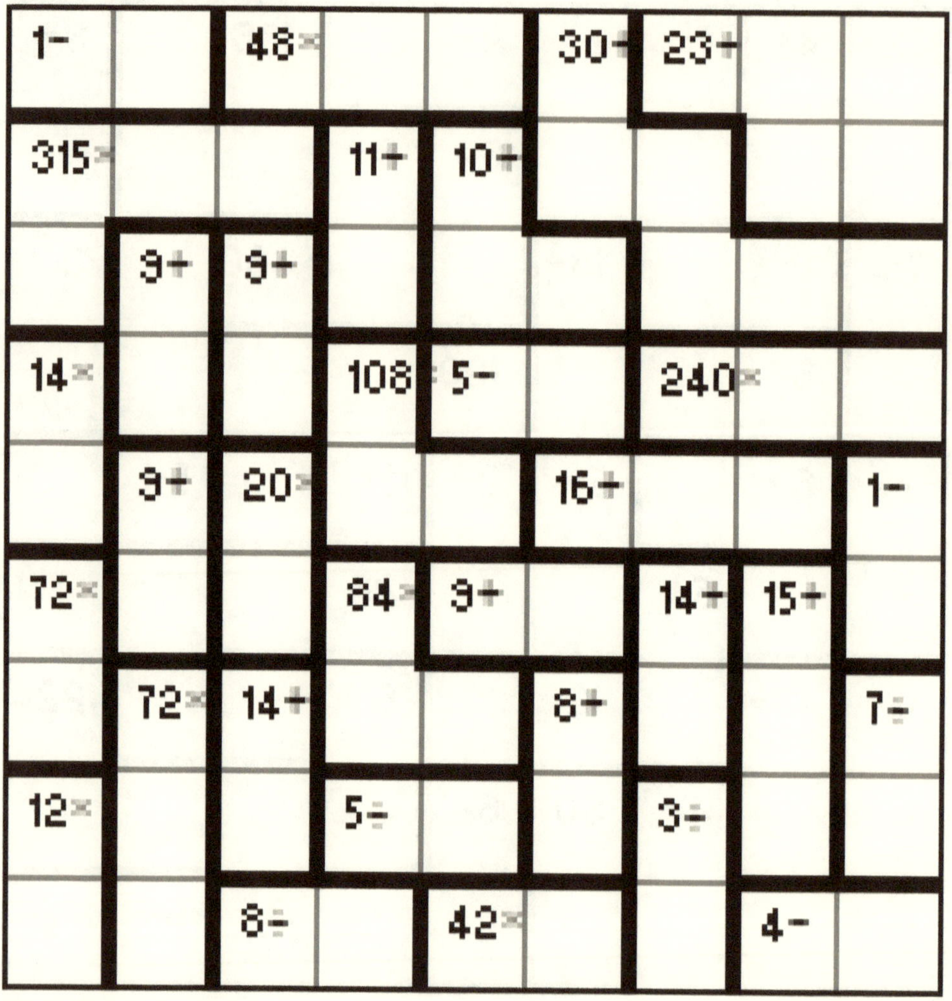

2÷
12+
7+
12+
18+
8×
2−
27+
10×
19+
72×
8+
9÷
6×
12+
5÷
8÷
2÷
24×
17+
21×
11+
7÷
17+
42×
11+
72×
1−
7+
80×
18×
1−
14+
16+
3−

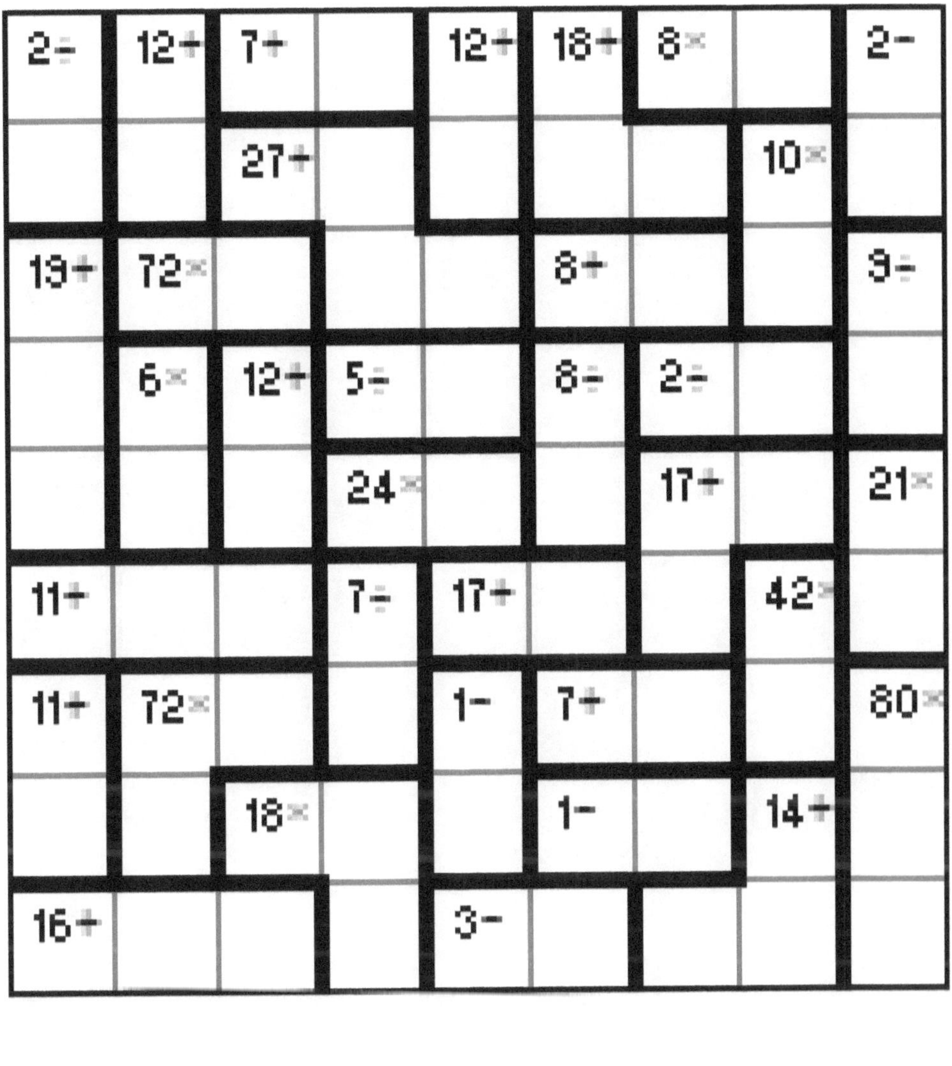

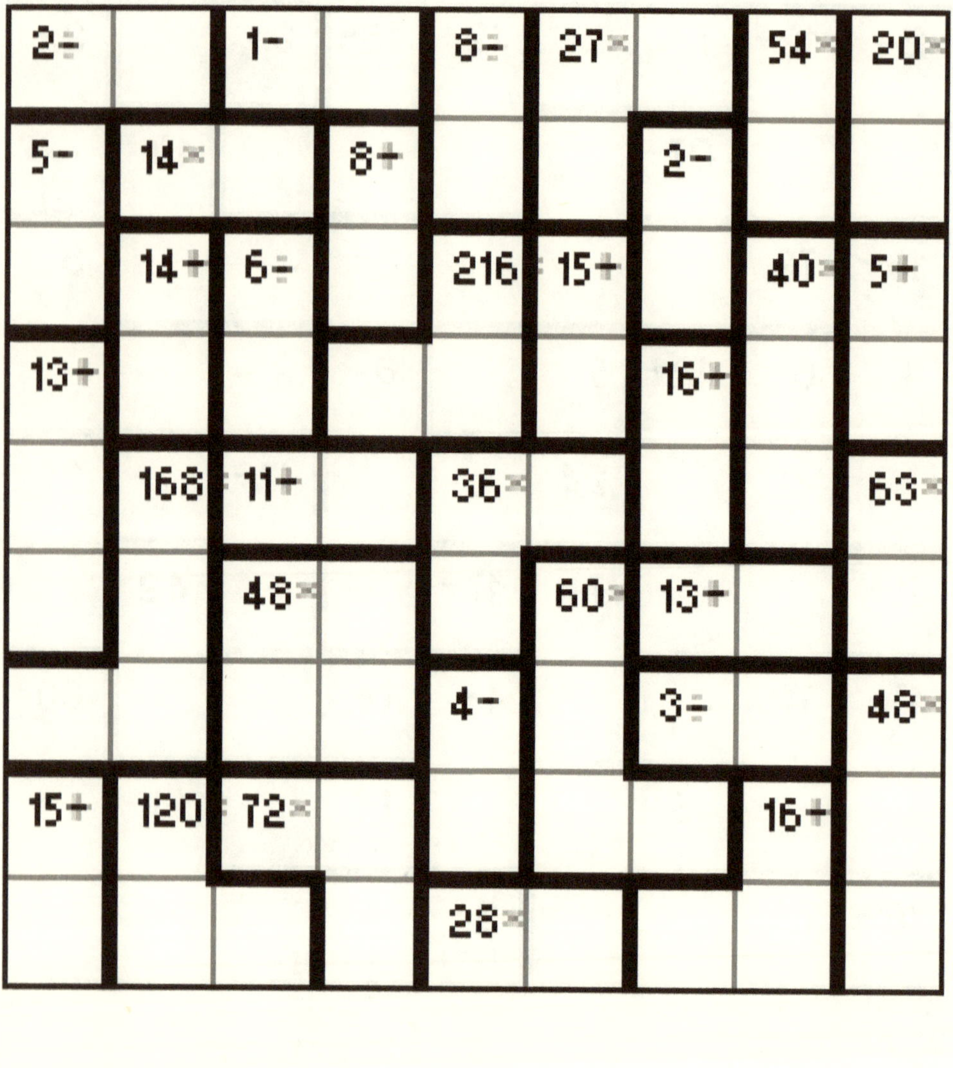

26

2÷		1−		8÷	27×		54×	20×
5−	14×		8+			2−		
	14+	6÷		216×	15+		40×	5+
13+						16+		
	168×	11+		36×				63×
		48×			60×	13+		
				4−		3÷		48×
15+	120×	72×					16+	
				28×				

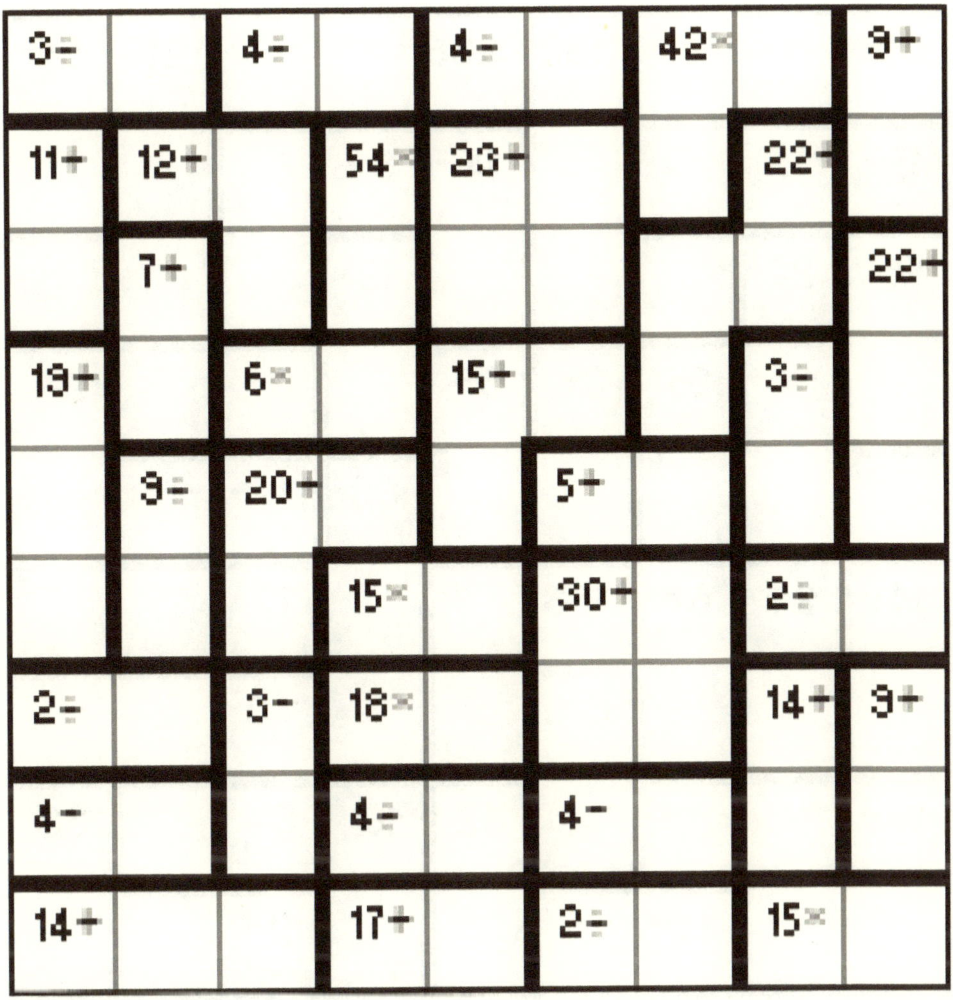

27

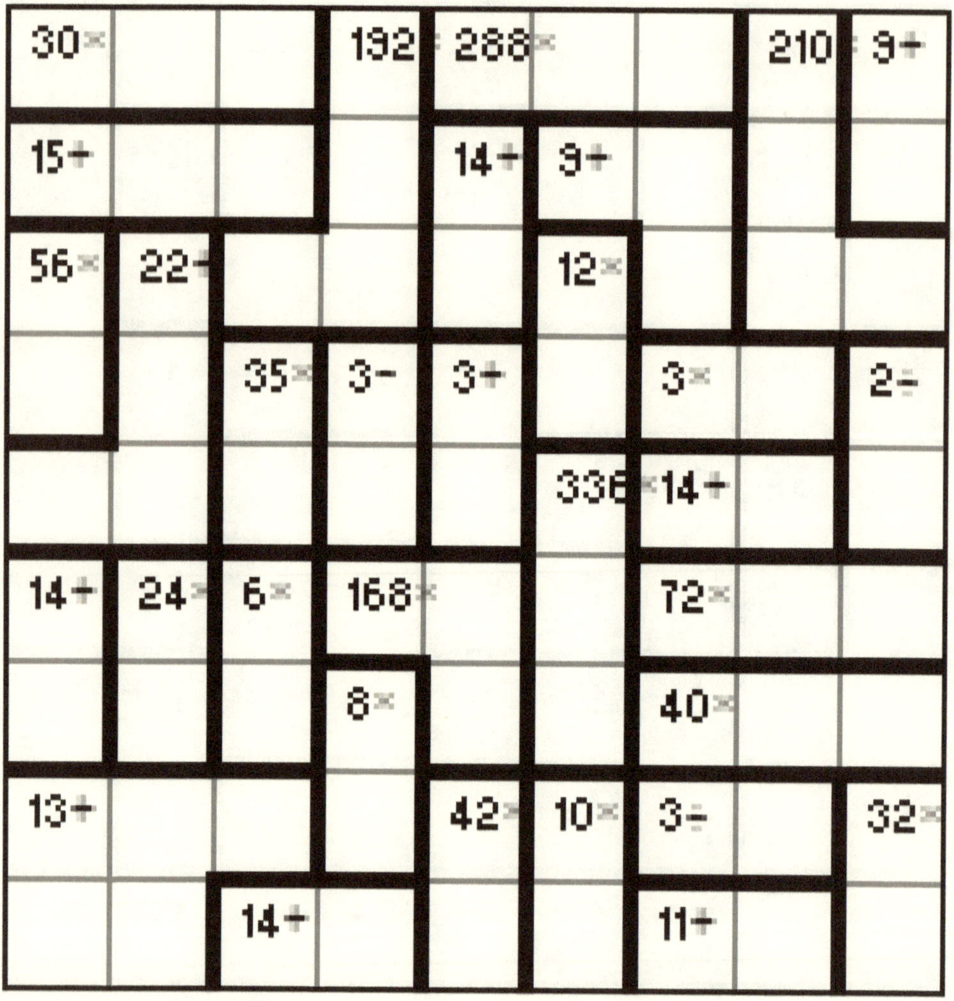

28

30×			192×	288×			210×	9+
15+				14+	9+			
56×	22+				12×			
		35×	3−	3+		3×		2=
						336×	14+	
14+	24×	6×	168×			72×		
			8×			40×		
13+				42×	10×	3=		32×
		14+				11+		

9+
2−
30×
6÷
29+
13+
15+
4−
2÷
10+
35×
15+
2×
24×
6÷
14+
864×
40×
2×
8+
26+
35×
36×
3−
6×
7+
840×
30×
9÷
2÷
42×
13+
40×
3÷

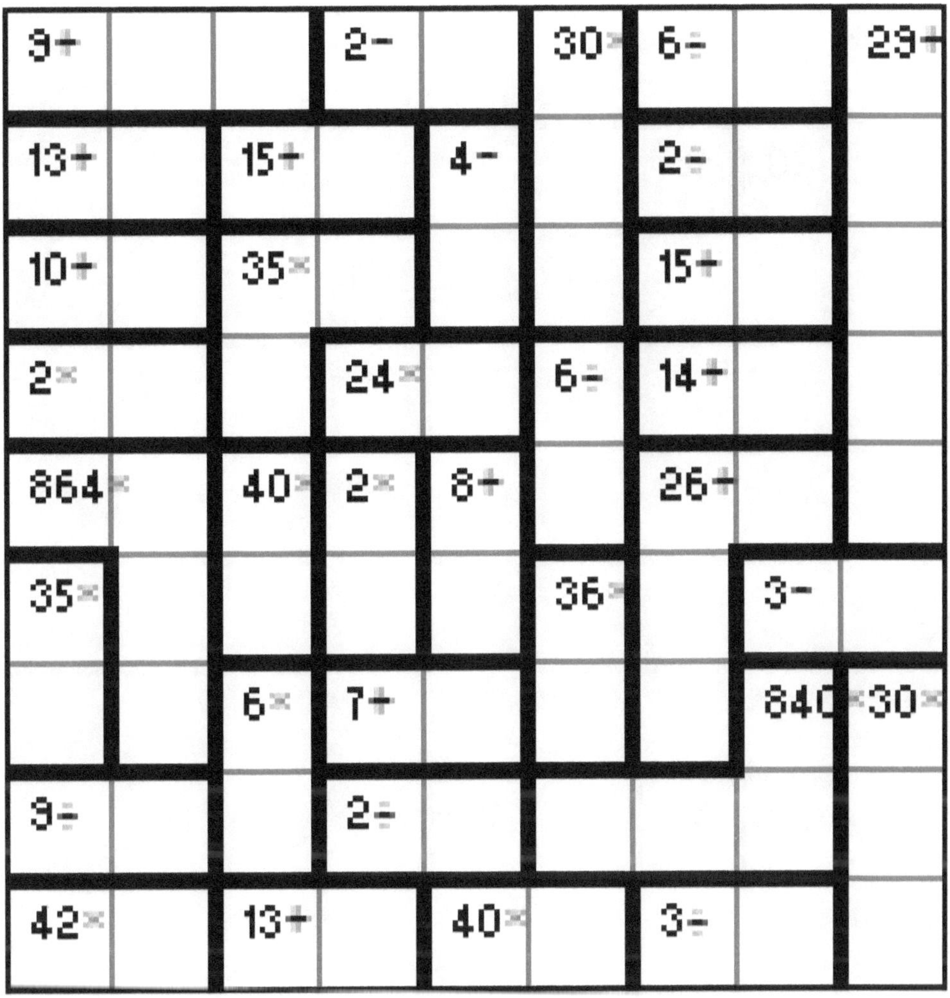

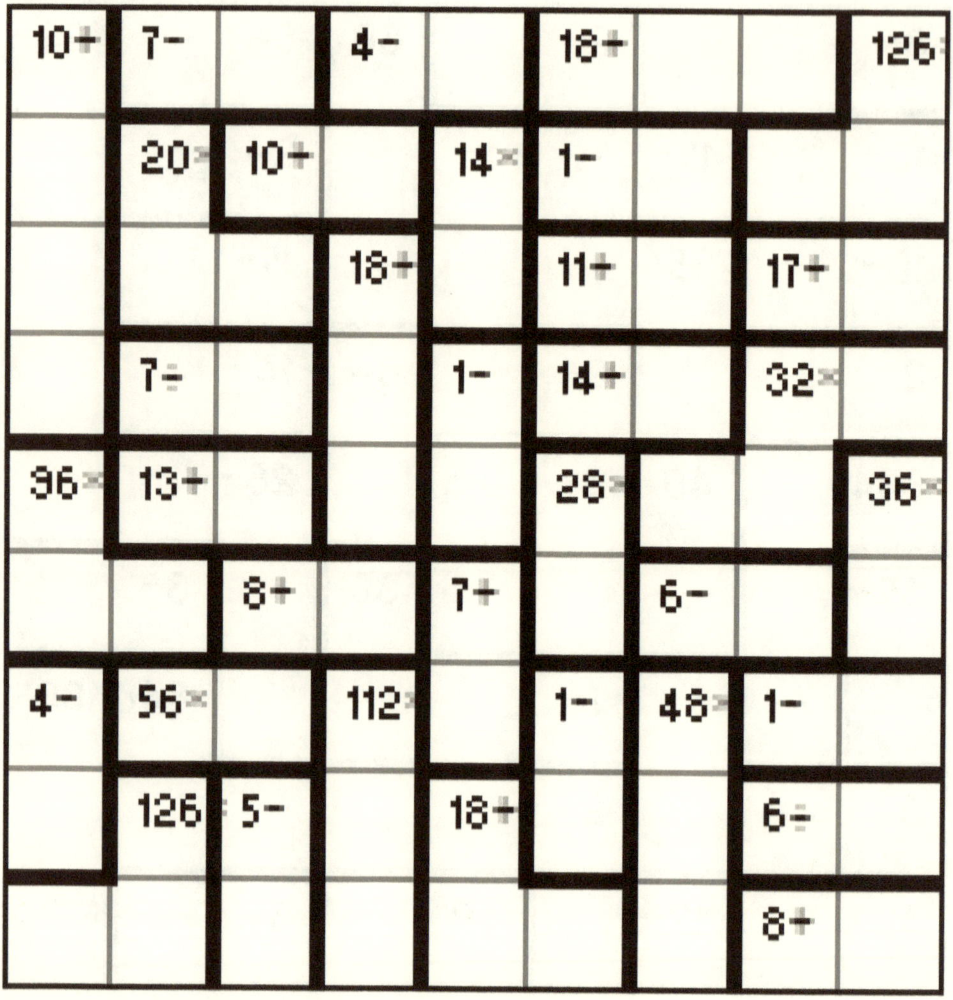

30

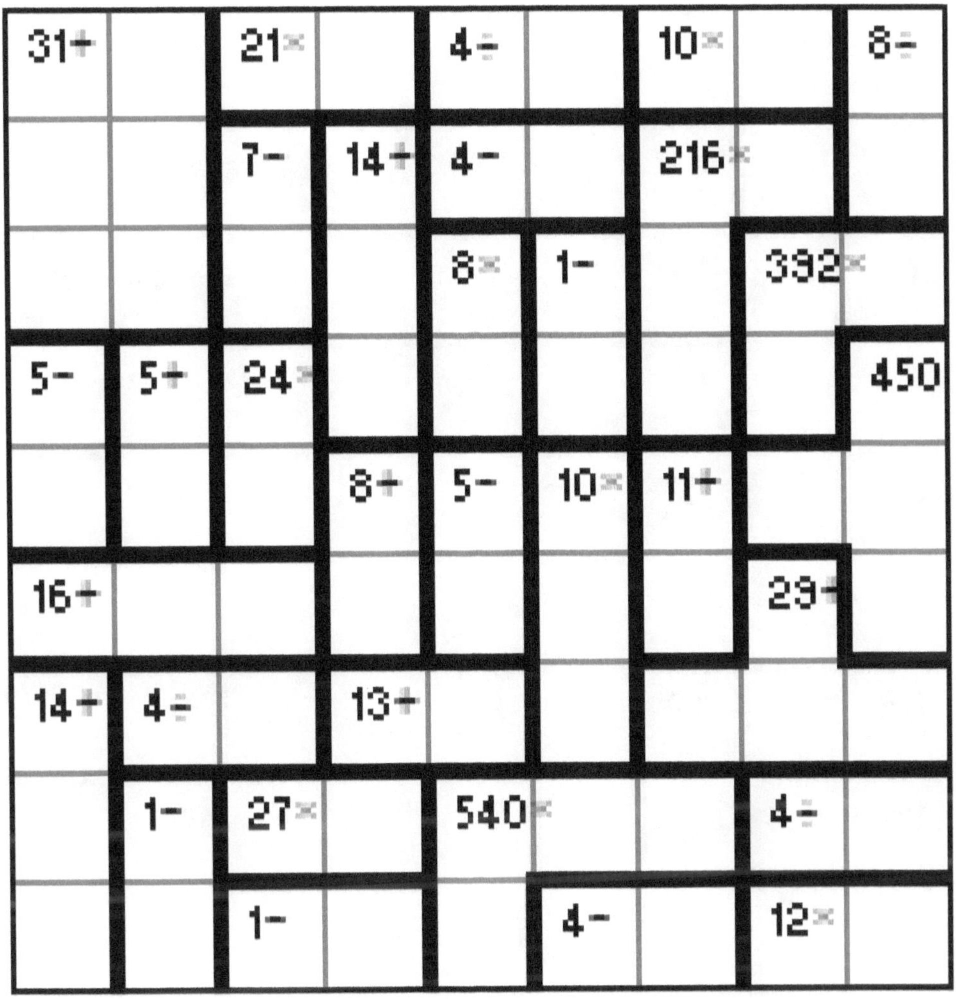

31

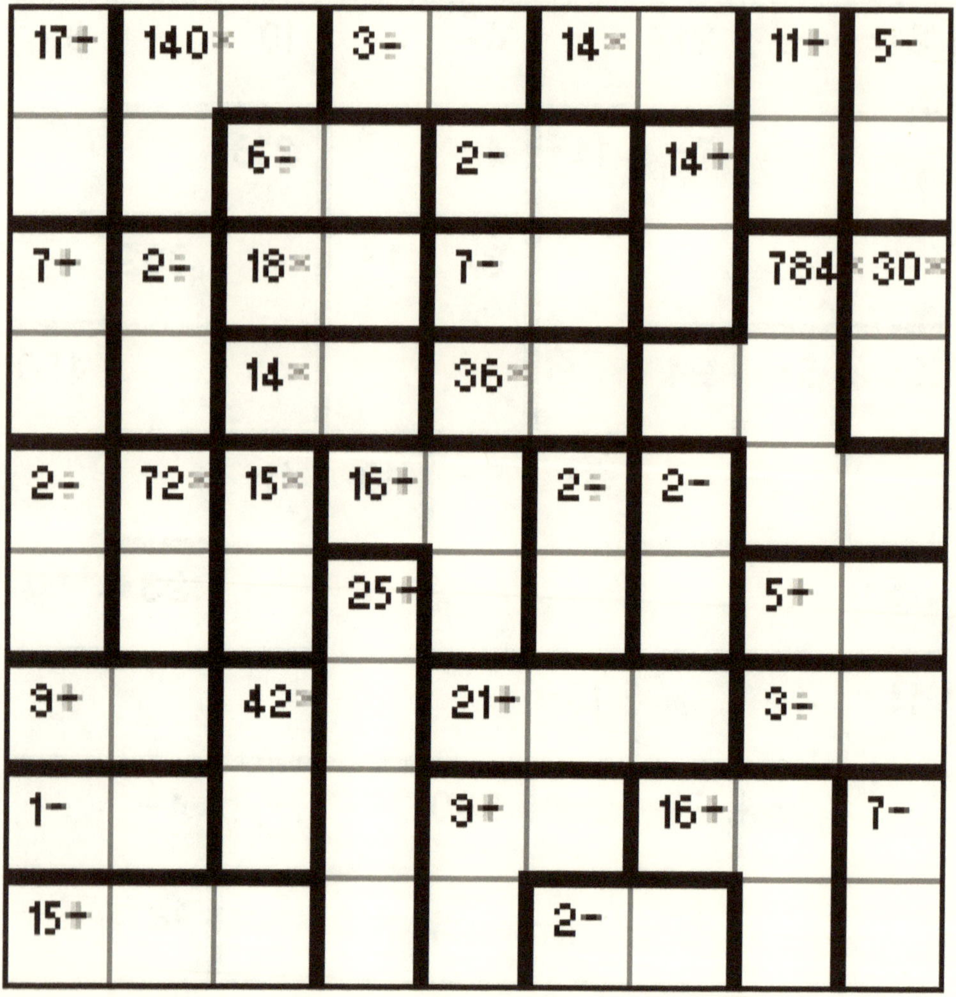

32

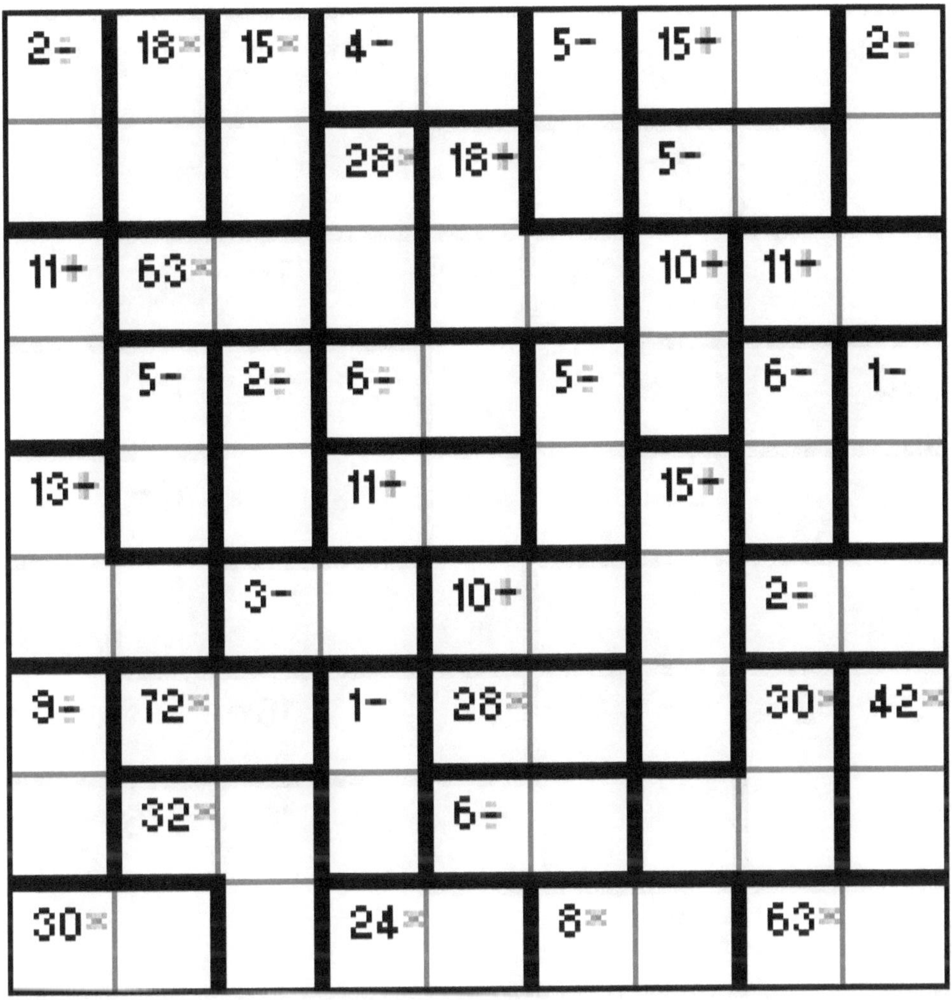

33

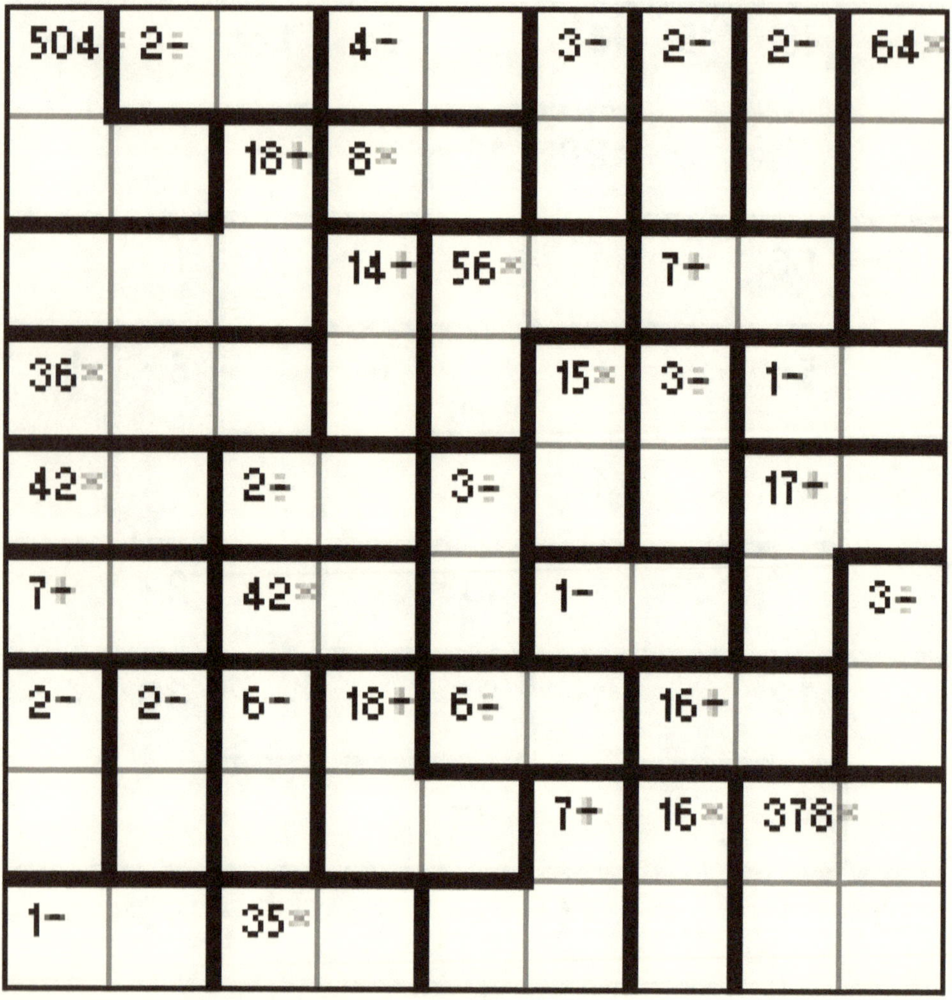

34

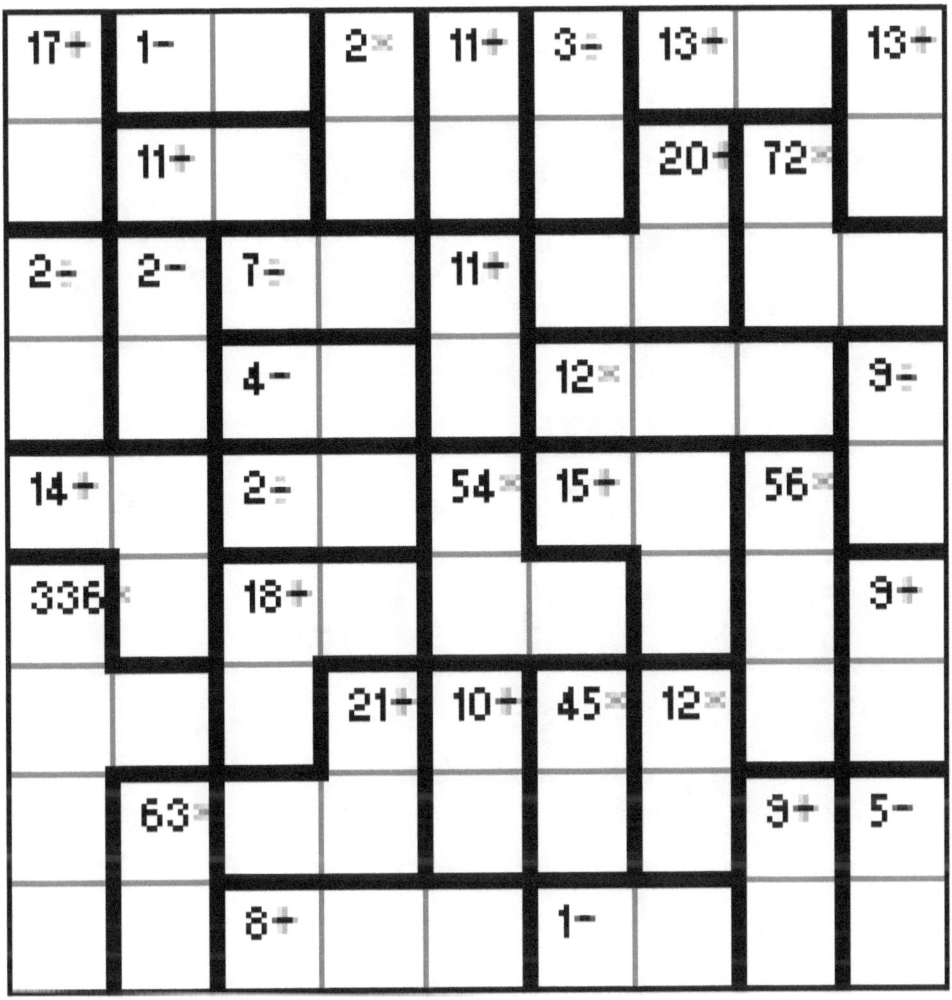

35

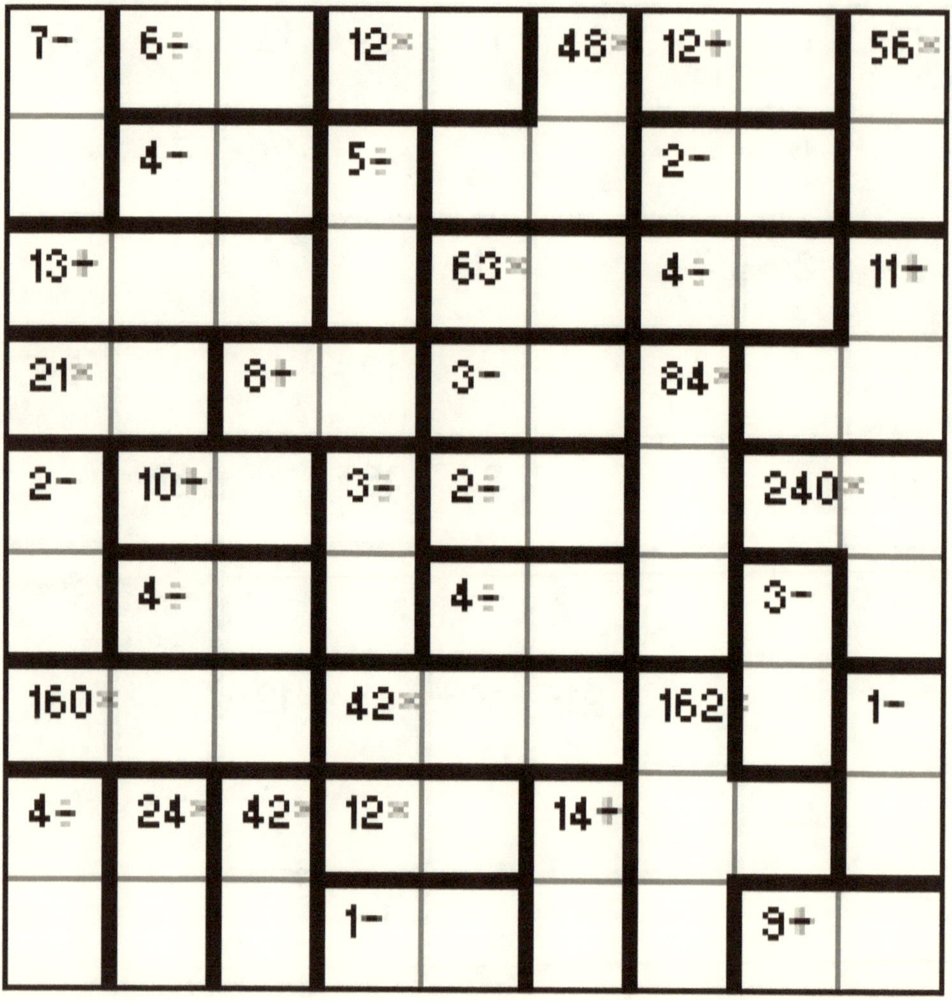

36

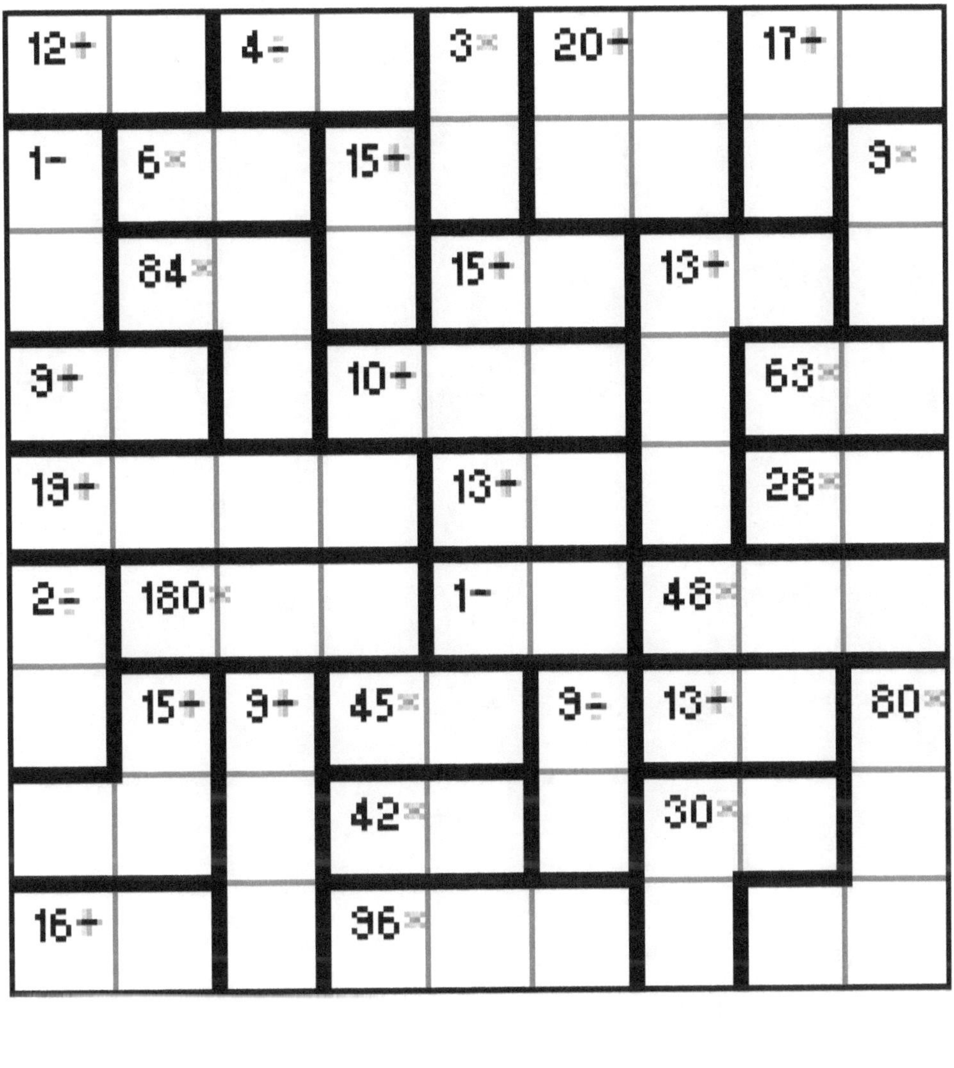

37

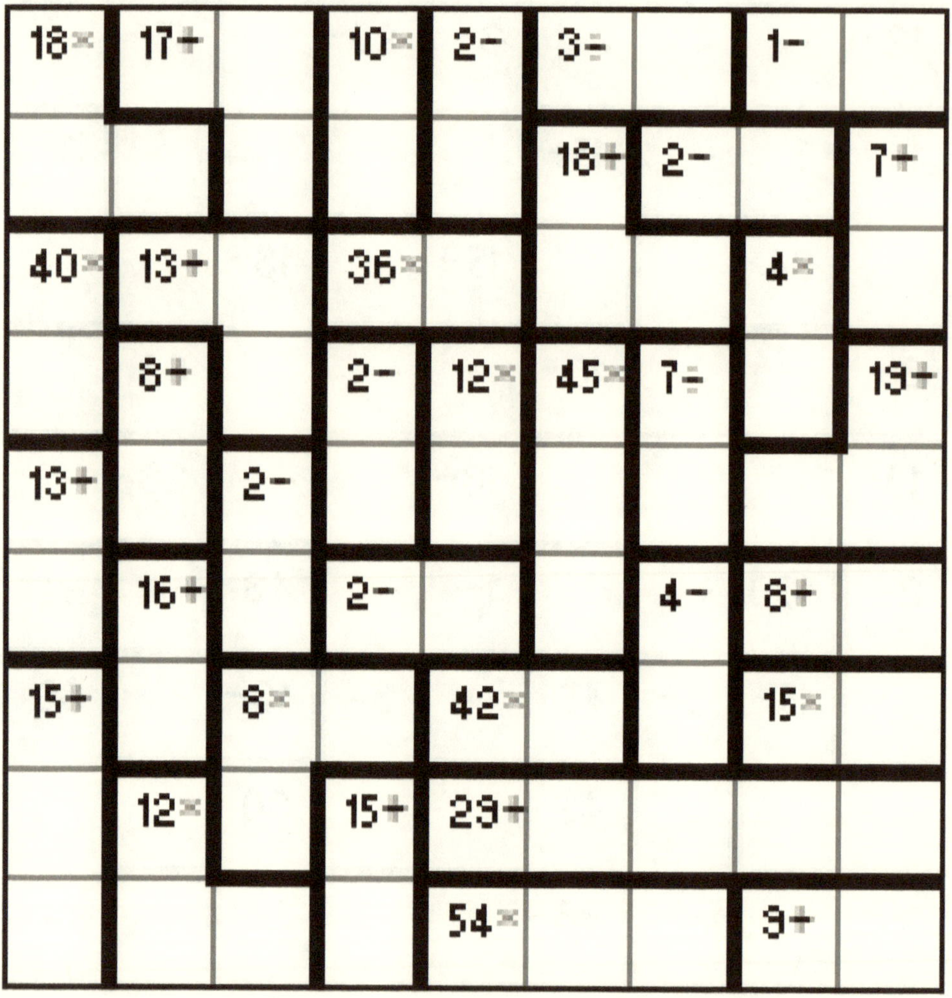

38

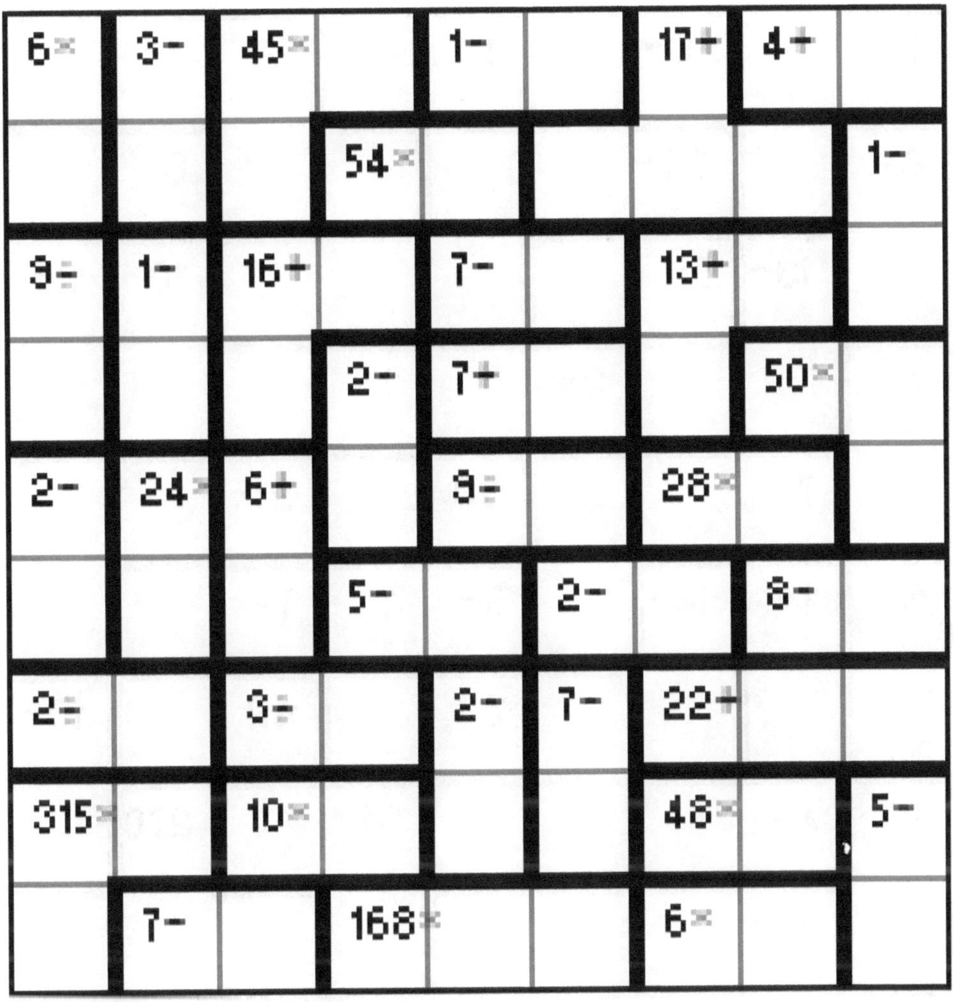

39

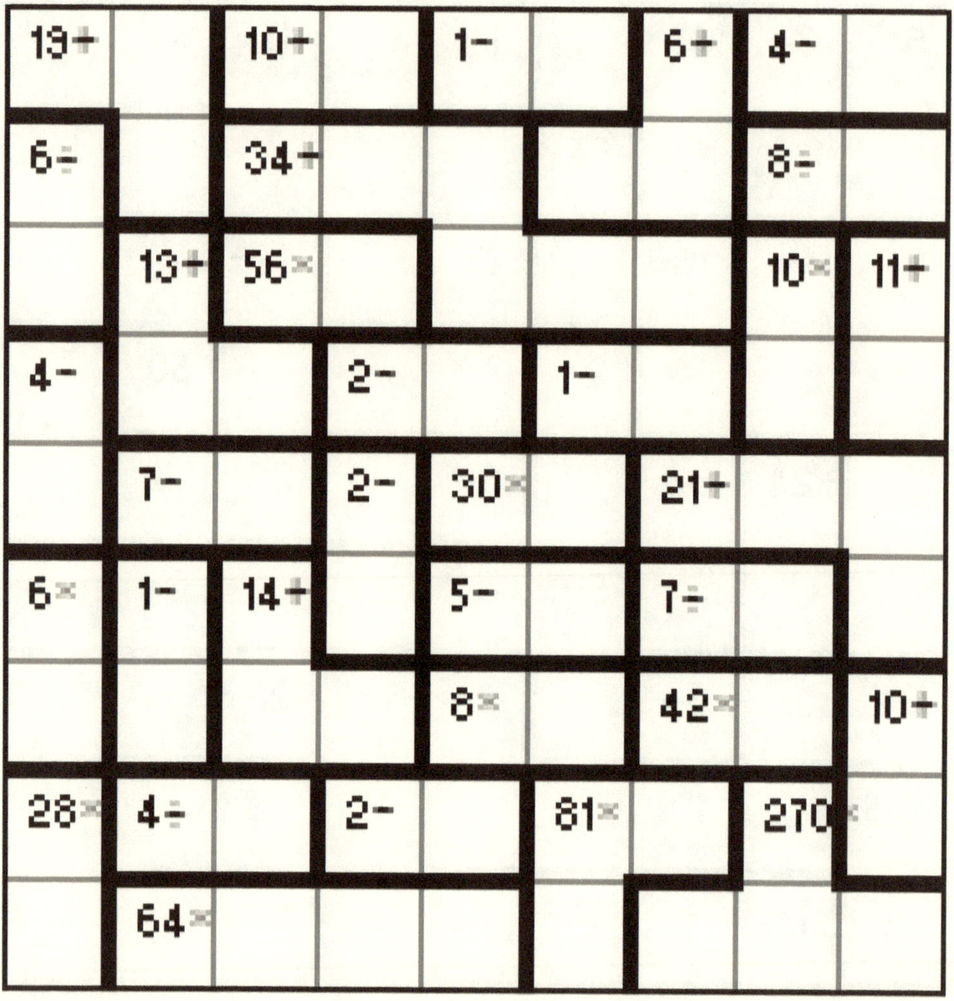

40

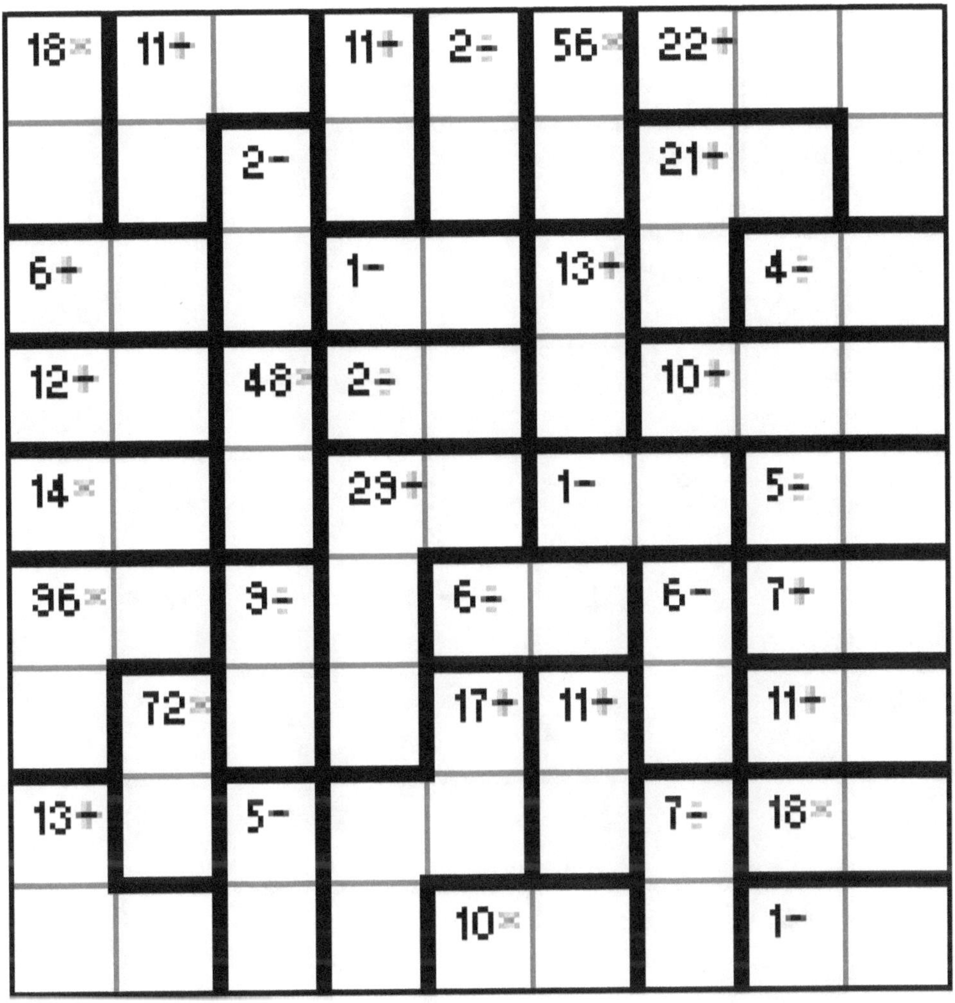

41

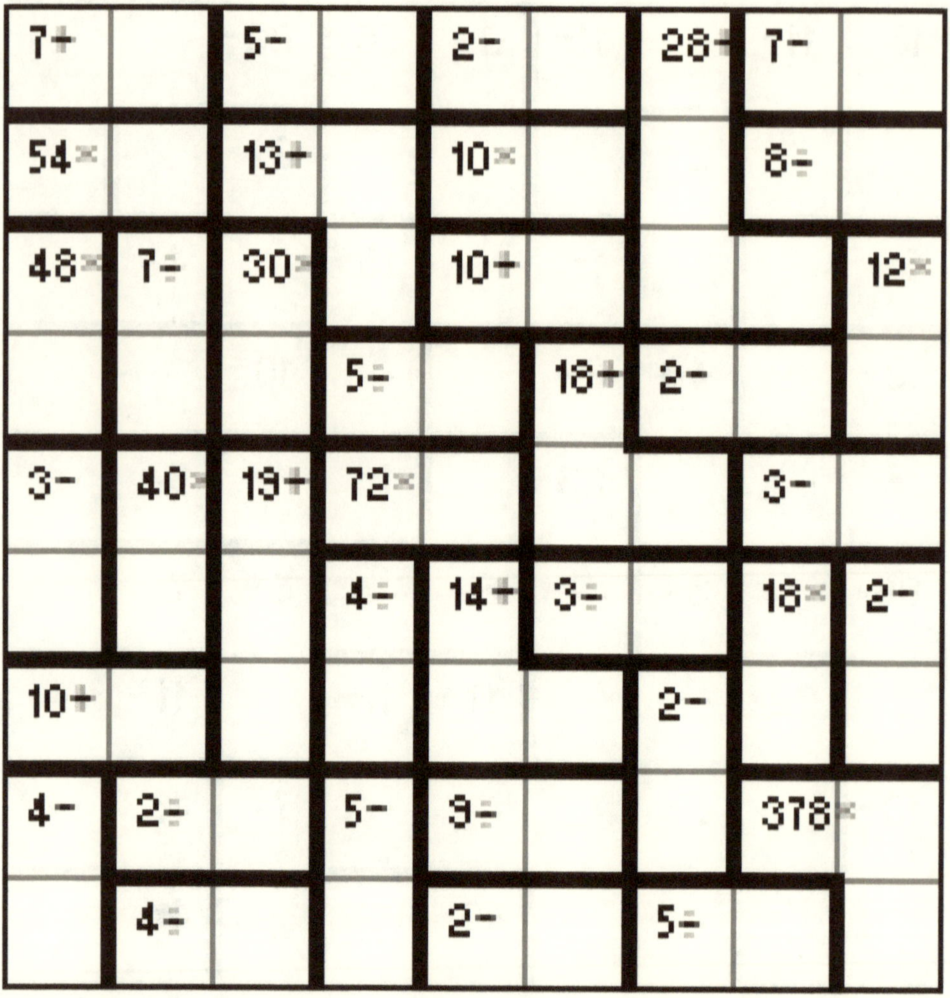

42

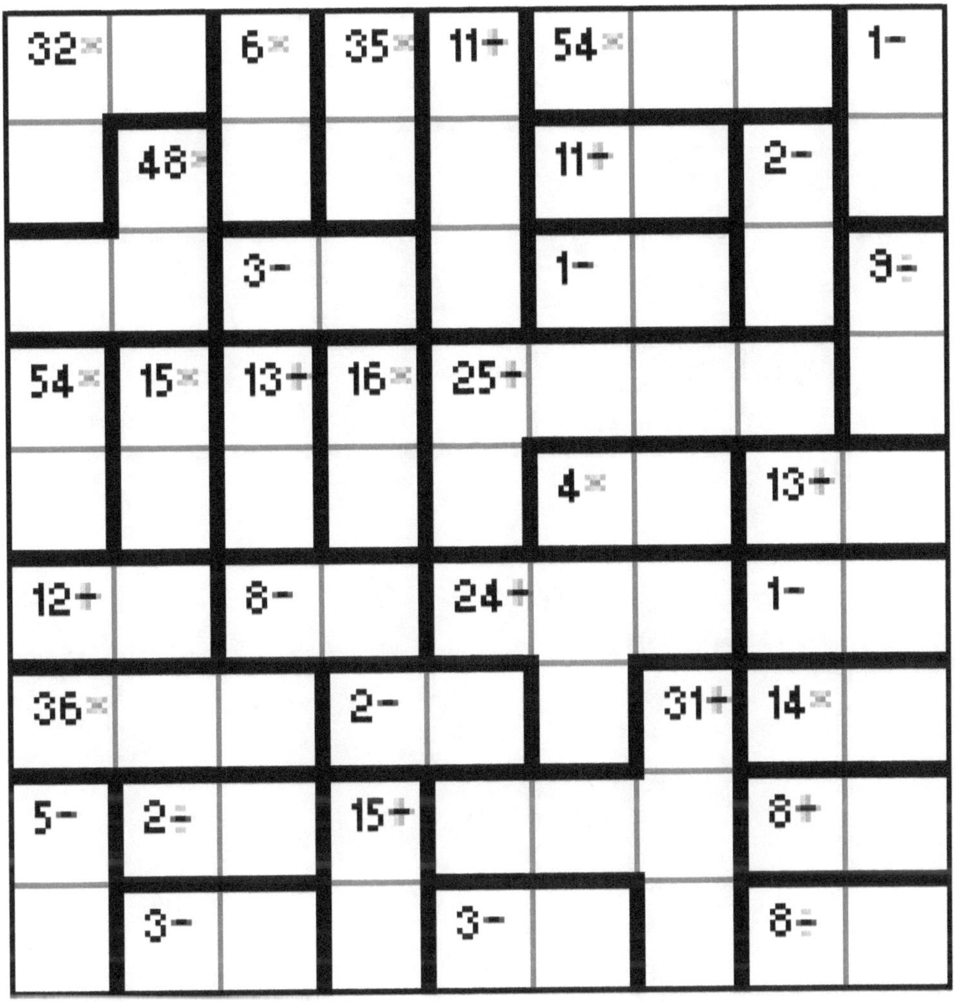

43

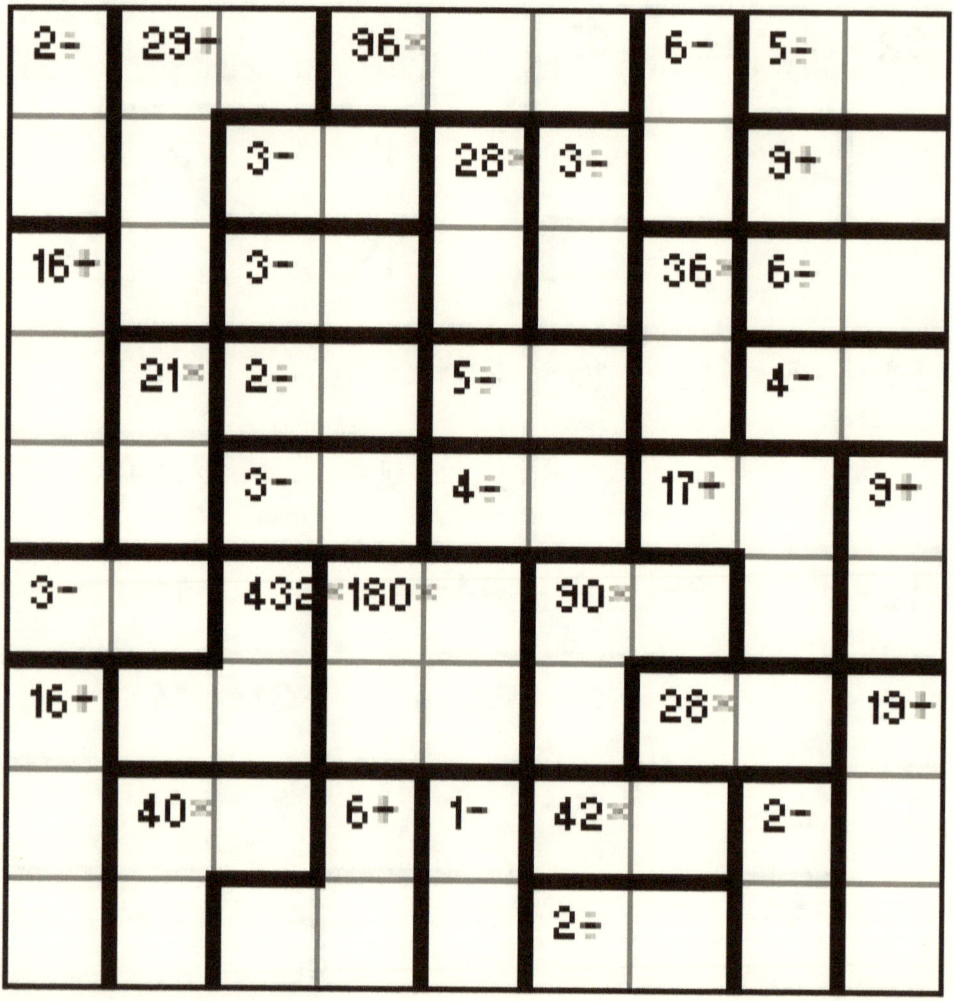

44

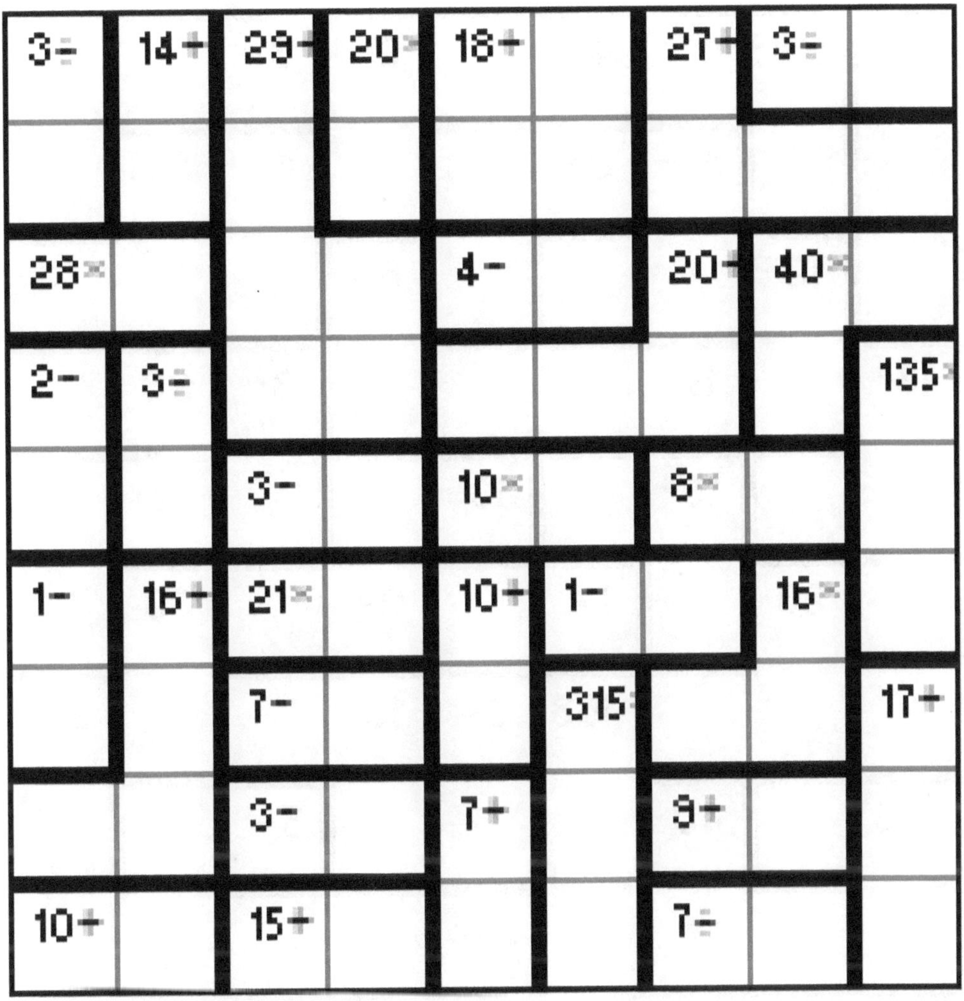

45

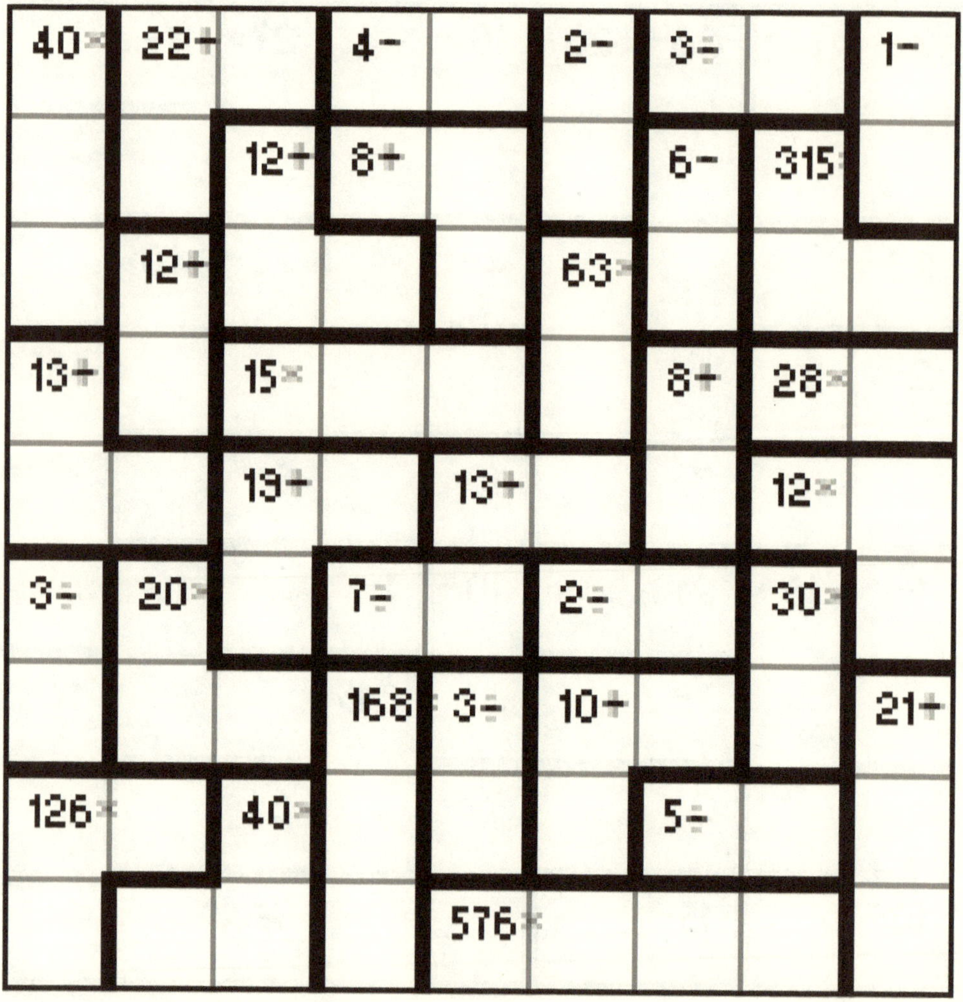

46

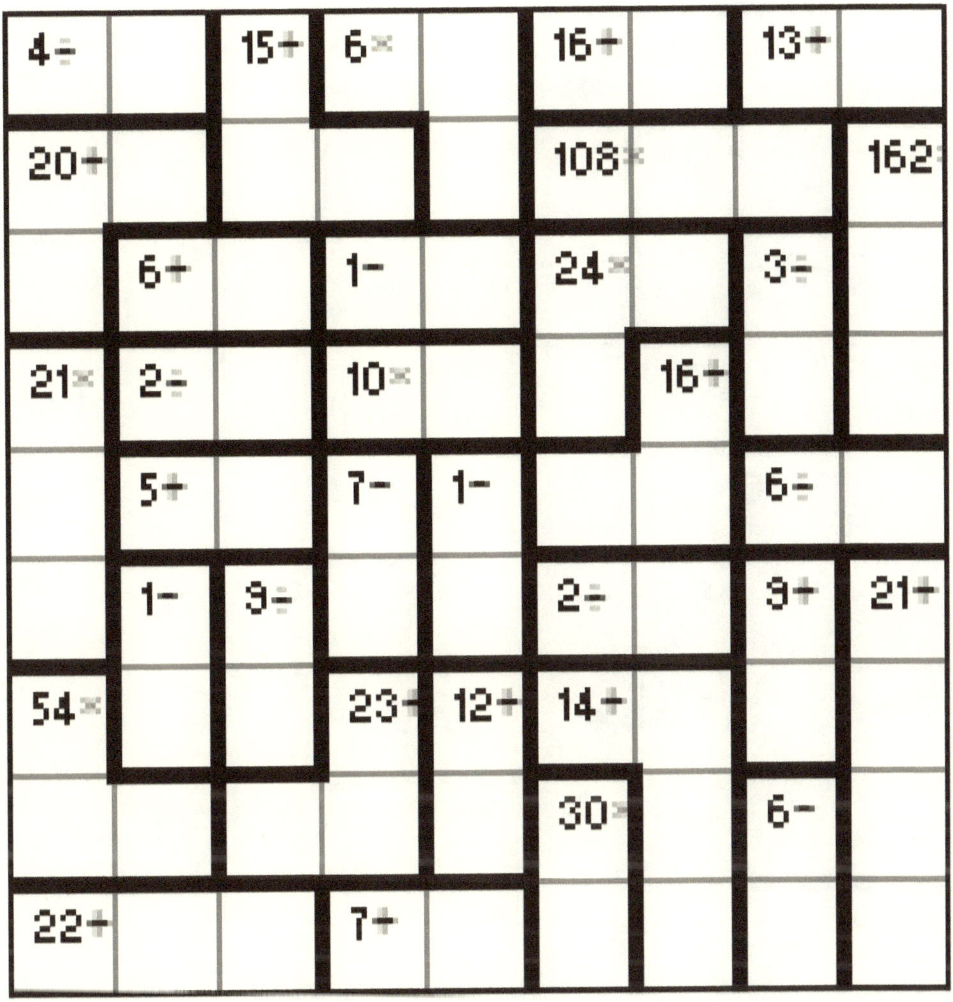

47

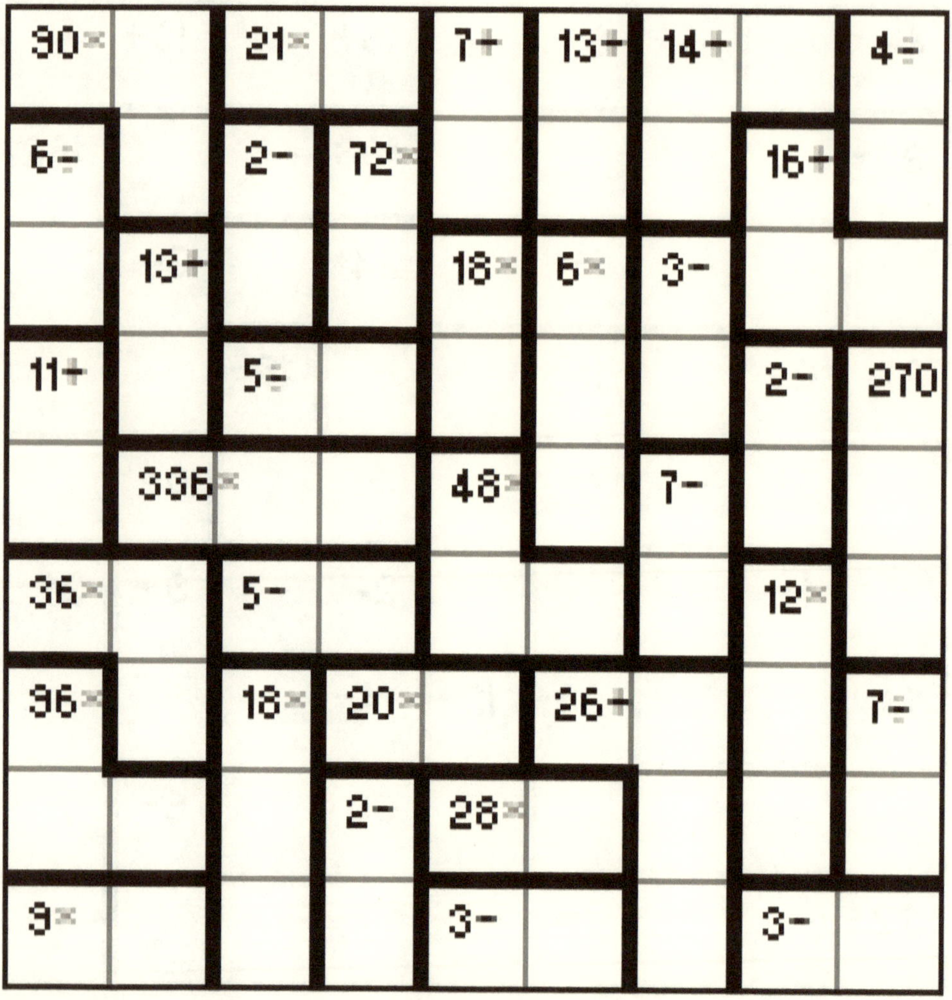

48

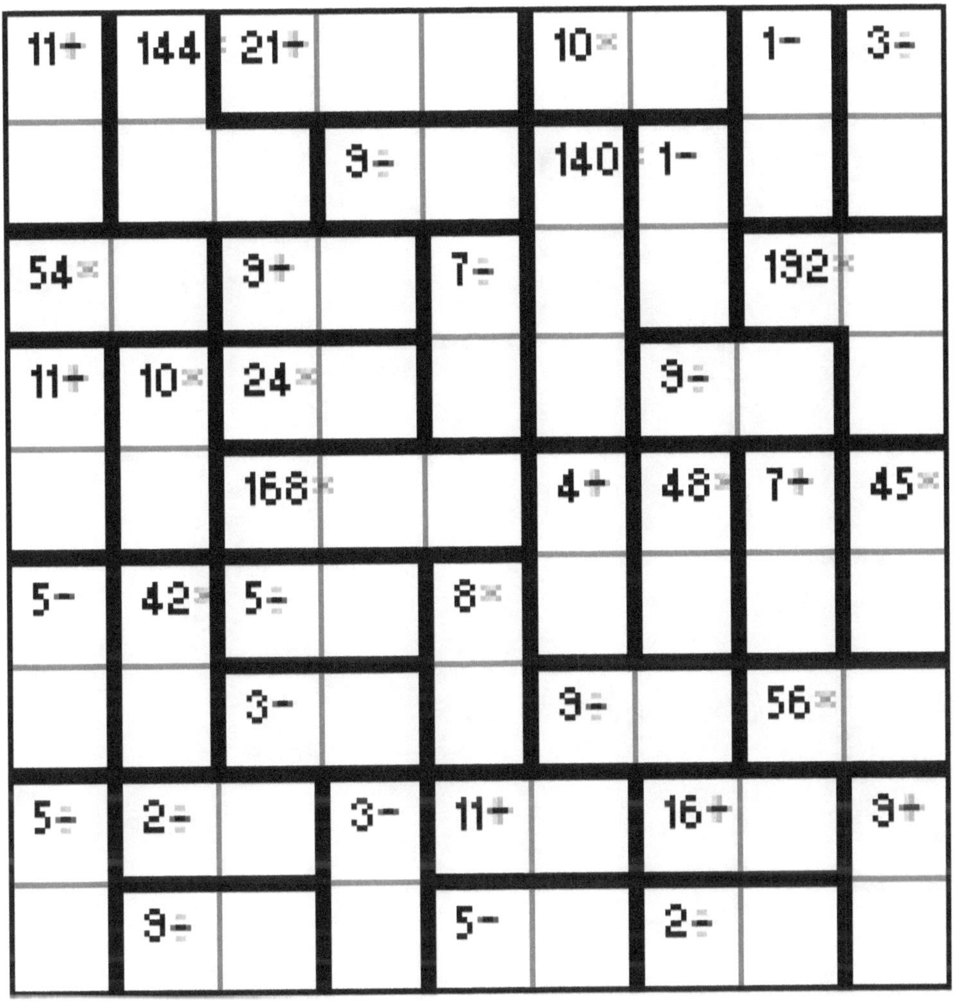

49

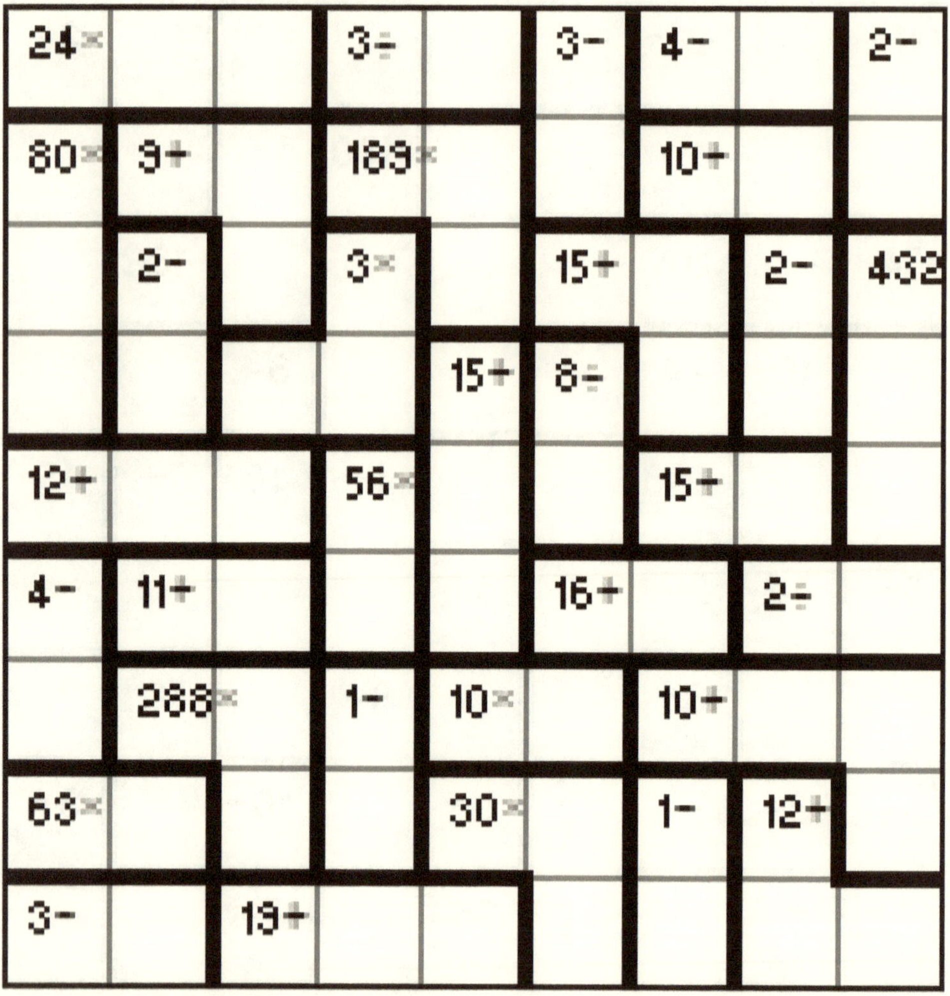

24×			3÷		3−	4−		2−
80×	9+		189×			10+		
	2−		3×		15+		2−	432
				15+	8÷			
12+			56×			15+		
4−	11+				16+		2÷	
	288×		1−	10×		10+		
63×				30×		1−	12+	
3−		19+						

50

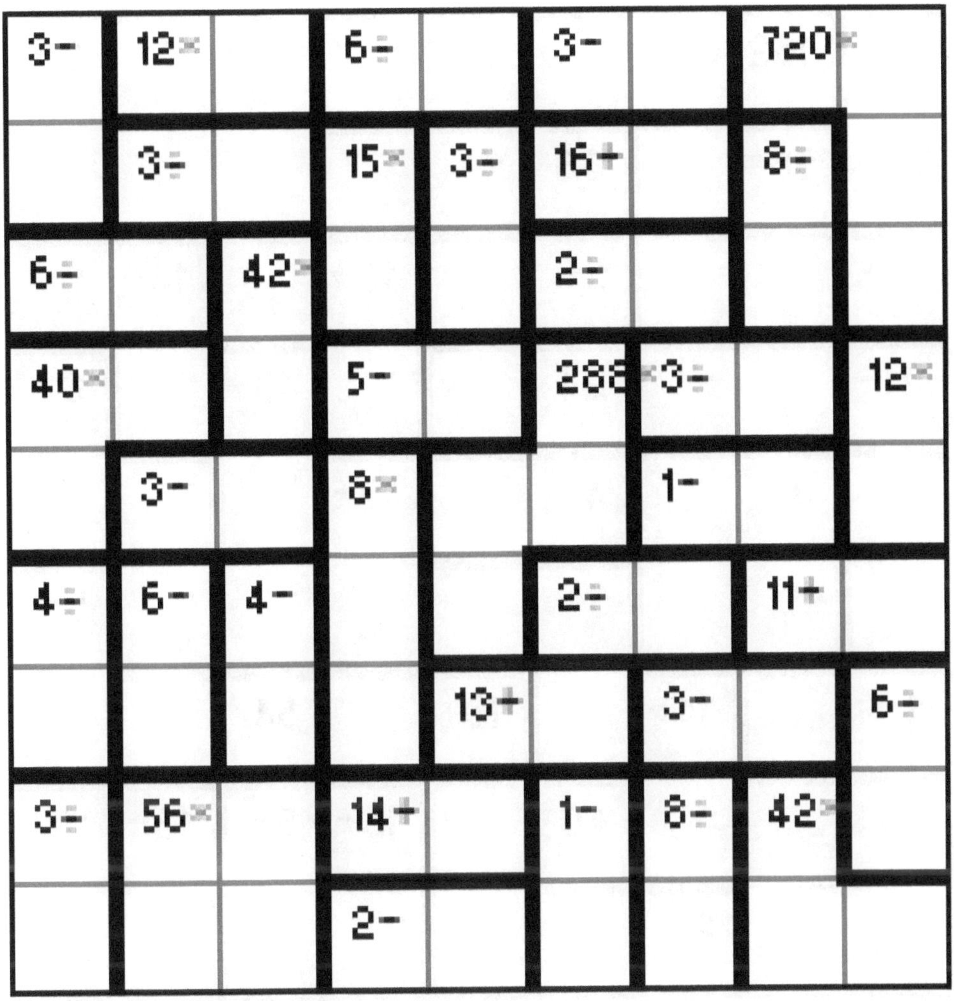

51

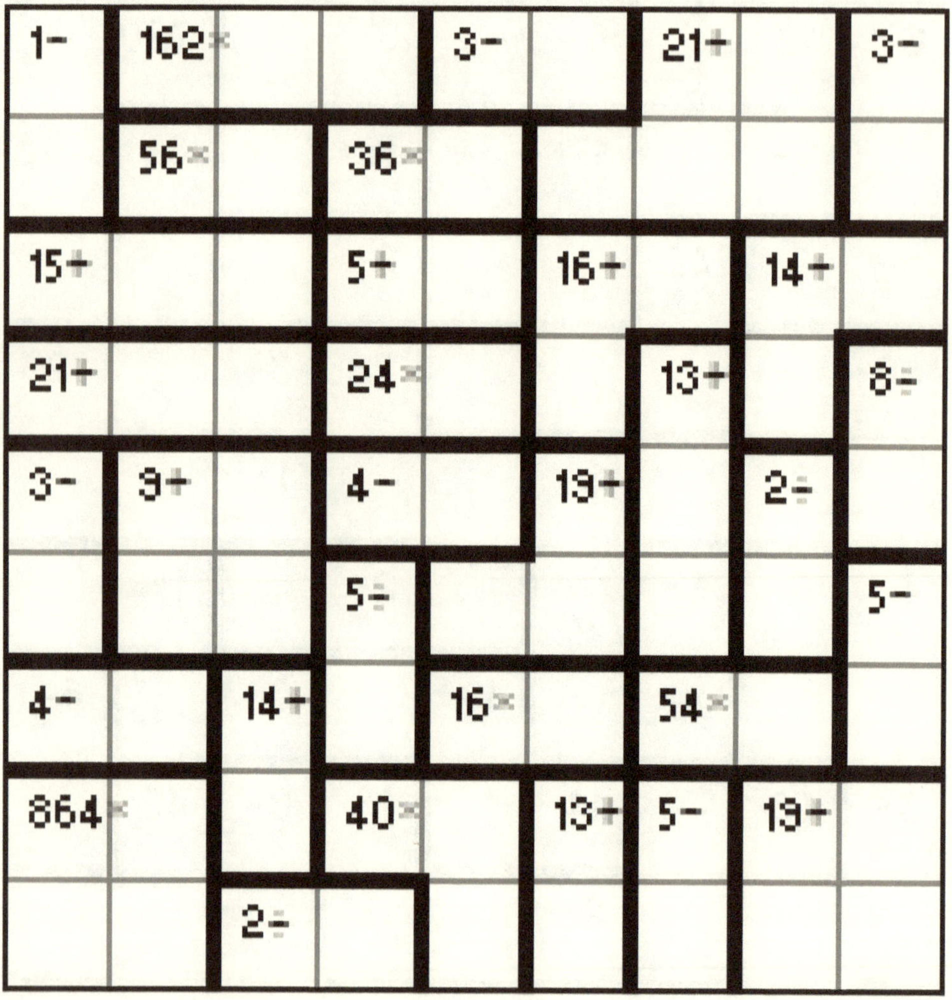

52

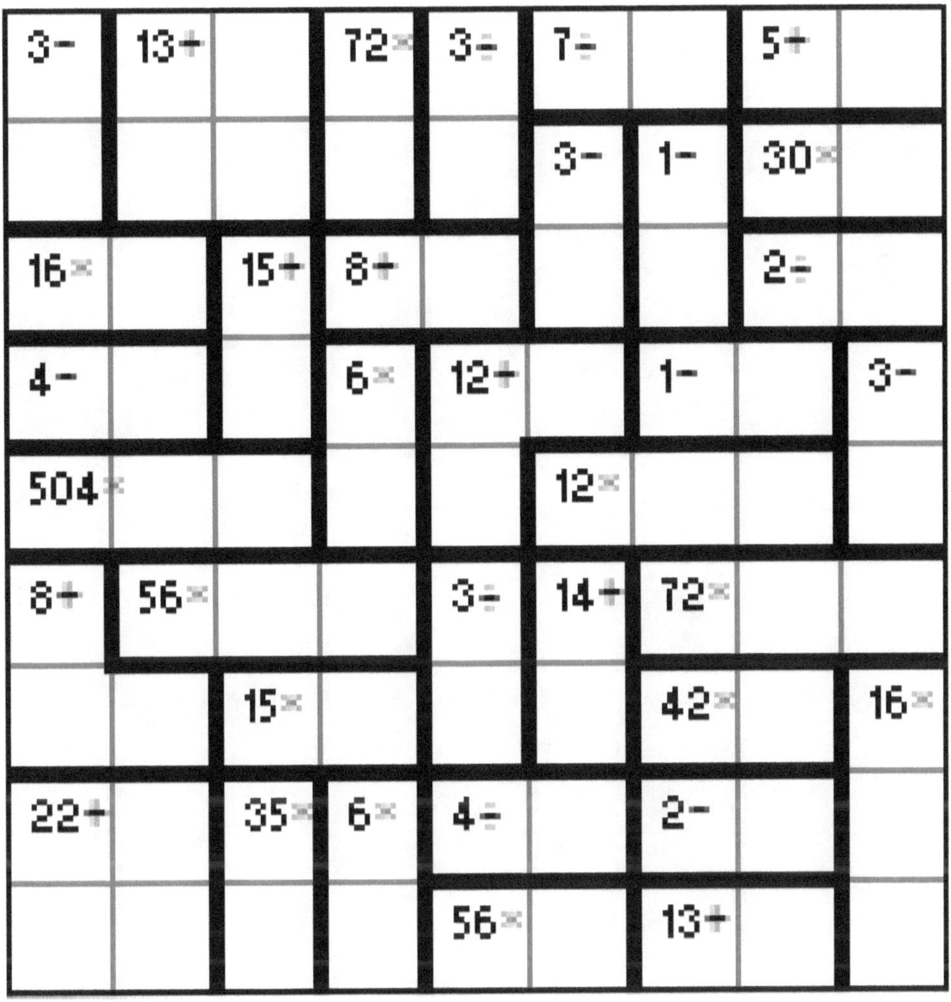
3−
13+
72×
3÷
7÷
5+
3−
1−
30×
16×
15+
8+
2÷
4−
6×
12+
1−
3−
504×
12×
8+
56×
3÷
14+
72×
15×
42×
16×
22+
35×
6×
4÷
2−
56×
13+

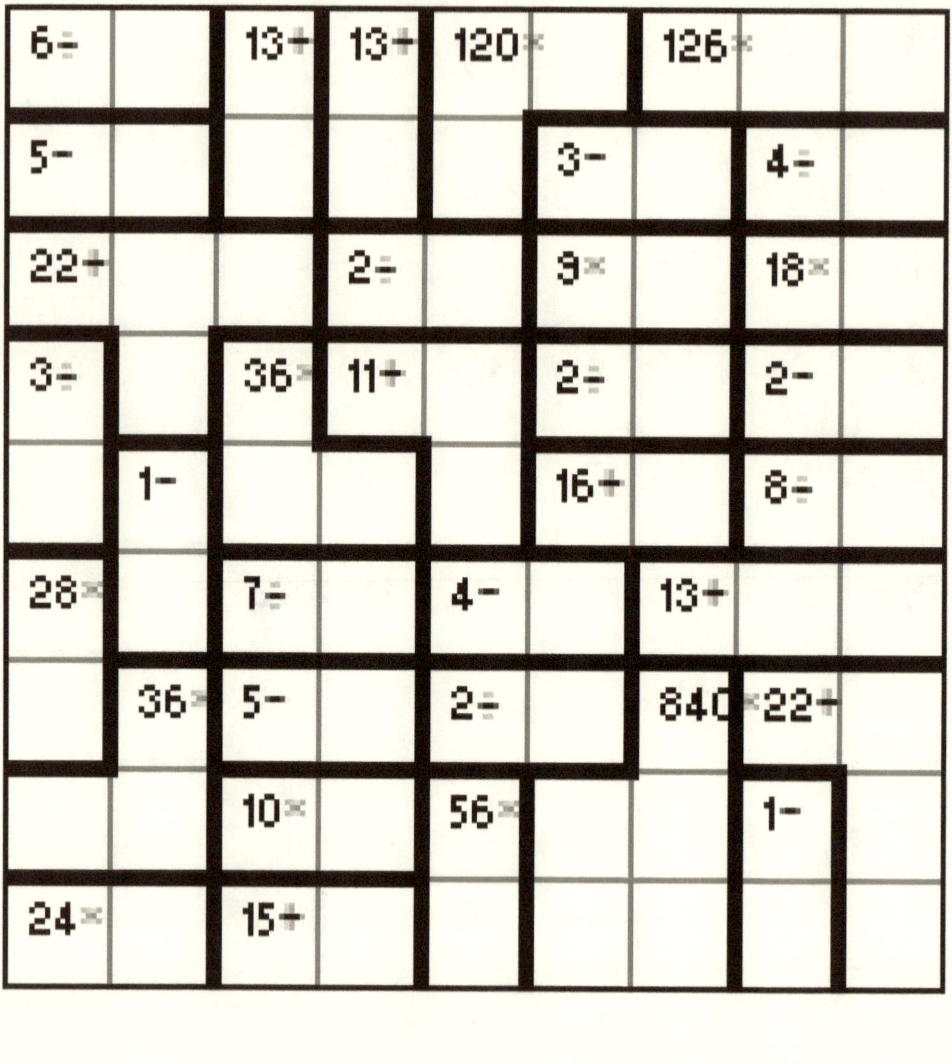

KenKen Puzzle 54

6÷		13+	13+	120×		126×	
5−					3−		4÷
22+			2÷		9×		18×
3÷		36×	11+		2÷		2−
	1−				16+		8÷
28×		7÷		4−		13+	
	36×	5−		2÷		840×	22+
		10×		56×			1−
24×		15+					

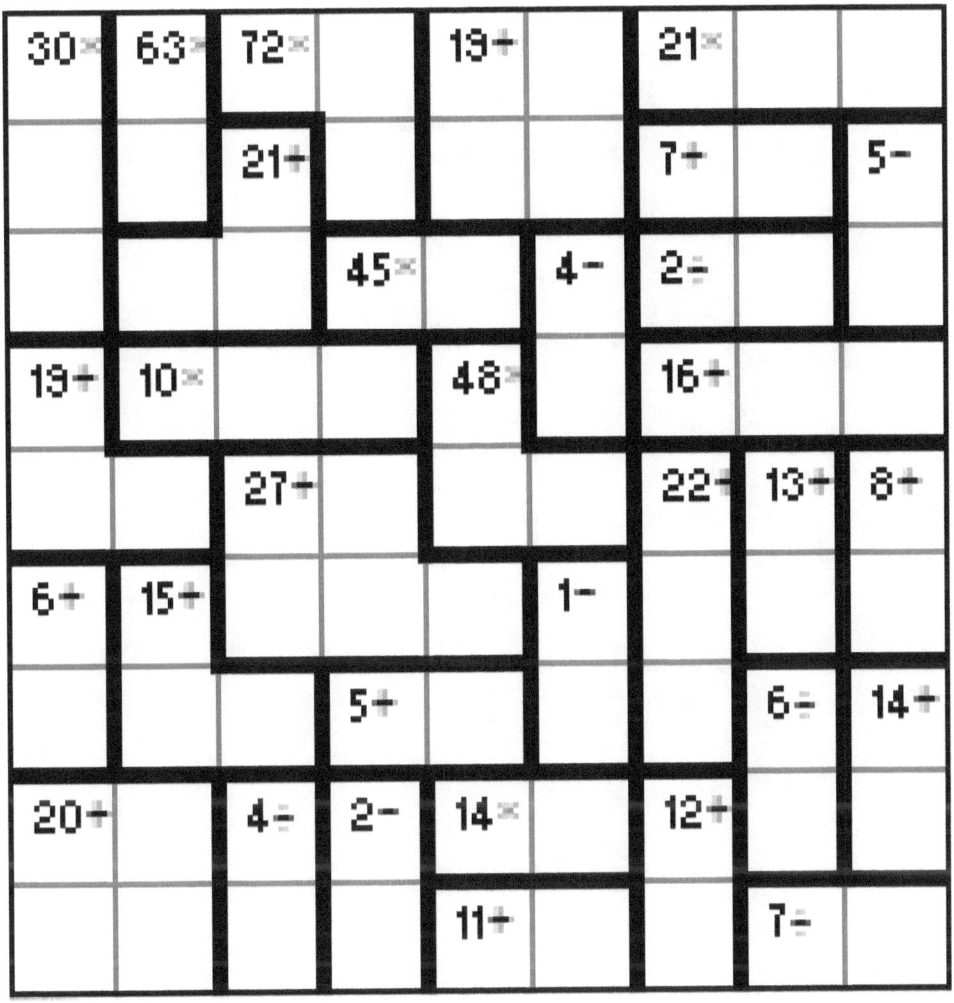

55

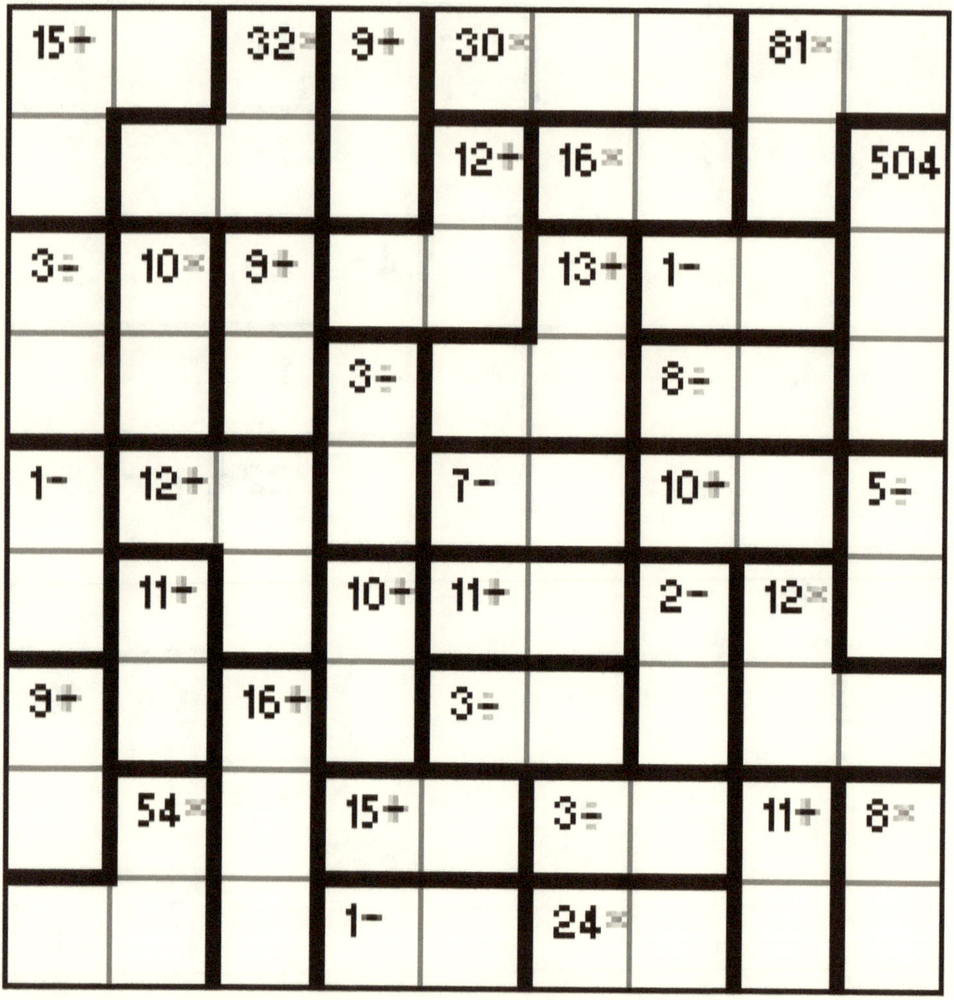

56

57

14×	7−	14+	7+		54×		7+	
			36×	1−	8+		14+	
1−	36×	2−			11+			12×
			28×	21+			20×	
8+				72×	2÷			9×
	35×	5+				1−		
		3−		14×		9÷		11+
14+		7−		42×		21+		
10+		4−			1−			

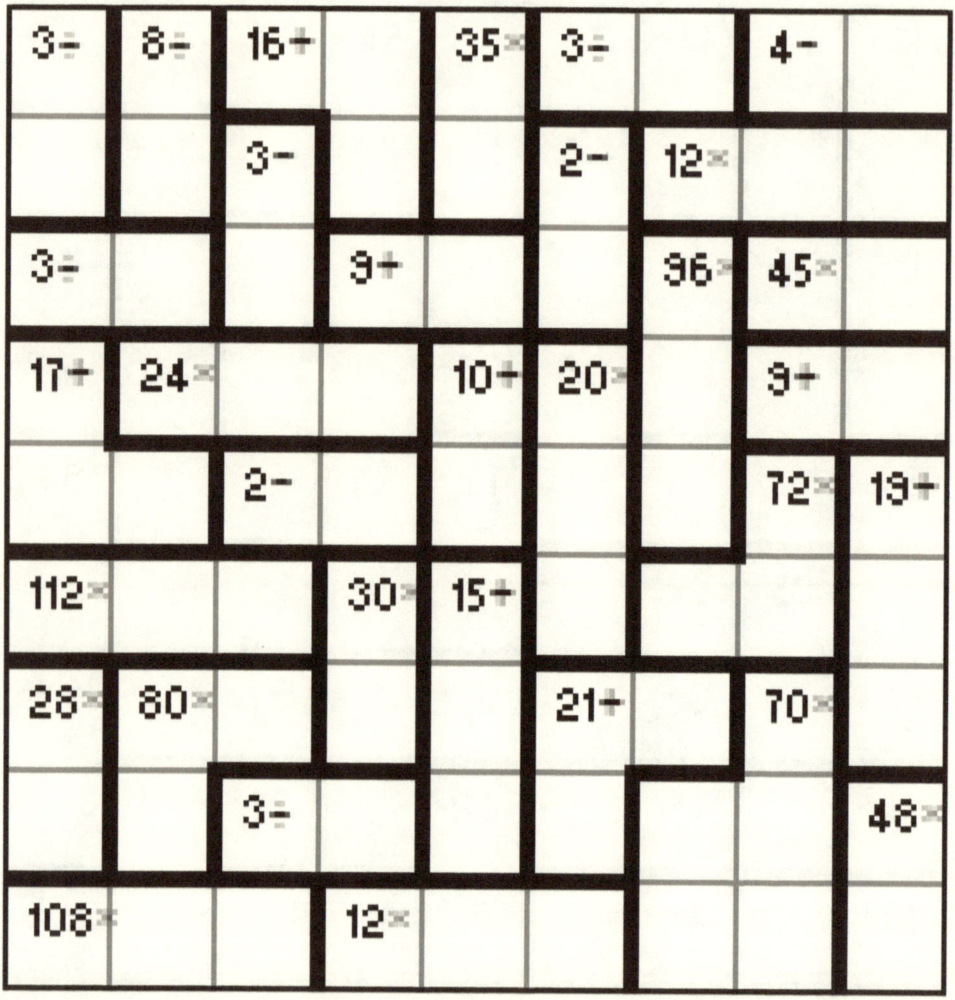

Puzzle 58

3÷	8÷	16+		35×	3÷		4−	
		3−			2−	12×		
3÷			9+			36×	45×	
17+	24×			10+	20×		9+	
		2−					72×	19+
112×			30×	15+				
28×	80×				21+		70×	
		3÷						48×
108×			12×					

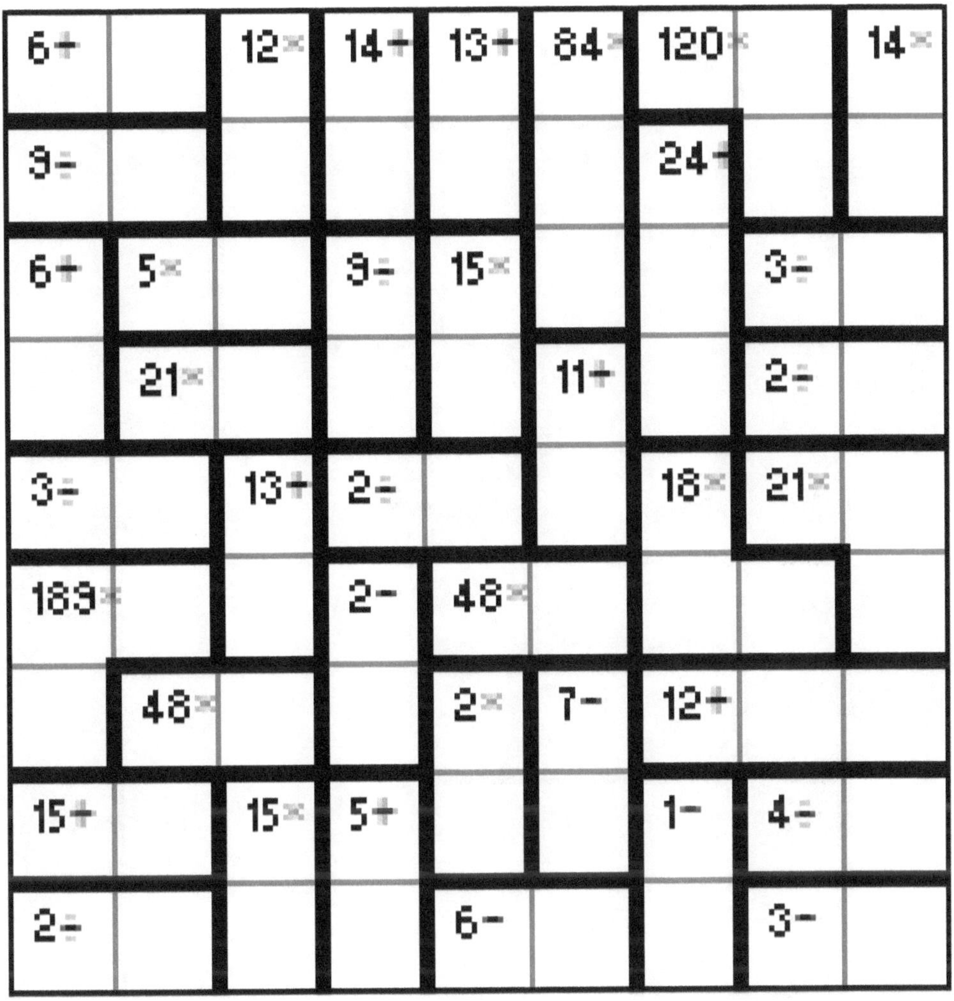

59

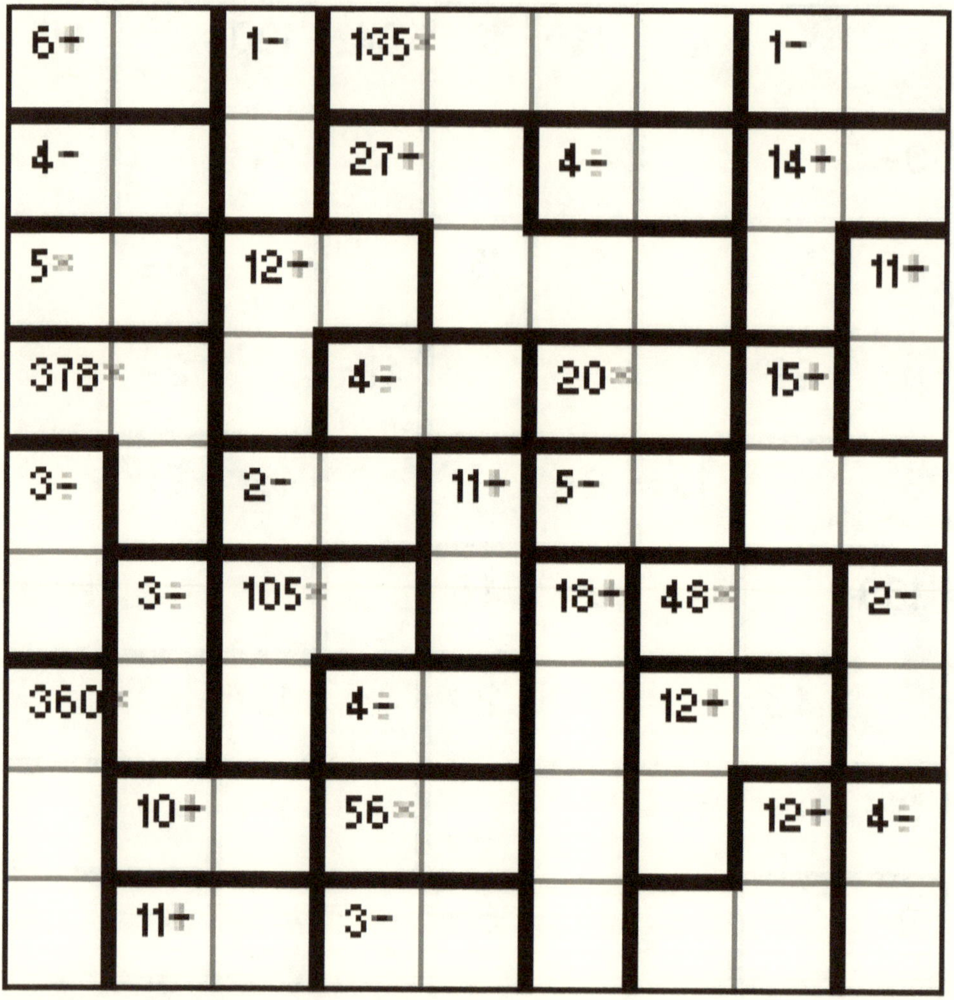

60

6+		1-	135×				1-	
4-			27+		4÷		14+	
5×		12+						11+
378×			4÷		20×		15+	
3÷		2-		11+	5-			
	3÷	105×			18+	48×		2-
360×			4÷			12+		
	10+		56×				12+	4÷
	11+		3-					

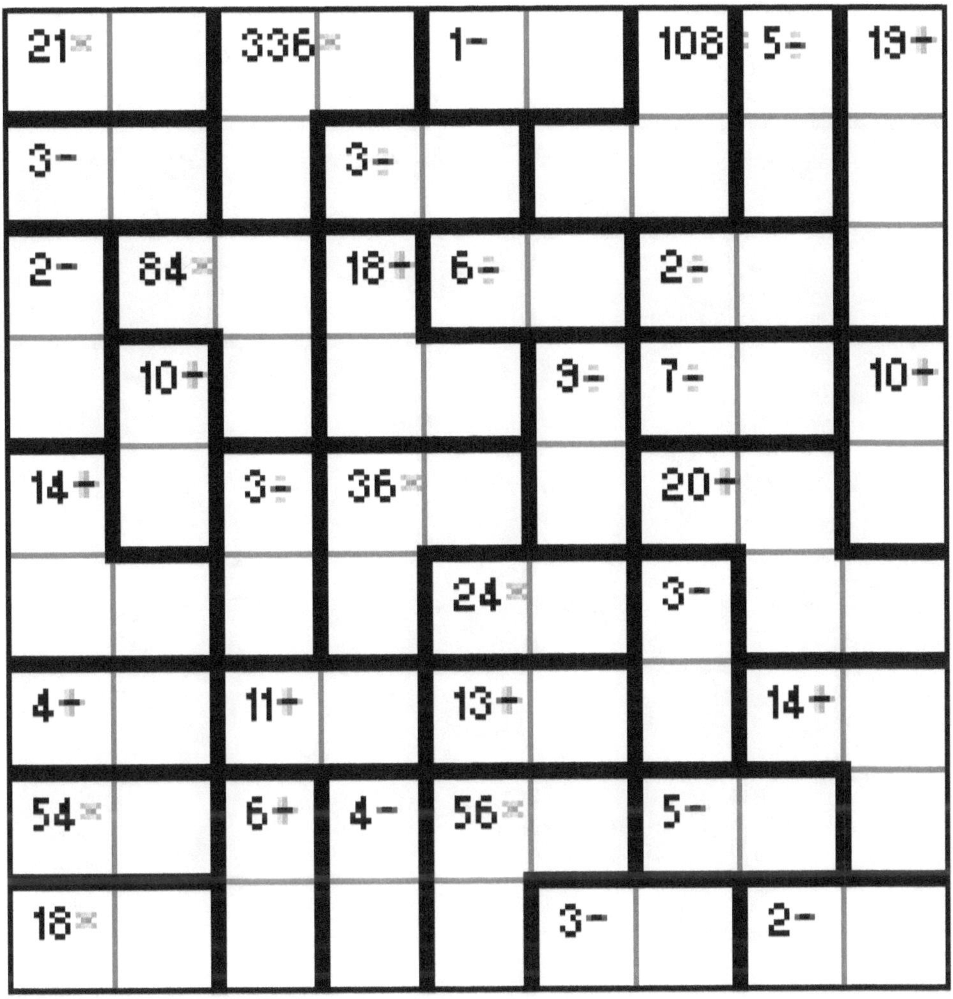

61

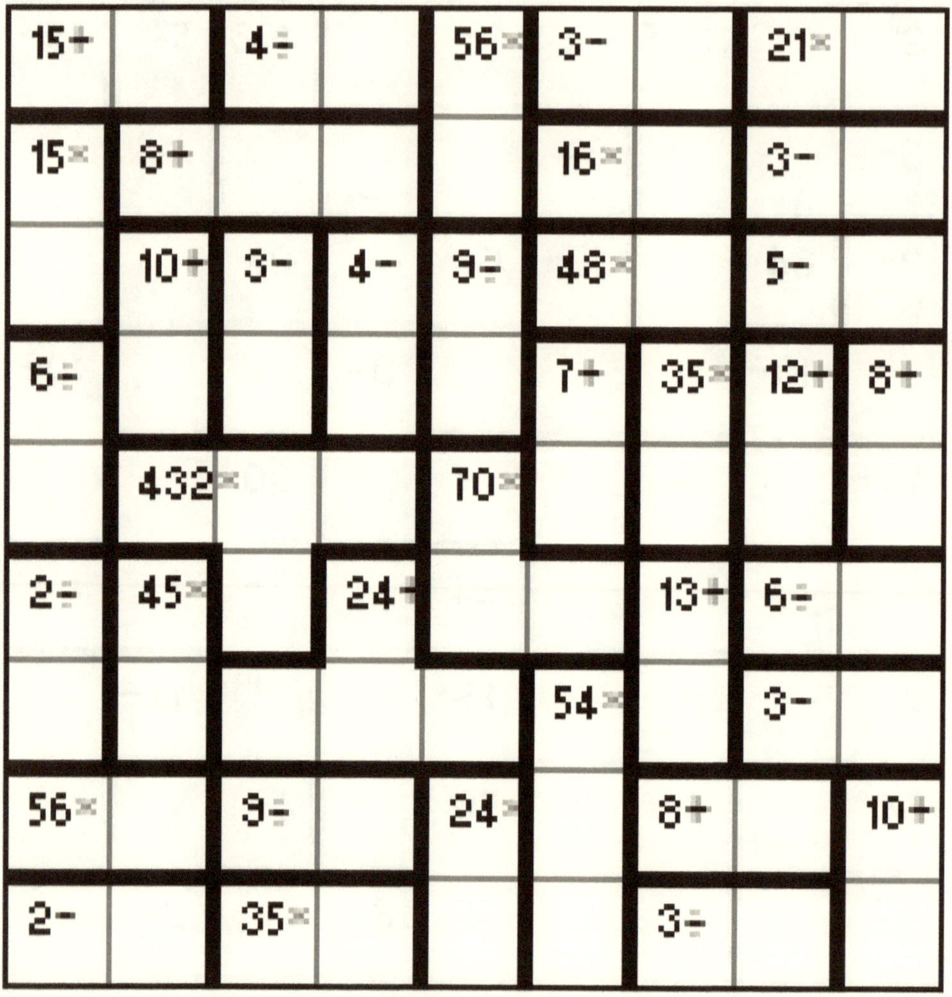

62

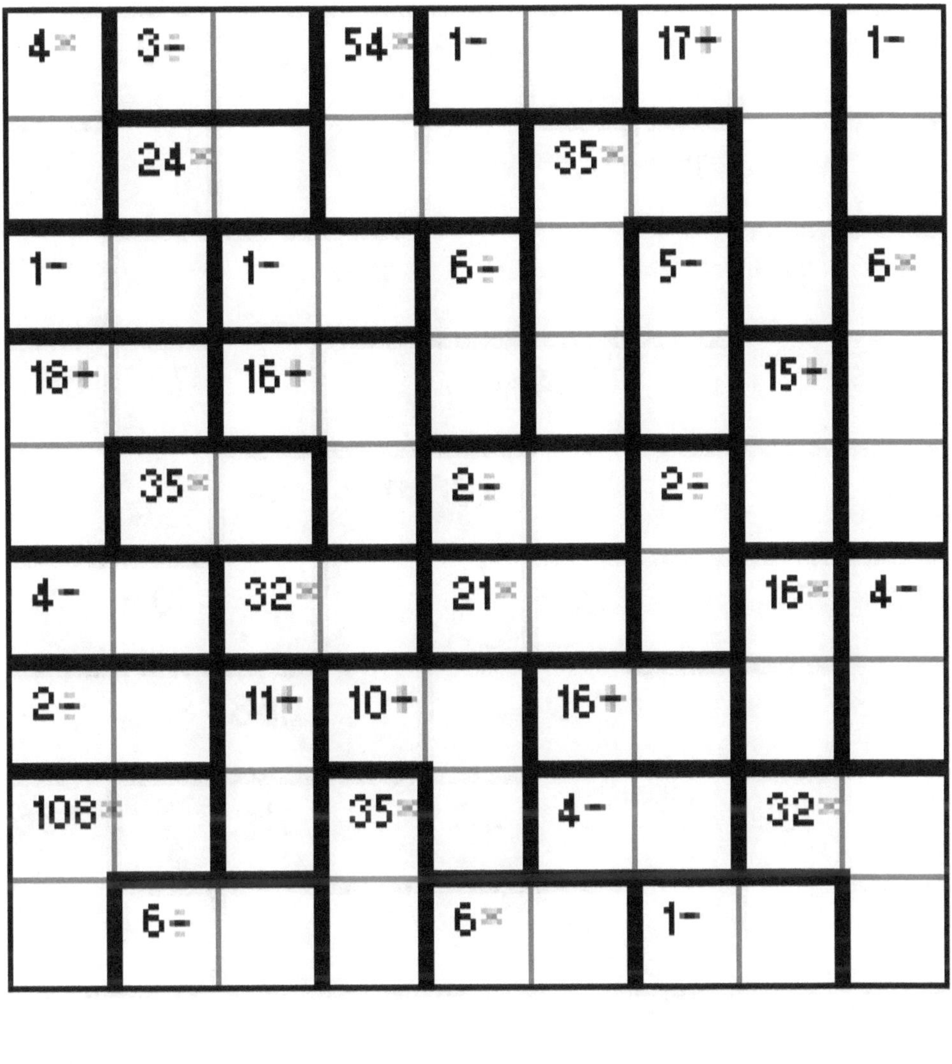

63

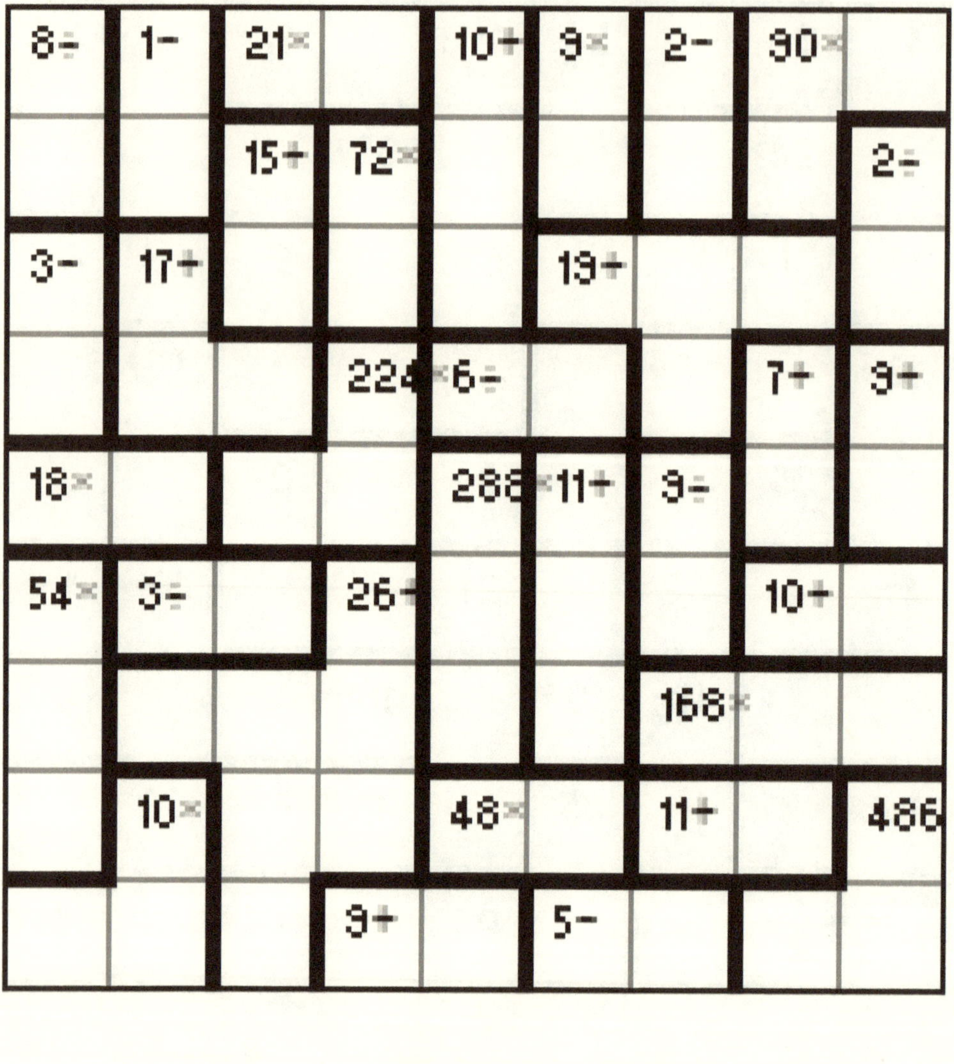

64

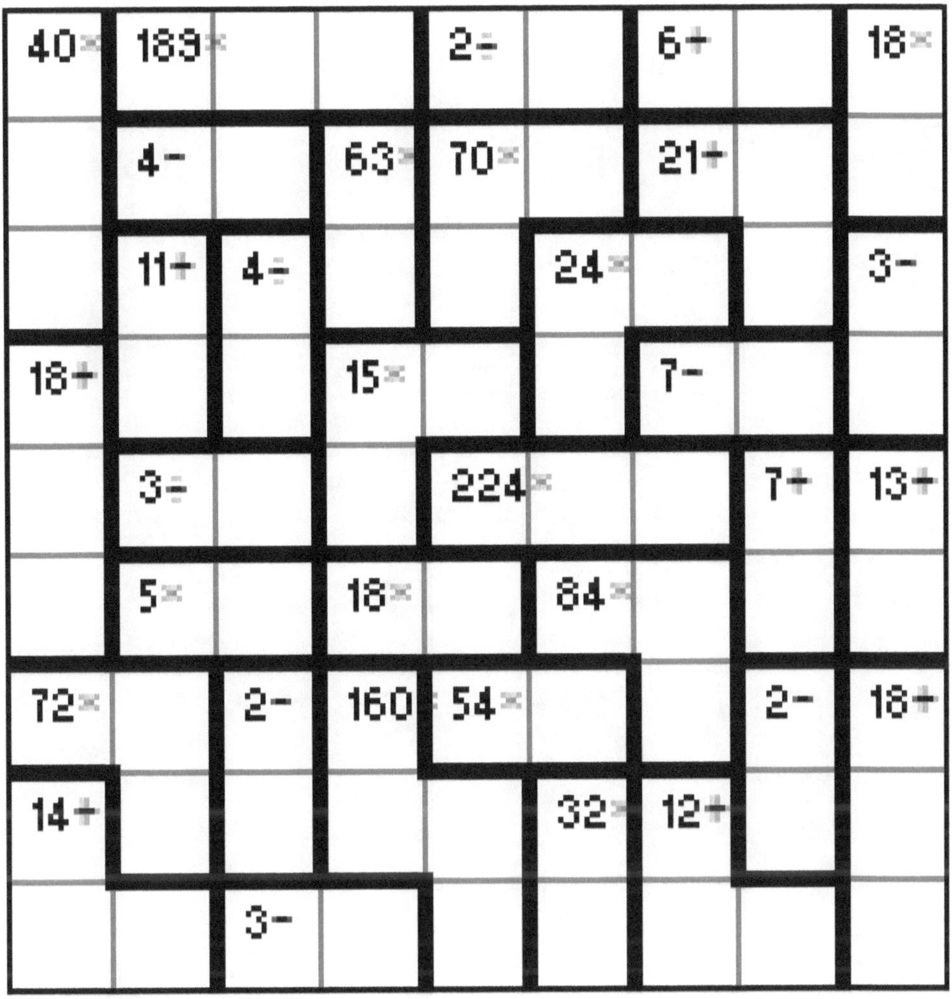

65

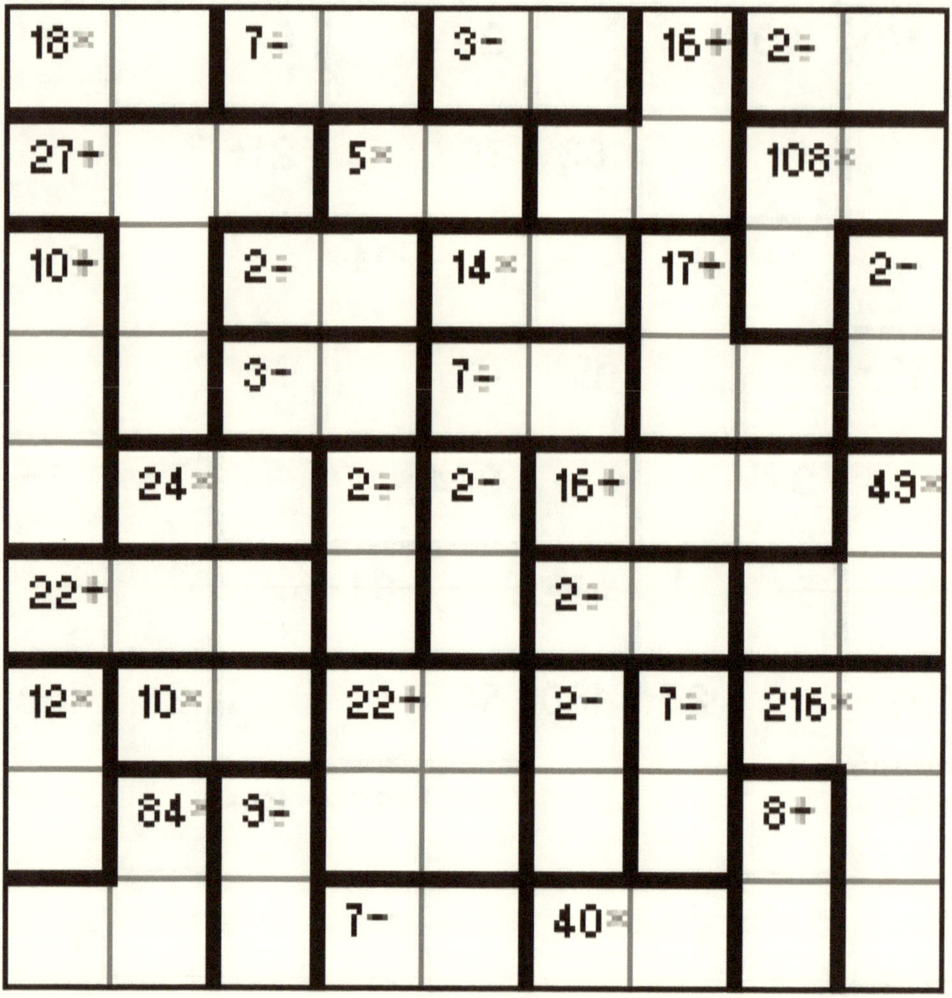

18×		7÷		3−		16+	2÷	
27+			5×				108×	
10+		2÷		14×		17+		2−
		3−		7÷				
	24×		2÷	2−	16+			49×
22+					2÷			
12×	10×		22+		2−	7÷	216×	
	84×	9÷					8+	
			7−		40×			

66

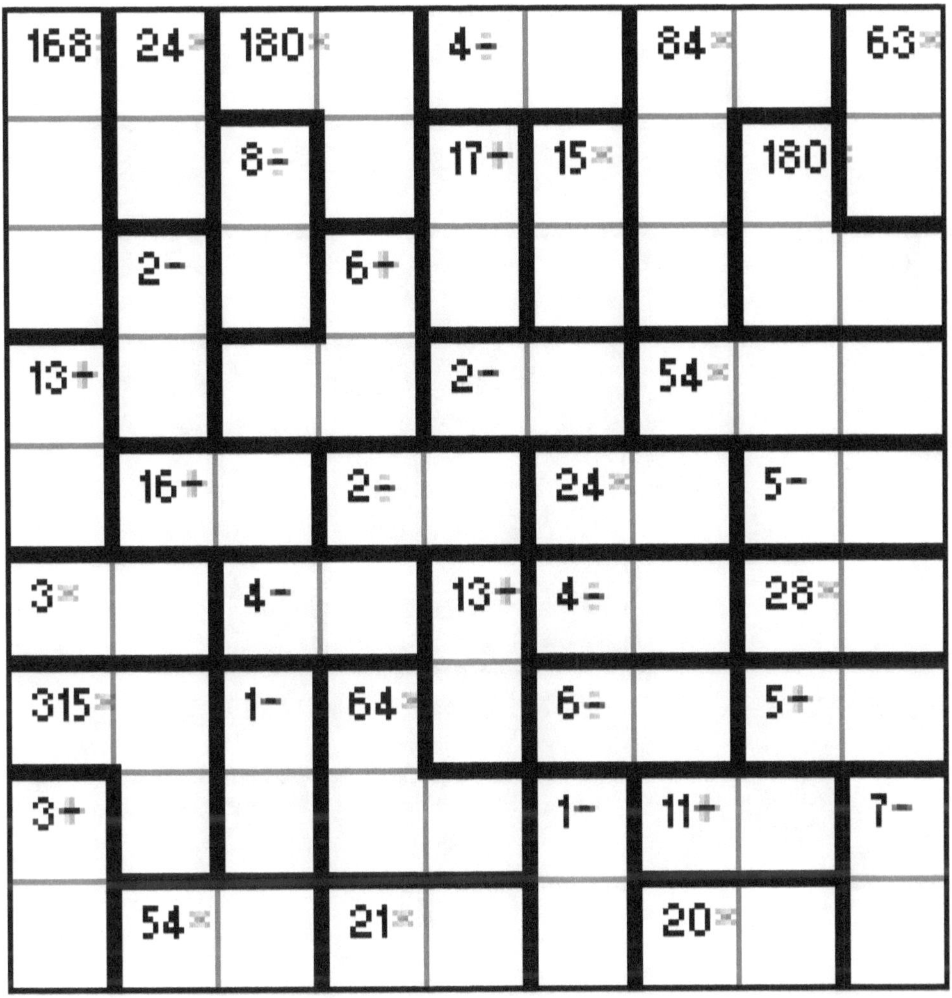

67

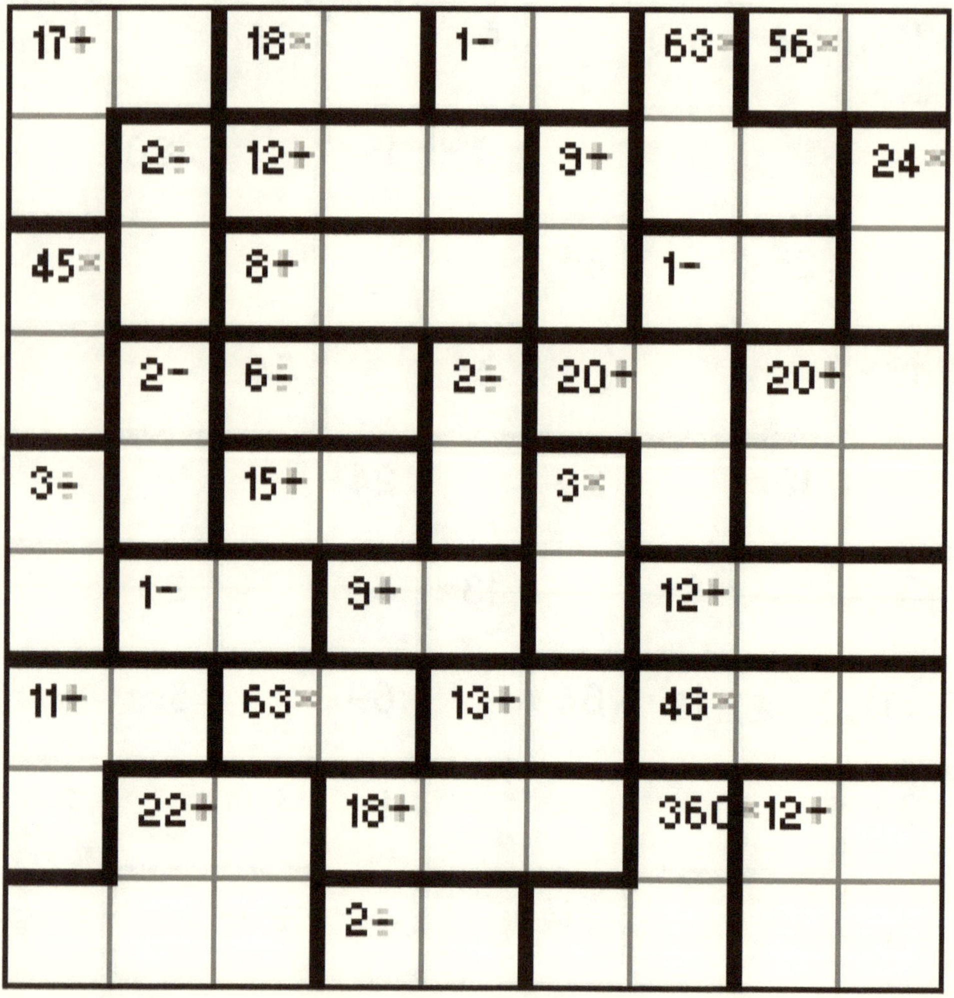
17+
18×
1−
63×
56×
2÷
12+
9+
24×
45×
8+
1−
2−
6÷
2÷
20+
20+
3÷
15+
3×
1−
9+
12+
11+
63×
13+
48×
22+
18+
360×
12+
2÷

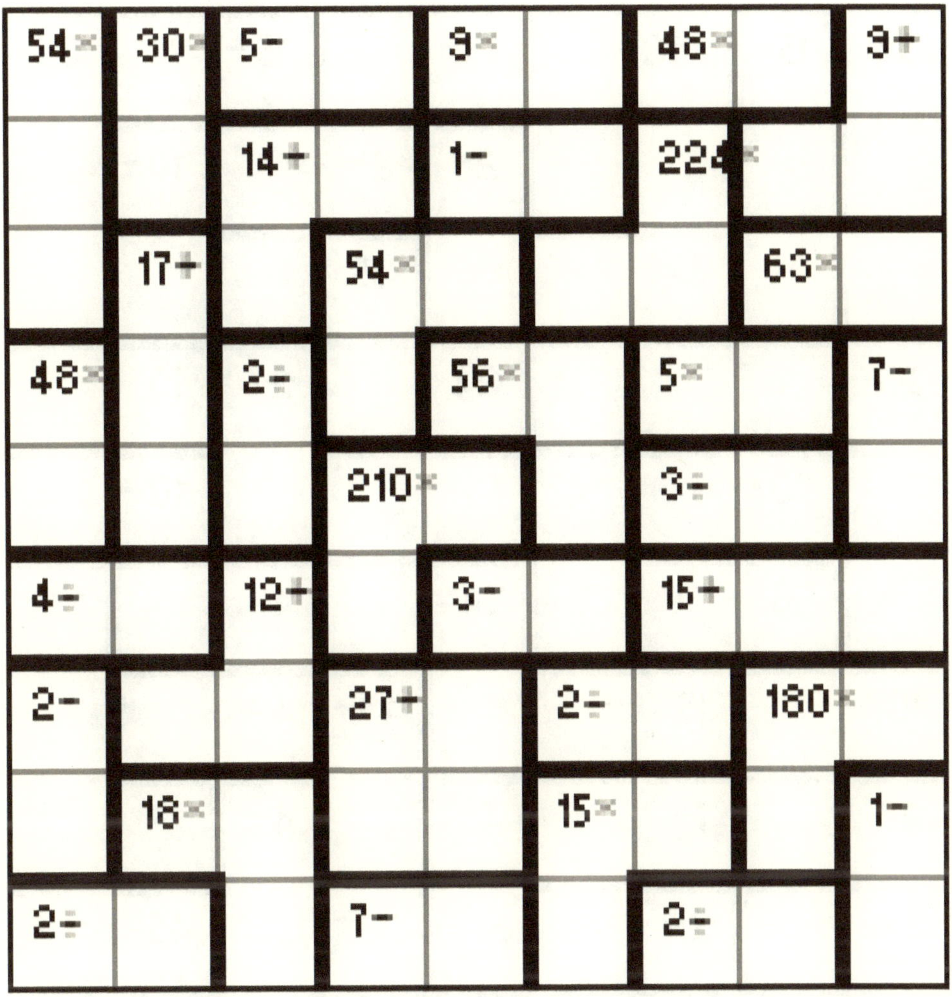

69

54×	30×	5−		9×		48×		9+
		14+		1−		224×		
	17+		54×				63×	
48×		2÷		56×		5×		7−
			210×			3÷		
4÷		12+		3−		15+		
2−			27+		2÷		180×	
	18×				15×			1−
2÷			7−			2÷		

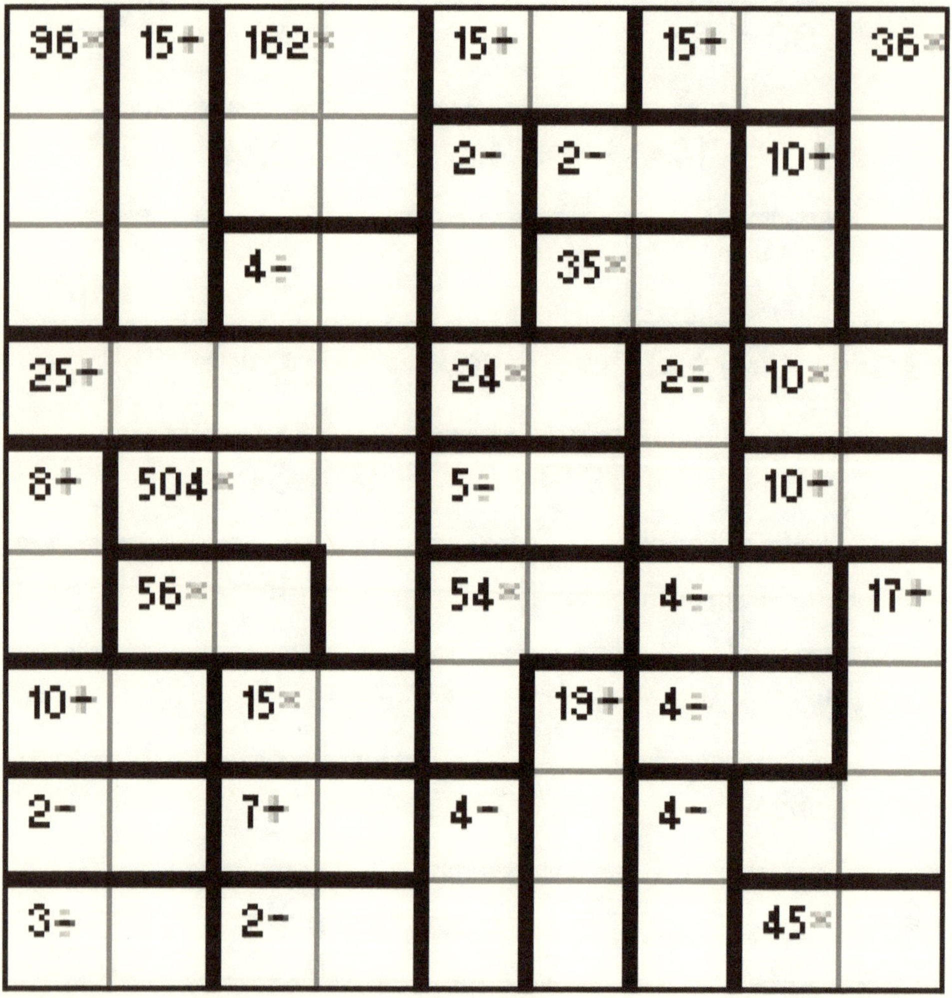

70

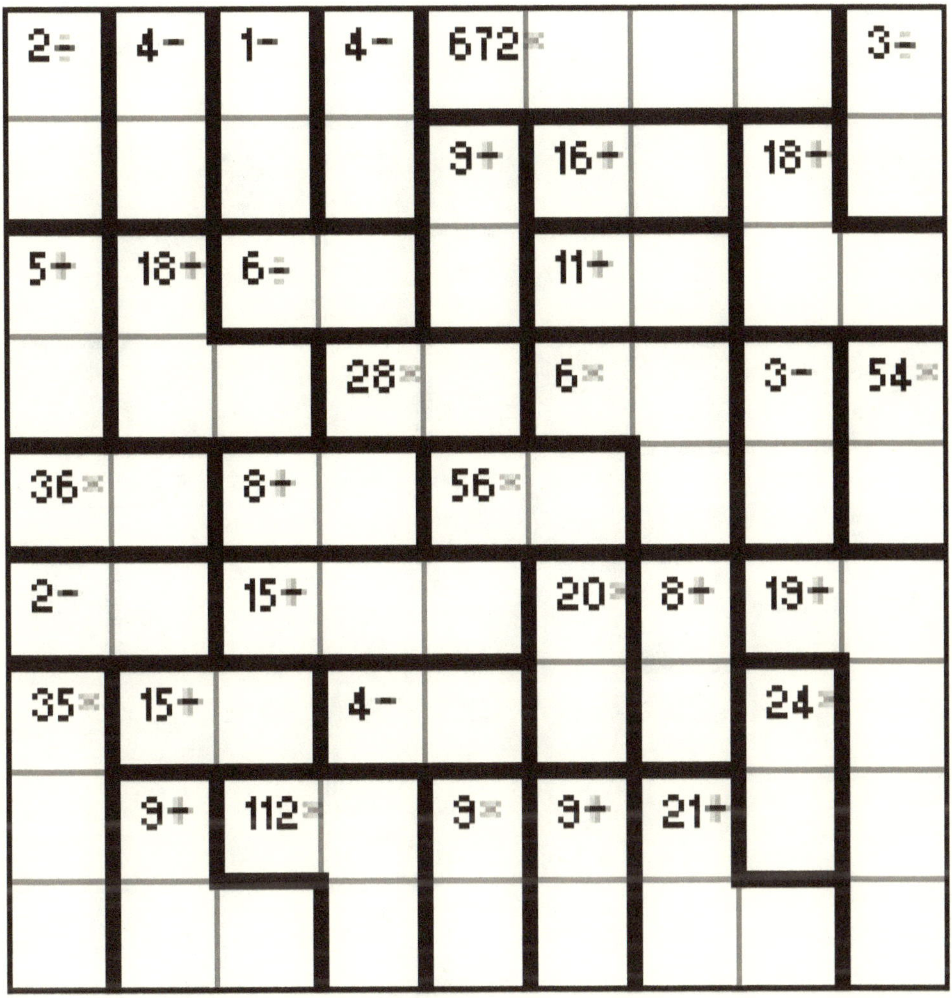

71

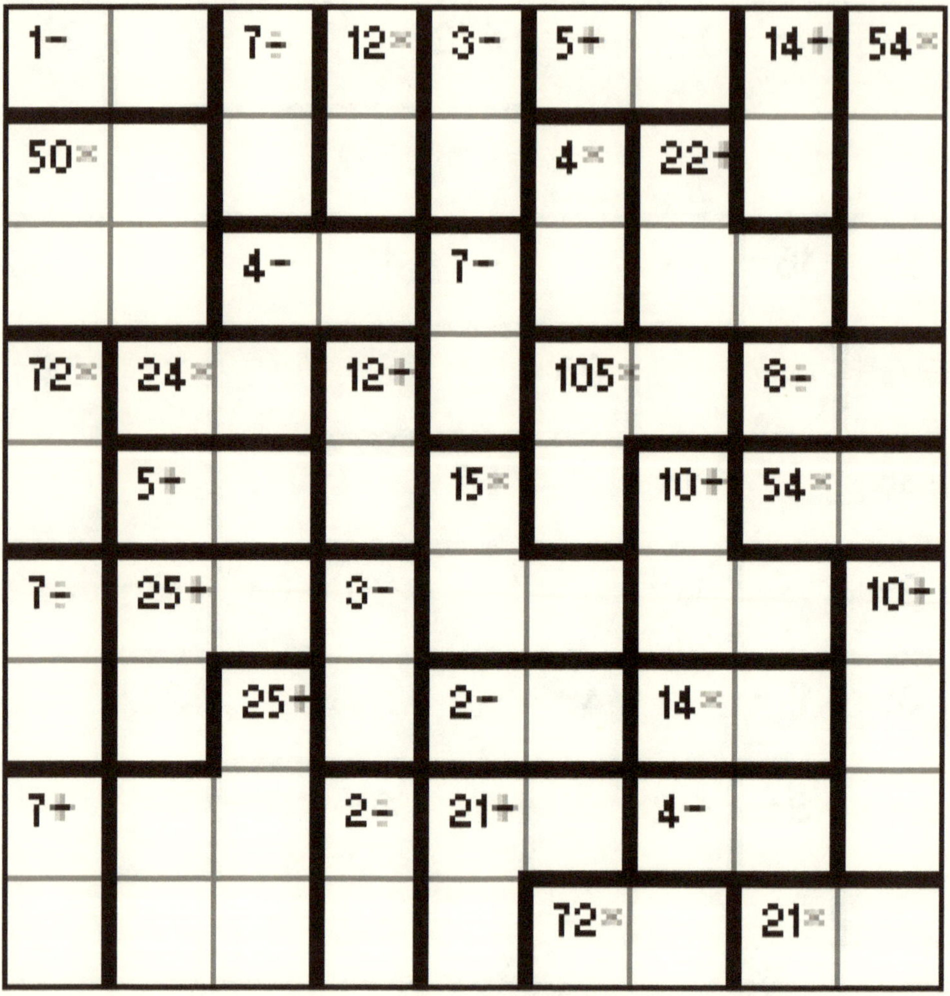

72

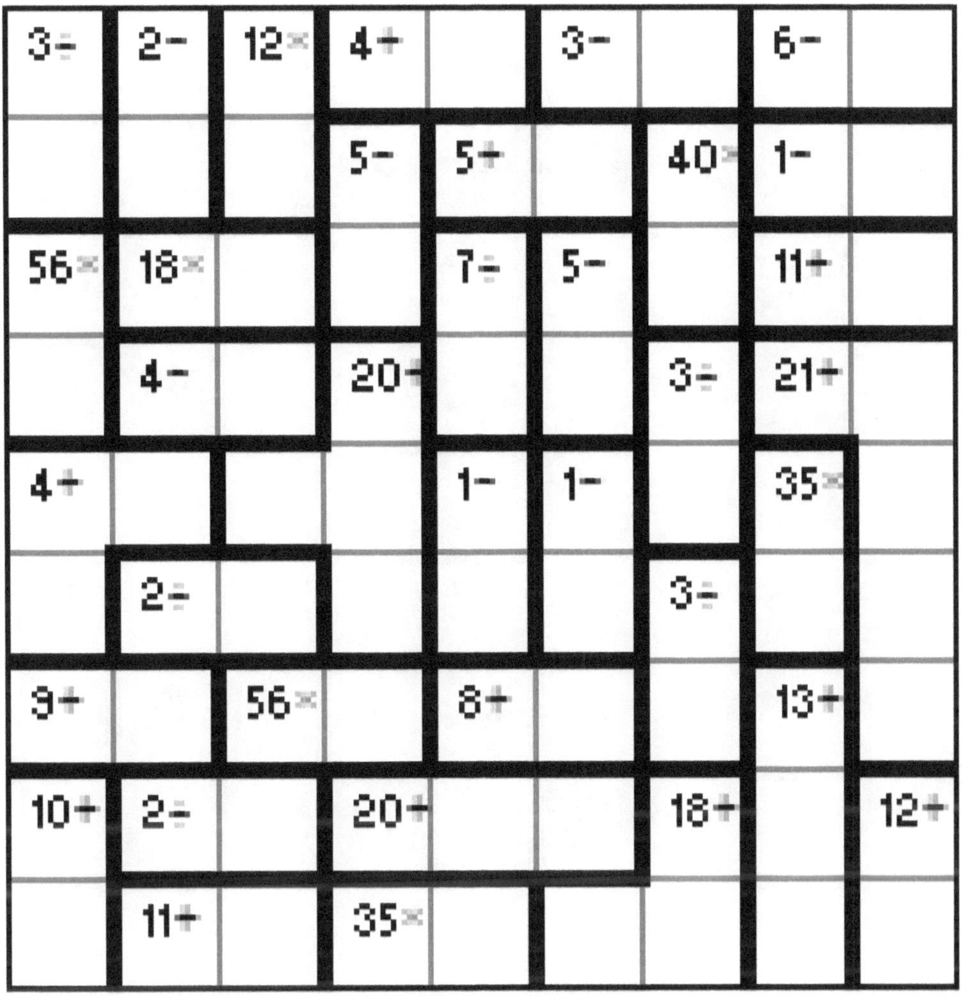

73

7+
5−
15+
3−
12+
7−
1−
14+
9+
3−
5−
11+
1−
11+
15+
10+
40×
4÷
26+
14×
6+
4÷
27×
15+
36×
12+
144×
13+
5−
7+
13+
30×
5−
1−

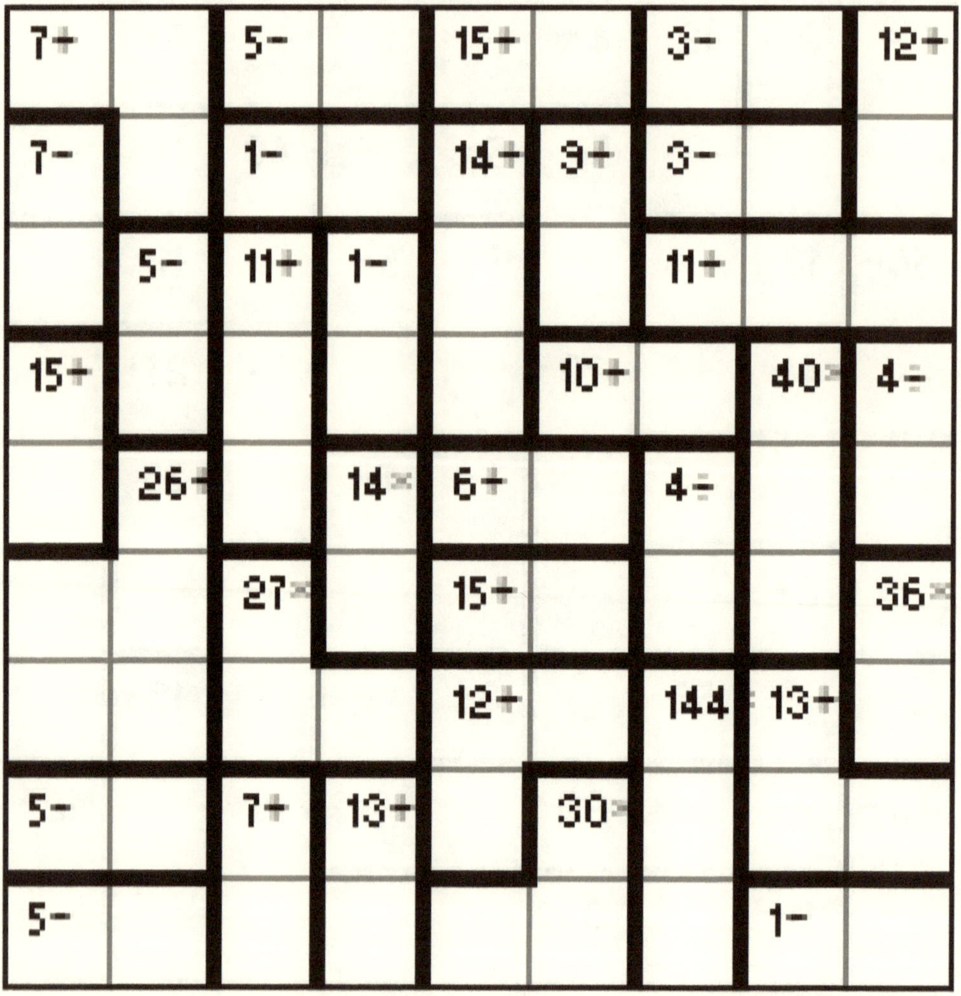

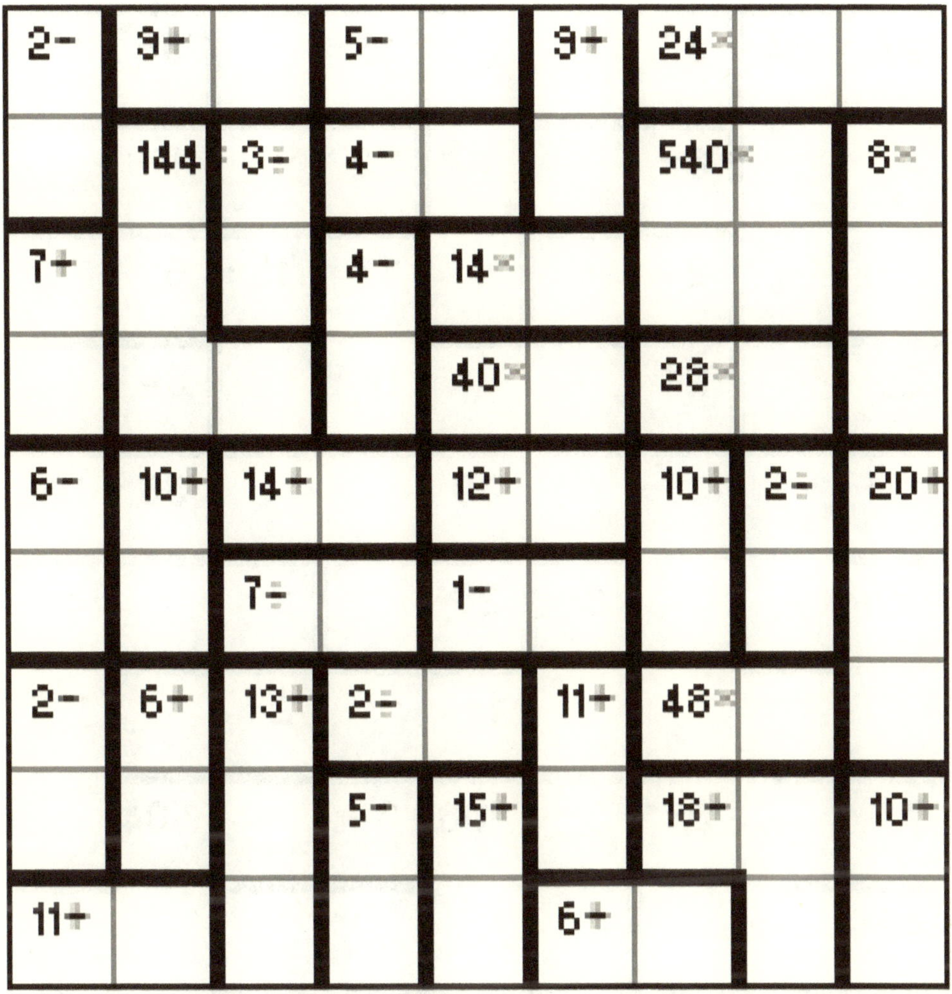

75

2−	9+		5−		9+	24×		
	144÷	3÷	4−			540×		8×
7+			4−	14×				
				40×		28×		
6−	10+	14+		12+		10+	2÷	20+
		7÷		1−				
2−	6+	13+	2÷		11+	48×		
			5−	15+		18+		10+
11+					6+			

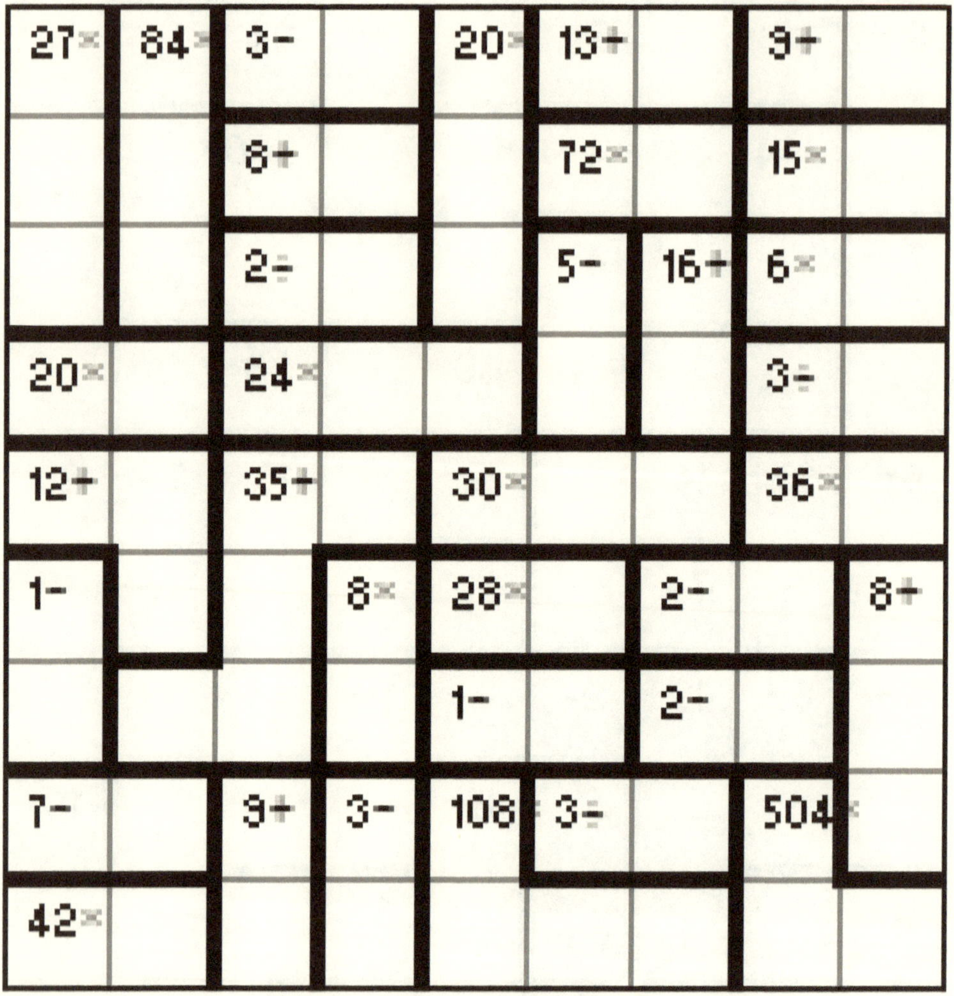

76

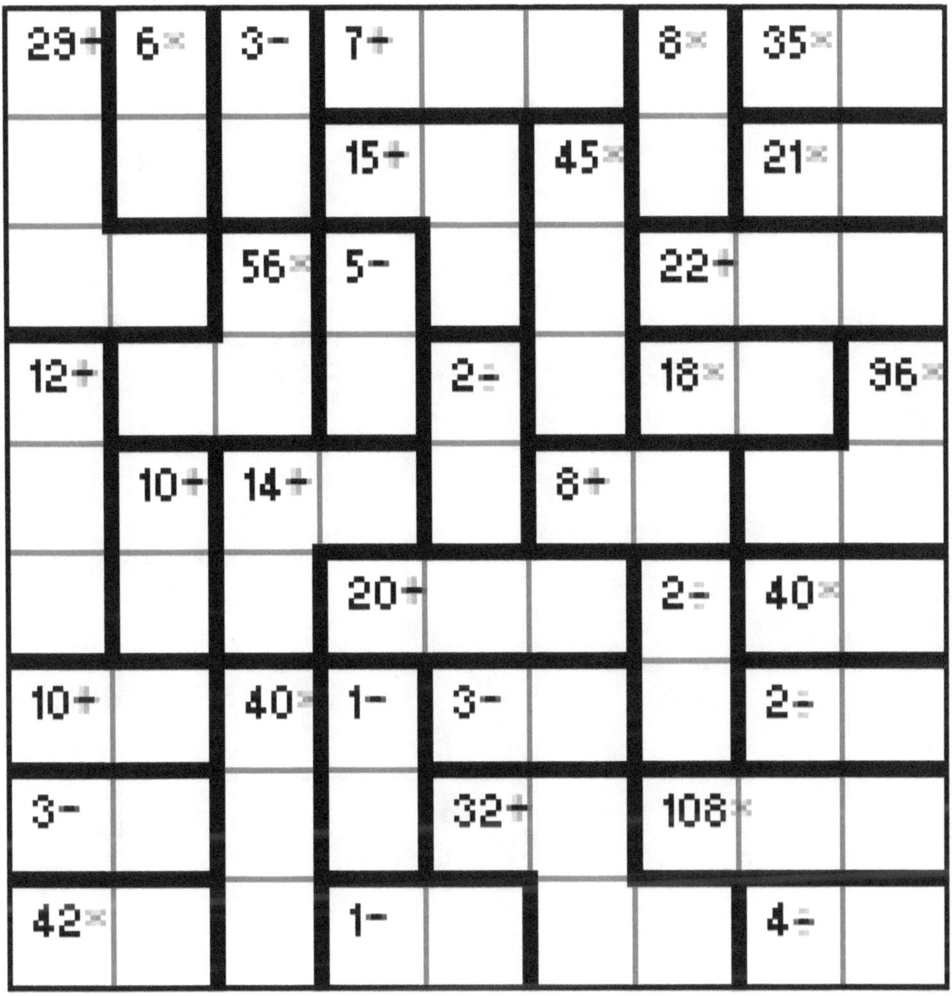

77

23+
16+
1−
13+
8×
12×
14×
40×
4−
7−
9+
12×
2−
20+
14+
288×
11+
80×
5÷
20+
6+
84×
12+
48×
12×
63×
48×
18+
8−
6×
56×
54×

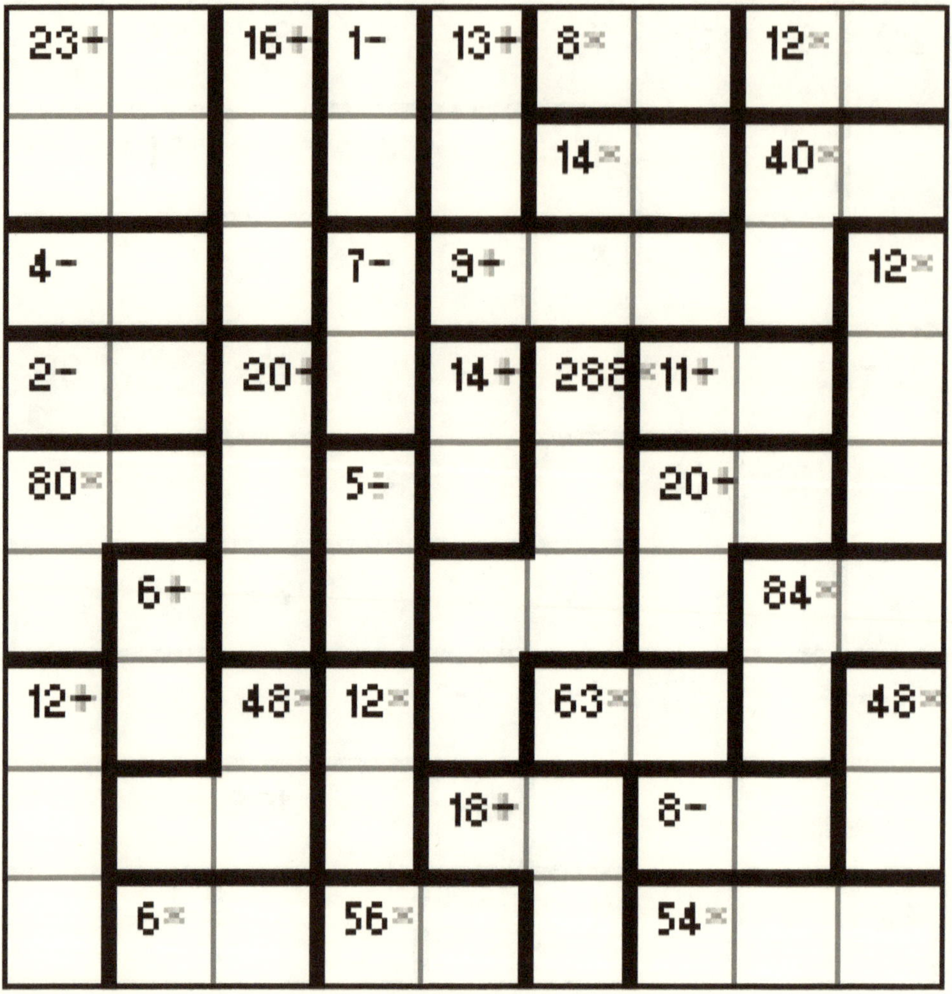

78

48×
9+
3÷
5÷
24×
27×
6+
12+
7−
17+
7+
8÷
42×
23+
3−
29+
12×
4−
40×
6÷
20×
16+
15+
1−
15+
2÷
12+
1−
40×
224×
27×
4−
7−
15×
4÷

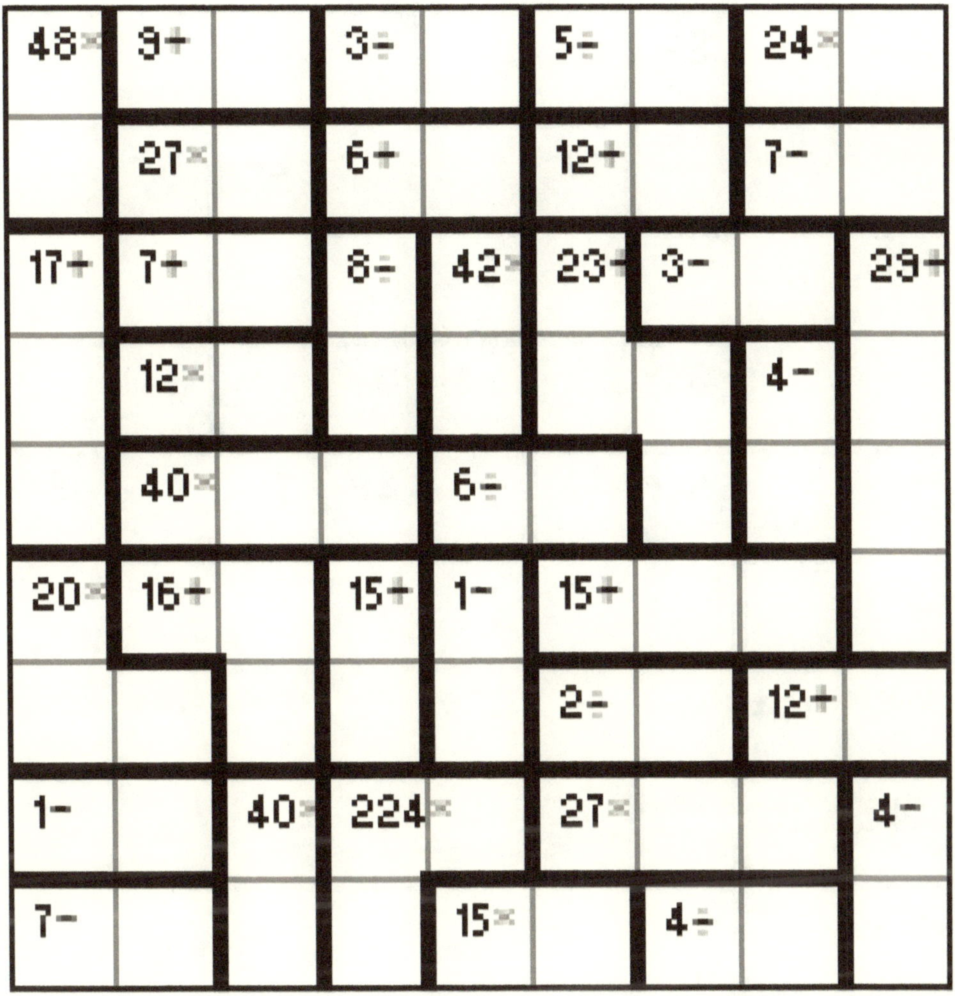

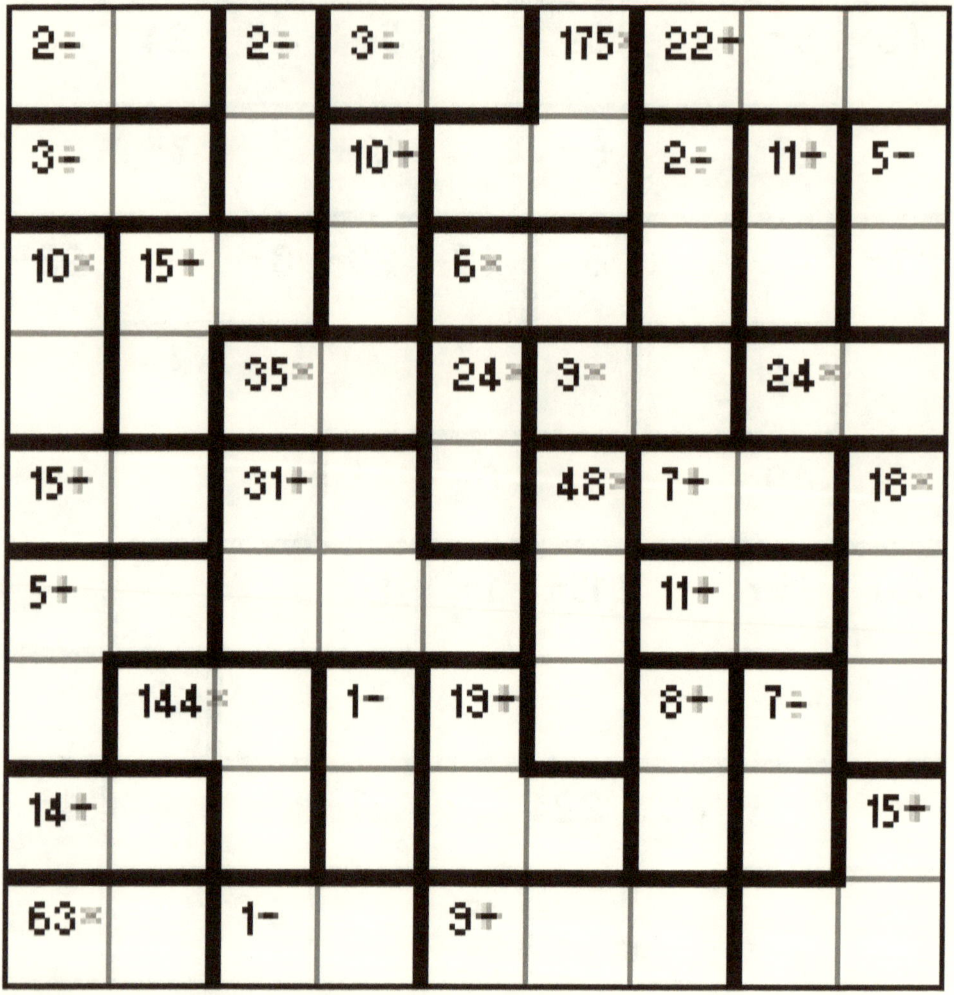

2÷		2÷	3÷			175×	22+		
3÷			10+				2÷	11+	5−
10×	15+			6×					
		35×		24÷	9×			24×	
15+		31+			48×	7+			18×
5+						11+			
	144×		1−	19+		8+		7÷	
14+									15+
63×		1−		9+					

80

8÷
10+
180×
7−
2÷
1−
2−
3−
11+
7÷
11+
15+
2÷
3−
1−
7+
24+
432×
63×
40×
14+
140×
20+
4−
10+
1−
1−
18+
2÷
1−
120×
27×
6−
10×

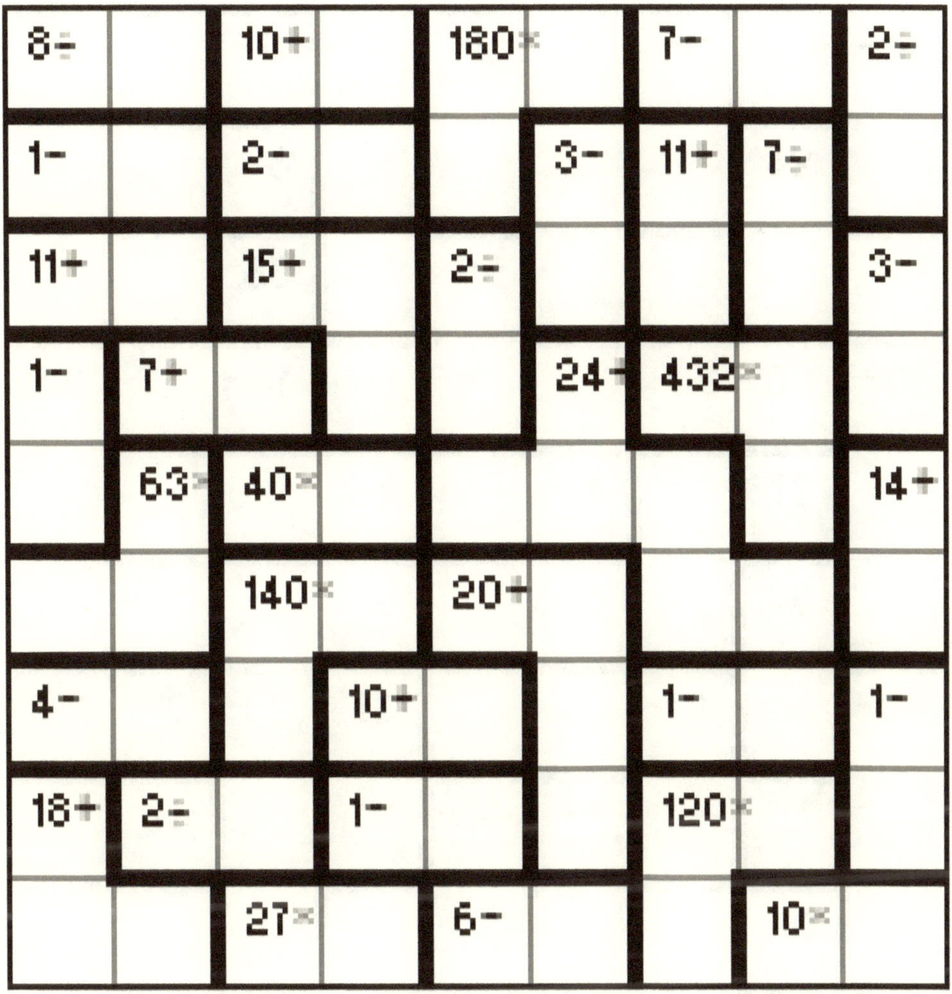

14+
9+
14×
2−
17+
17+
24×
8+
3−
50×
36×
10+
20+
13+
336
378×
4÷
48×
9+
6−
8÷
28+
10+
35×
27×
29+
3×
9+
14+
4÷
3÷

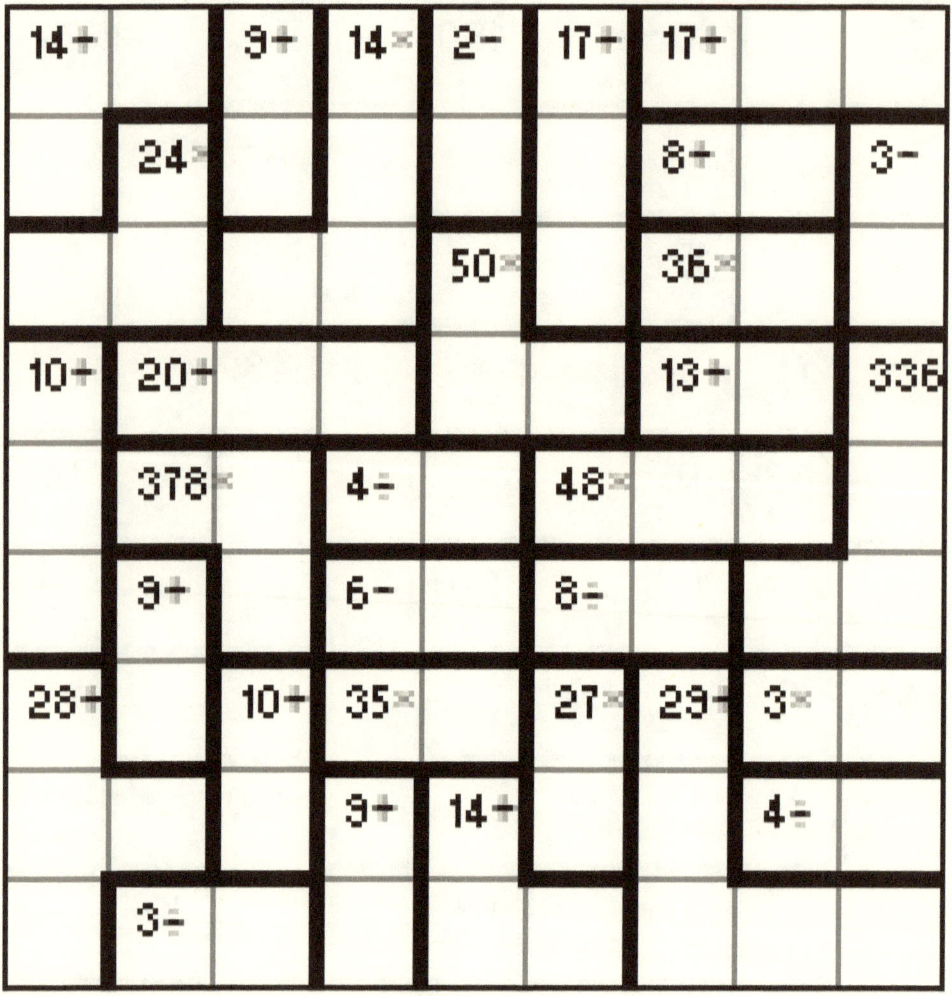

2−
4÷
13+
12×
22+
36×
13+
8+
42×
14+
13+
36×
12+
8×
1−
4−
5÷
243×
18×
1−
12×
21×
15+
10×
4−
35×
32×
4×
405×
24+
2÷
2÷
4−

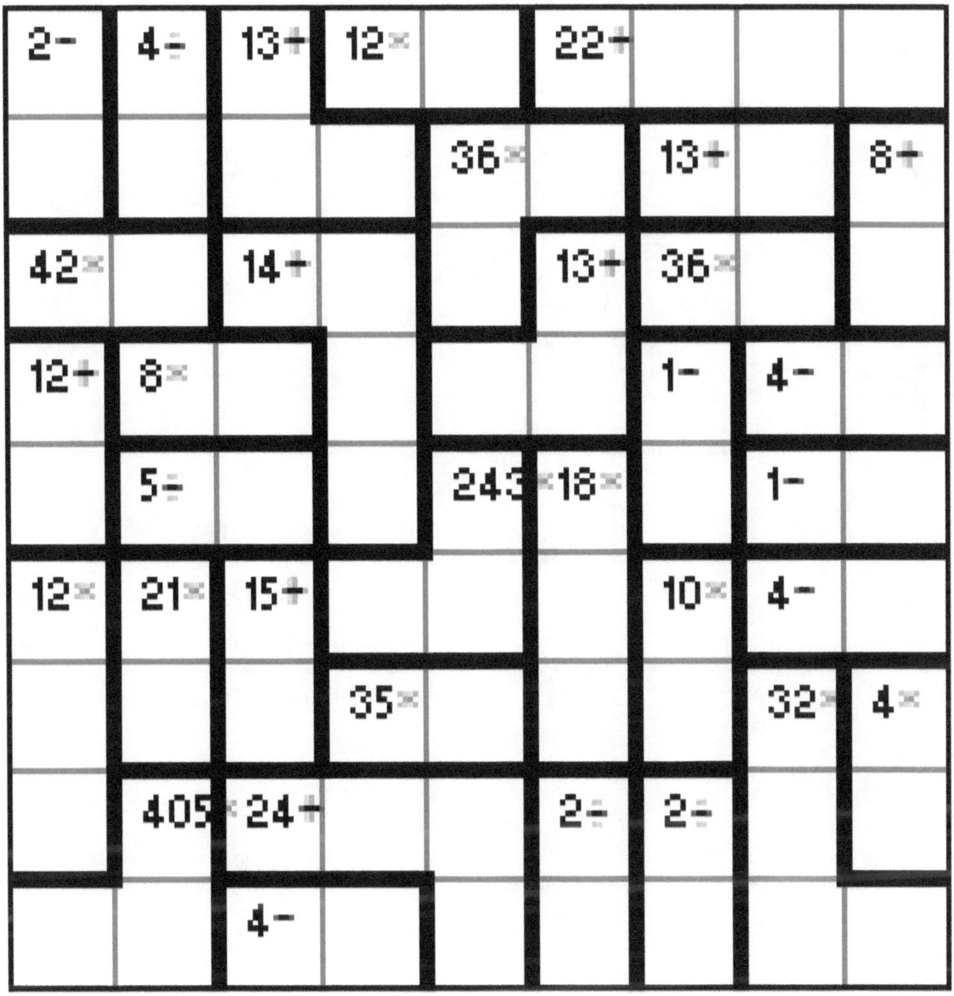

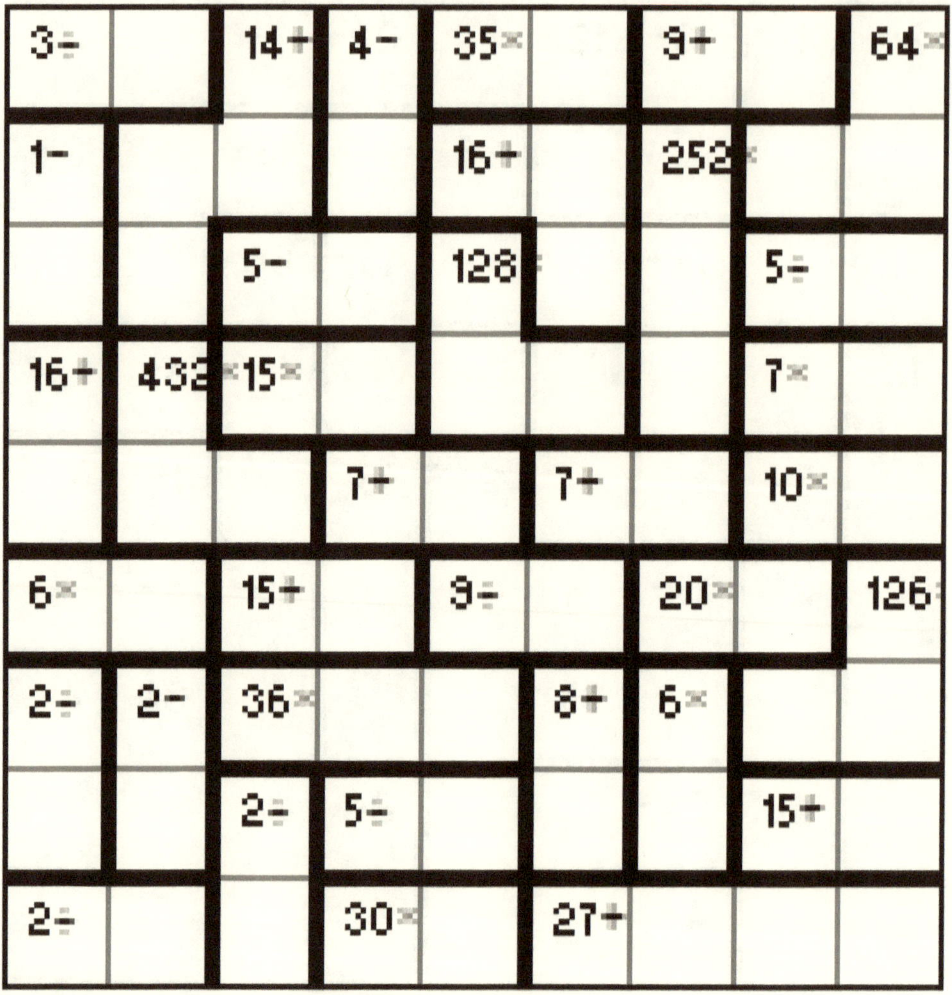

84

3÷		14+	4−	35×		9+		64×
1−				16+		252×		
		5−		128×			5÷	
16+	432×	15×					7×	
			7+		7+		10×	
6×		15+		9÷		20×		126×
2÷	2−	36×			8+	6×		
		2÷	5÷				15+	
2÷			30×		27+			

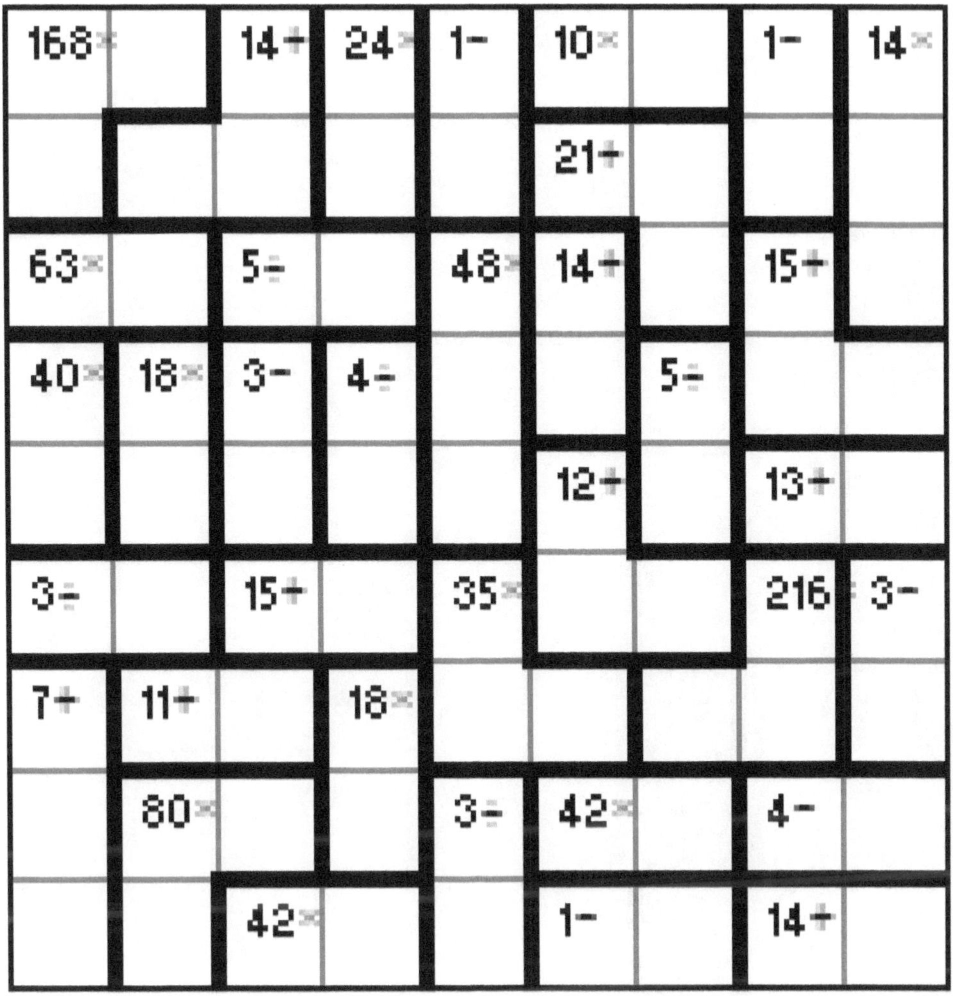

85

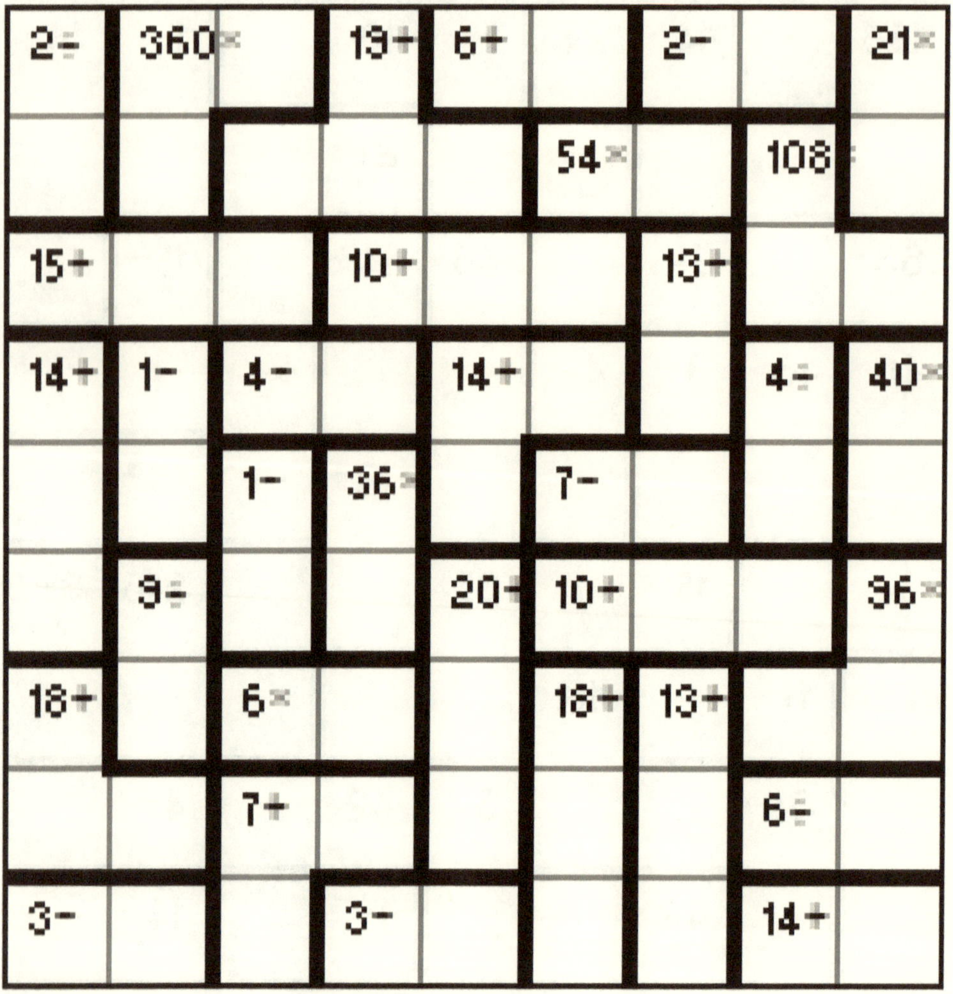

2÷	360×		19+	6+		2−		21×
					54×		108÷	
15+			10+			13+		
14+	1−	4−		14+			4÷	40×
		1−	36×		7−			
	9÷			20+	10+			36×
18+		6×			18+	13+		
		7+					6÷	
3−			3−				14+	

86

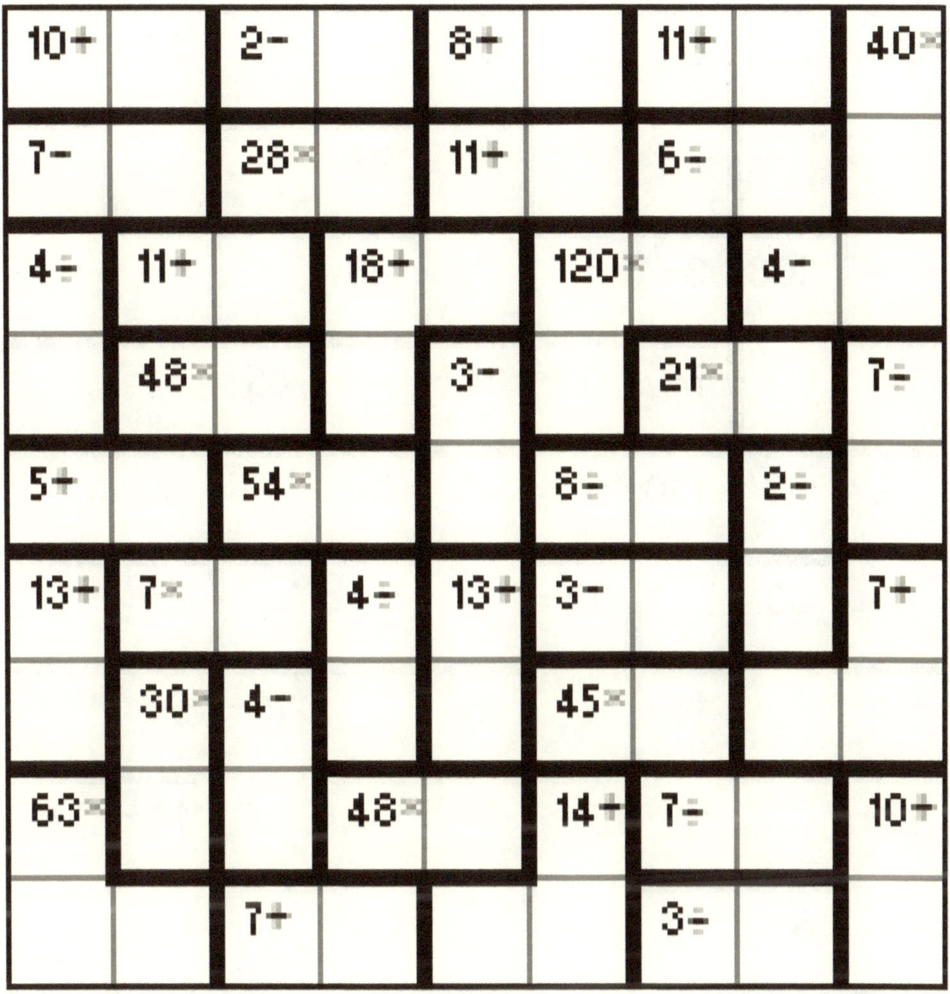

87

10+		2-		8+		11+		40×
7-		28×		11+		6÷		
4÷	11+		18+		120×		4-	
	48×			3-		21×		7÷
5+		54×			8÷		2÷	
13+	7×		4÷	13+	3-			7+
	30×	4-			45×			
63×			48×		14+	7÷		10+
		7+				3÷		

80×
2−
6−
2−
9+
6−
384×
24×
6×
108×
3−
28×
7−
14+
35×
32×
180×
45×
3÷
14×
63×
12+
7−
7+
18+
2−
14+
5+
13+
3×
16×
14+
5−
6×
35×

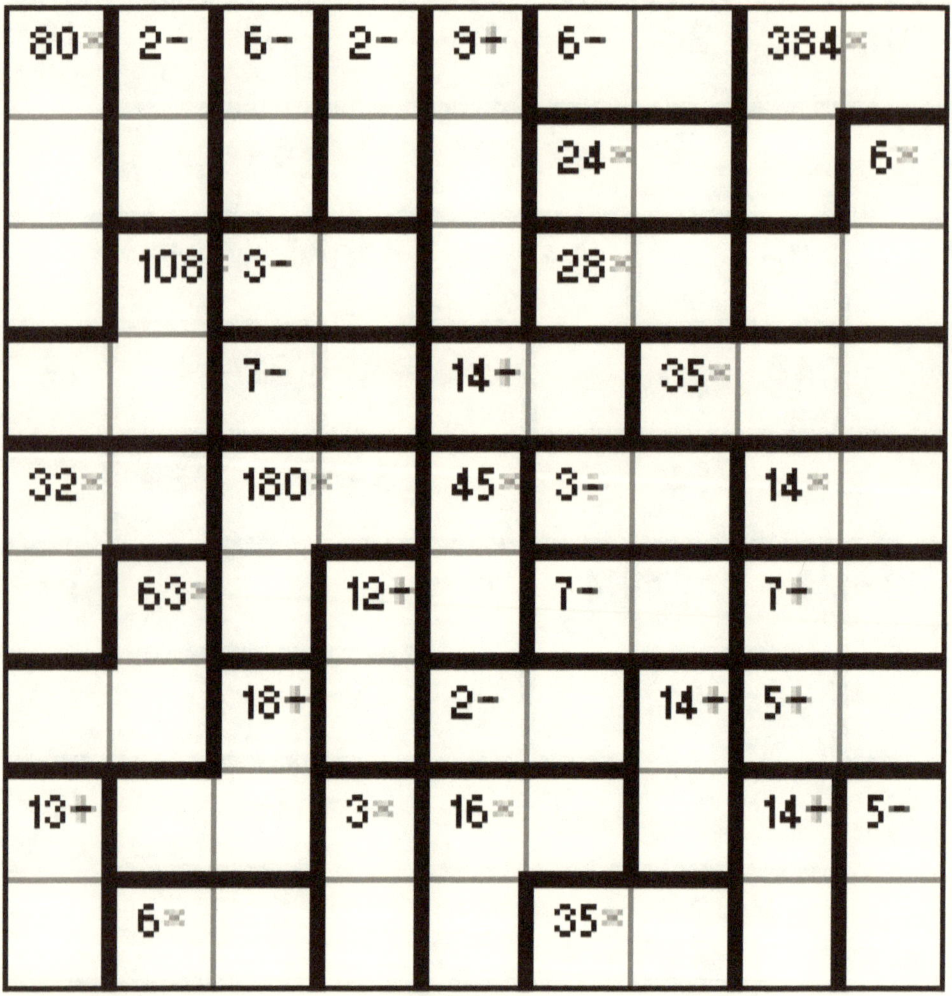

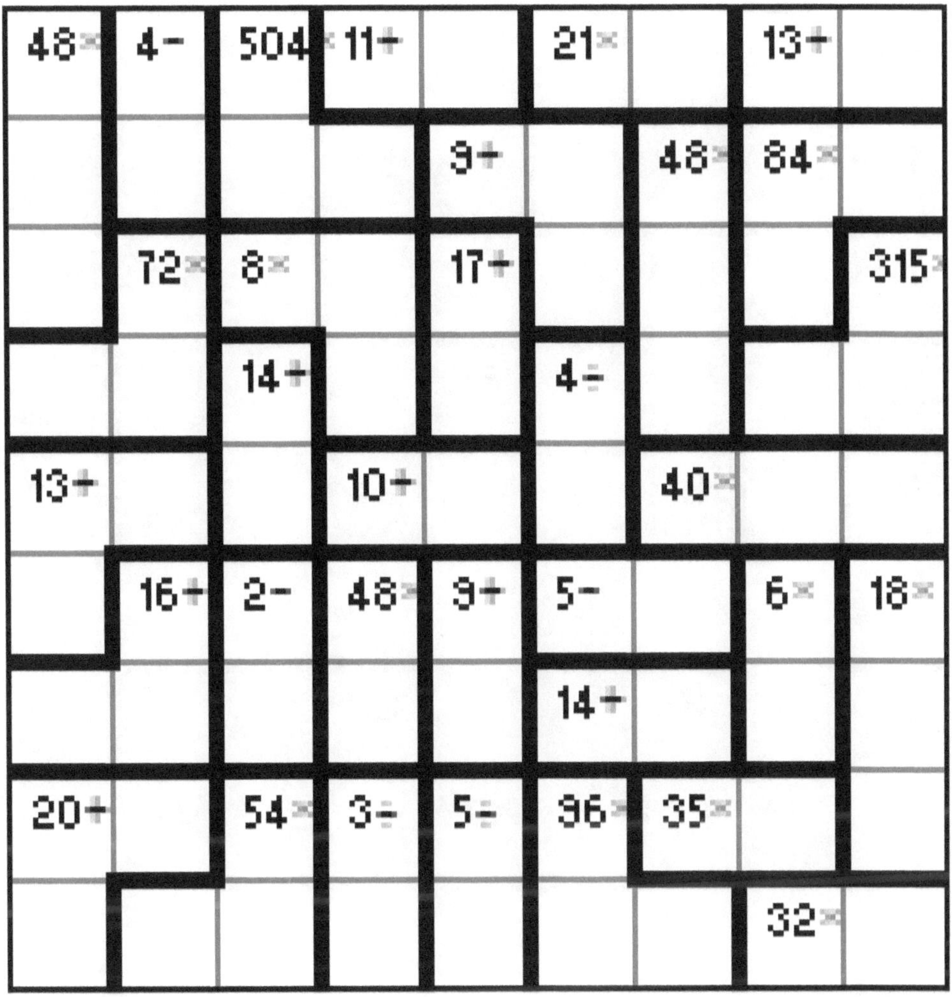

89

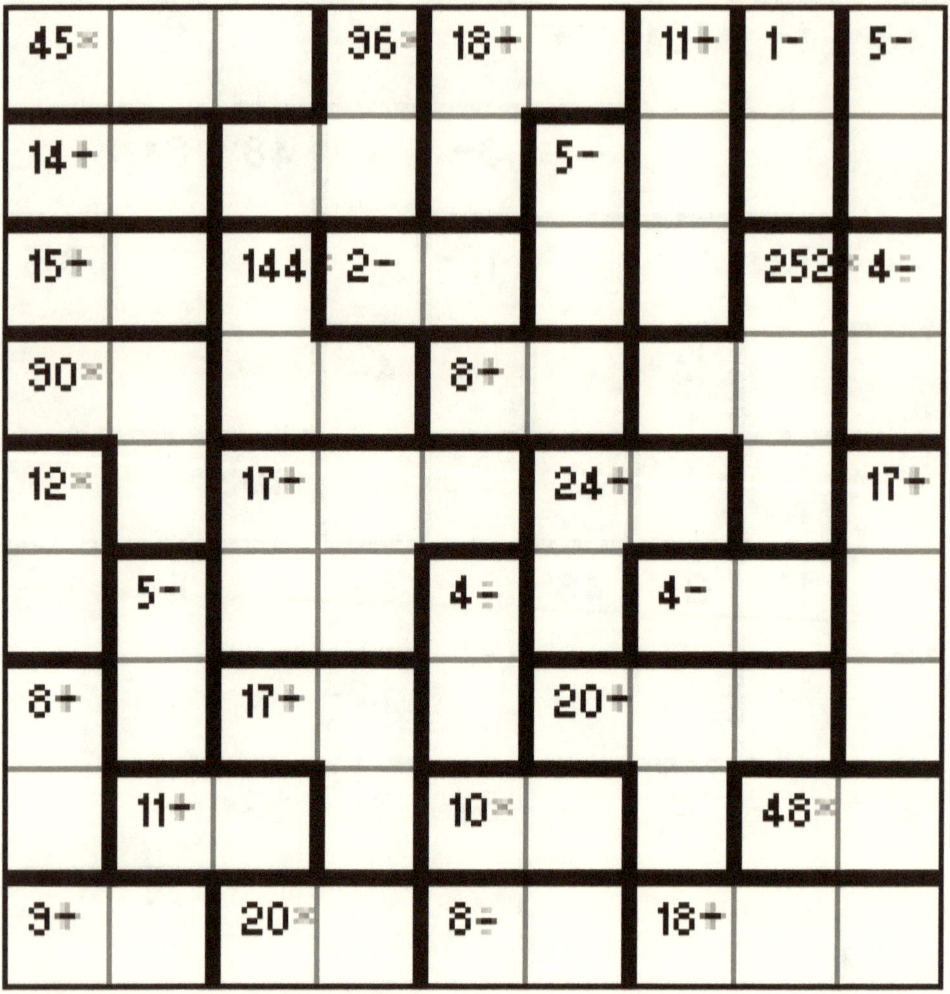

90

2−		20×	2÷		11+		8÷	
24×			32×		10+		36×	
6÷	3÷	16×	16+		13+			9÷
				2−		1−	40×	
48×				72×				84×
56×		12+			6÷	30×		
2−		15+				5−		
3÷	10×	21×	2÷	48×	9×		2−	
					4−		12+	

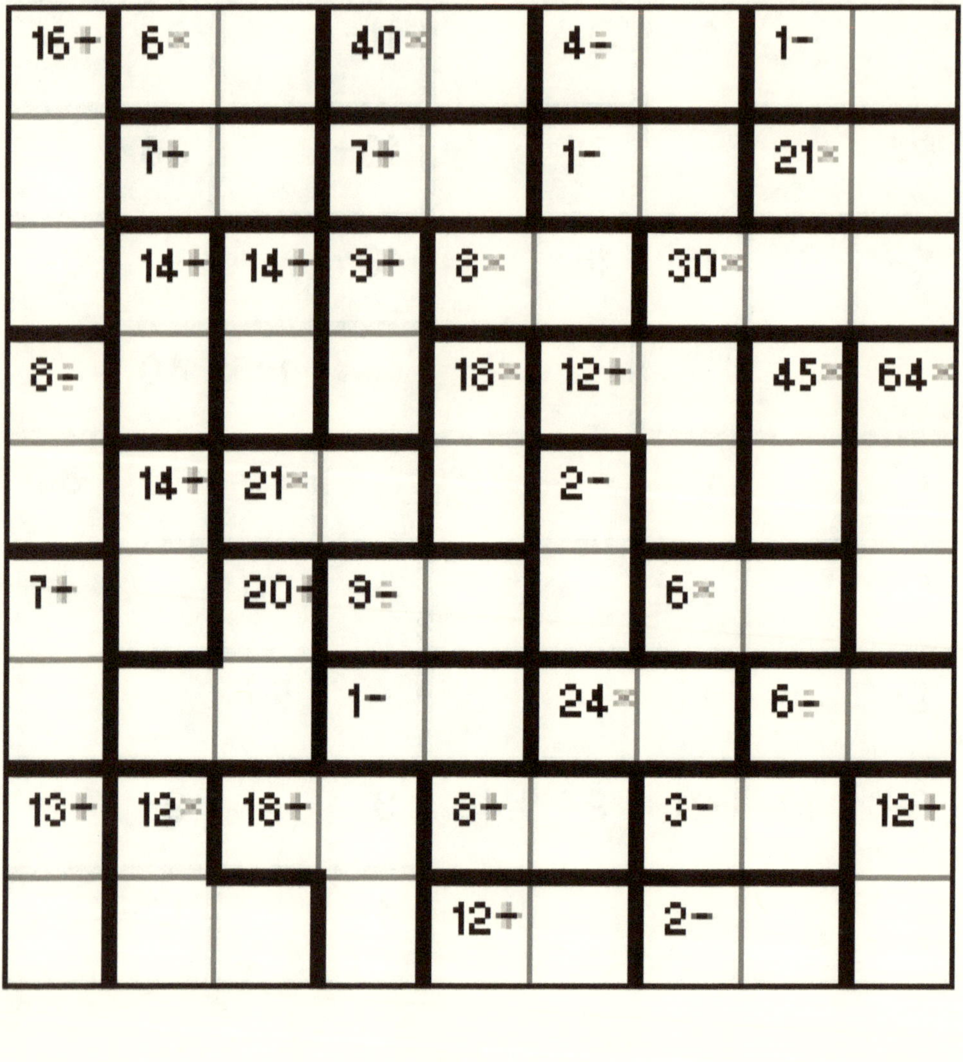

16+	6×		40×		4÷		1−	
	7+		7+		1−		21×	
	14+	14+	9+	8×		30×		
8÷				18×	12+		45×	64×
	14+	21×			2−			
7+		20+	9÷			6×		
			1−		24×		6÷	
13+	12×	18+		8+		3−		12+
				12+		2−		

92

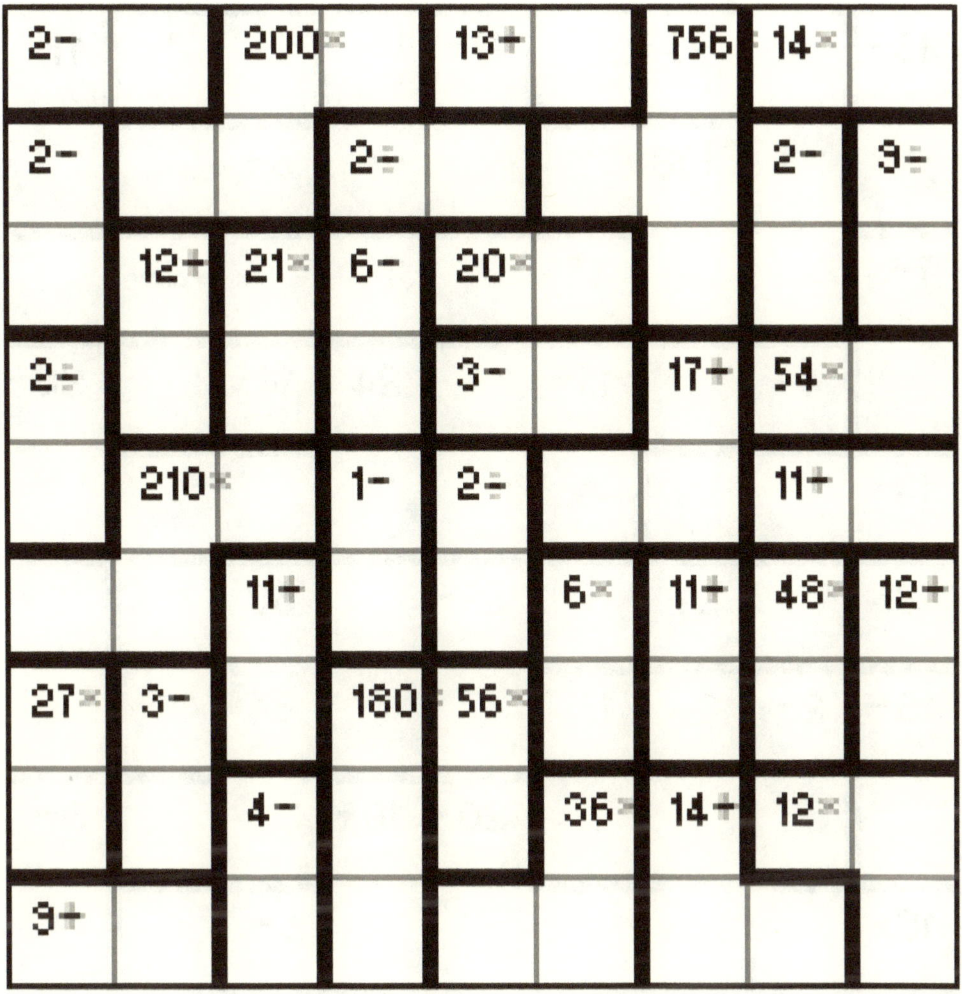

93

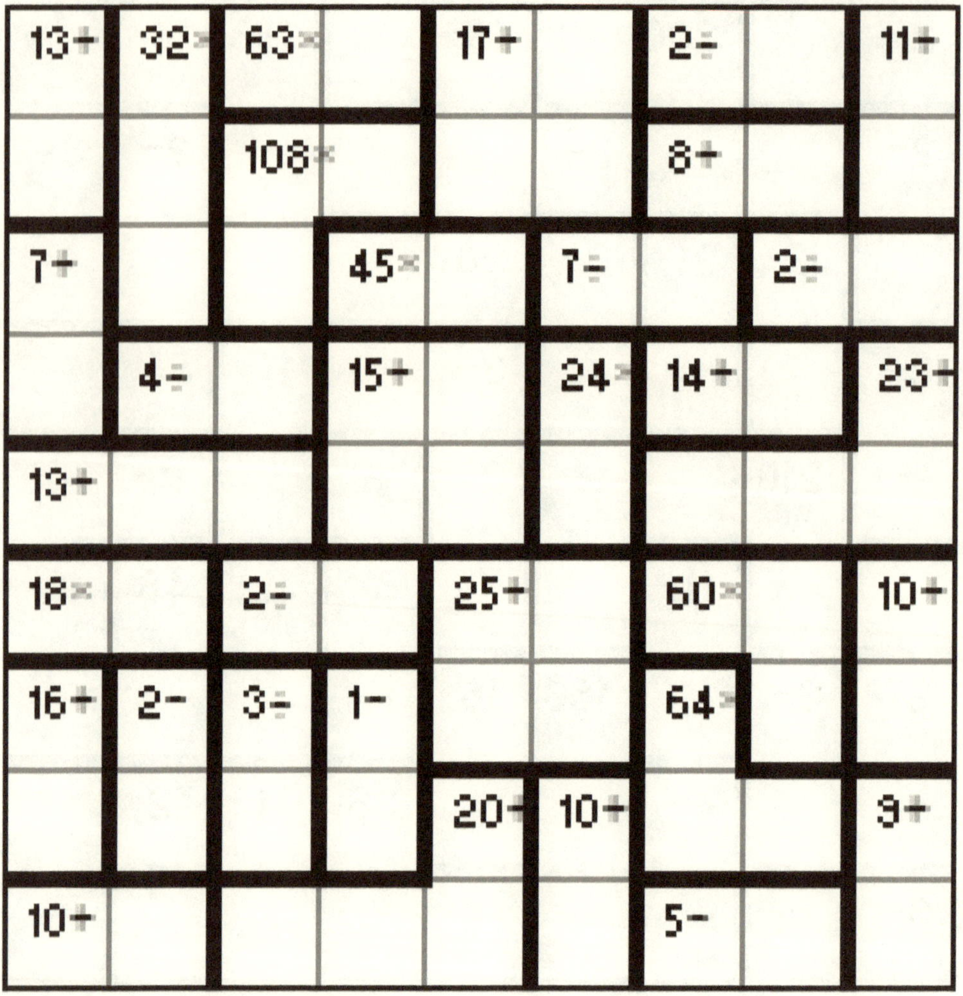

94

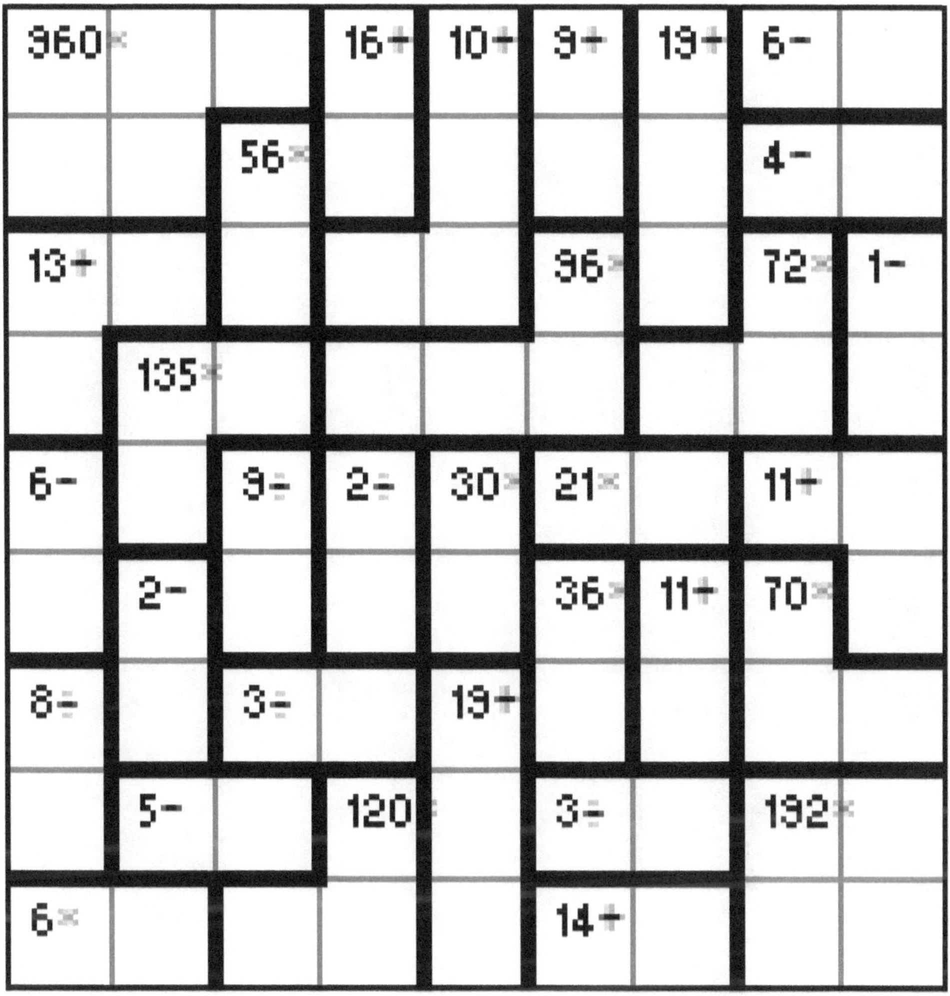

95

360×			16+	10+	9+	19+	6−	
		56×					4−	
13+					96×		72×	1−
	135×							
6−		9÷	2÷	30×	21×		11+	
	2−				36×	11+	70×	
8÷		3÷		19+				
	5−		120÷		3÷		192×	
6×					14+			

5−	24×	27×	25+			8÷	315×	
								8×
21×		1−		8−	4=		7+	
4−		2=	1−		1−			
1−				11+		4−	8÷	
9÷		6×		2÷			11+	
32×		6÷		105×			16×	3÷
	13+		17+		2−			
2÷		40×			8−		42×	

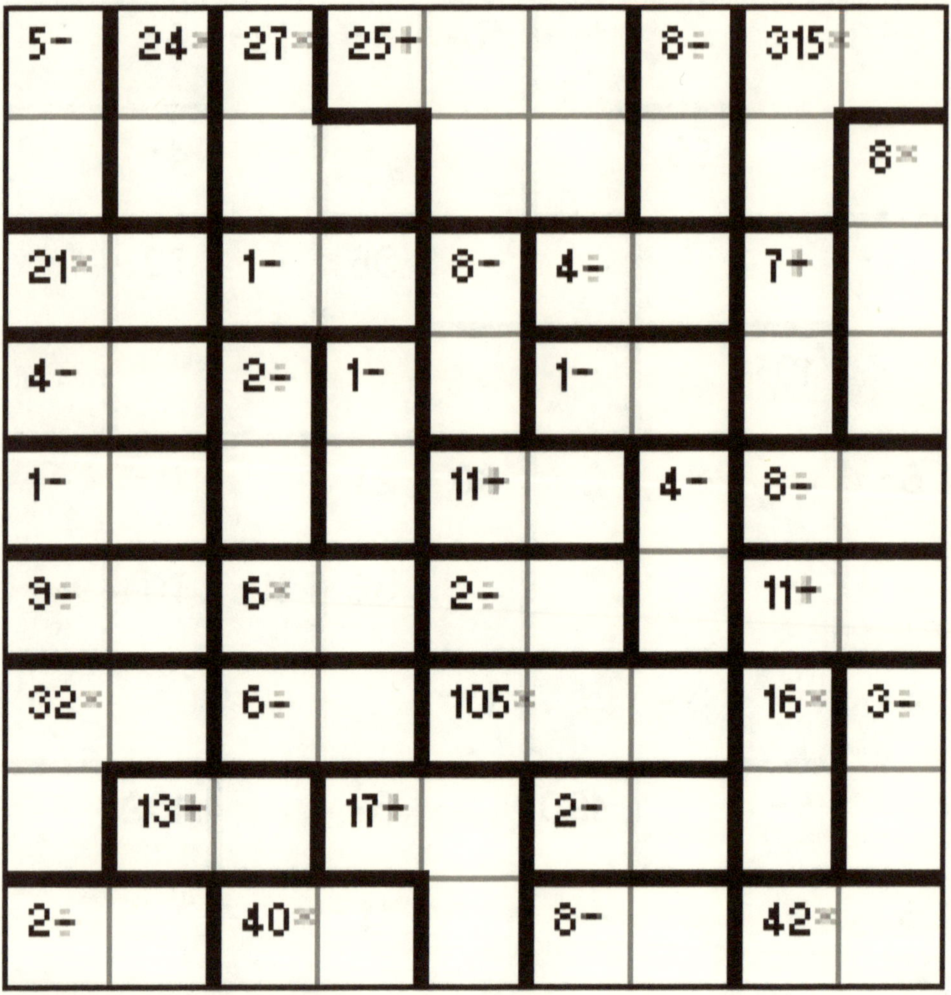

96

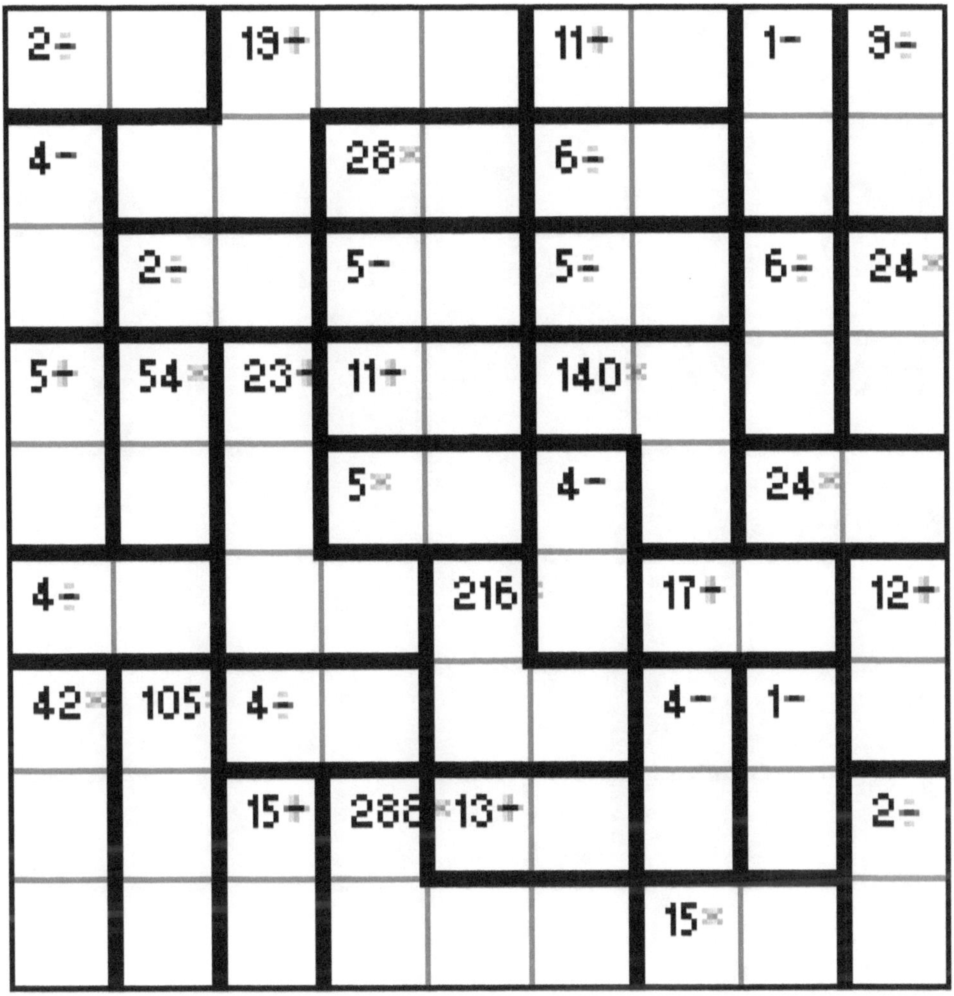

97

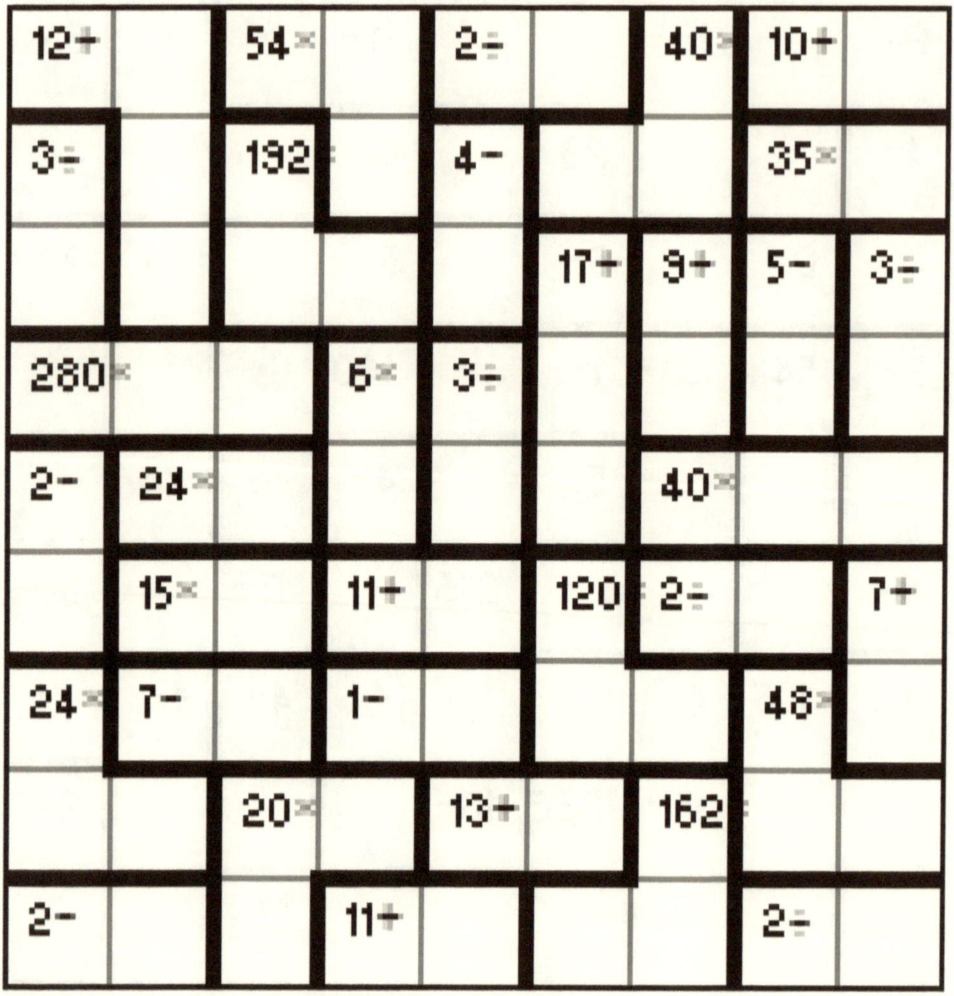

98

60×		336×	21×		9÷	3÷	32×	
			17+	5−			9+	
5÷					20×	14×	2÷	
17+	24+		3×				15+	3+
			48×		5−	25+		
4−		5−	5+				9÷	
768×				45×			3÷	
		13+	30×		112×	2÷		12+
						24×		

100

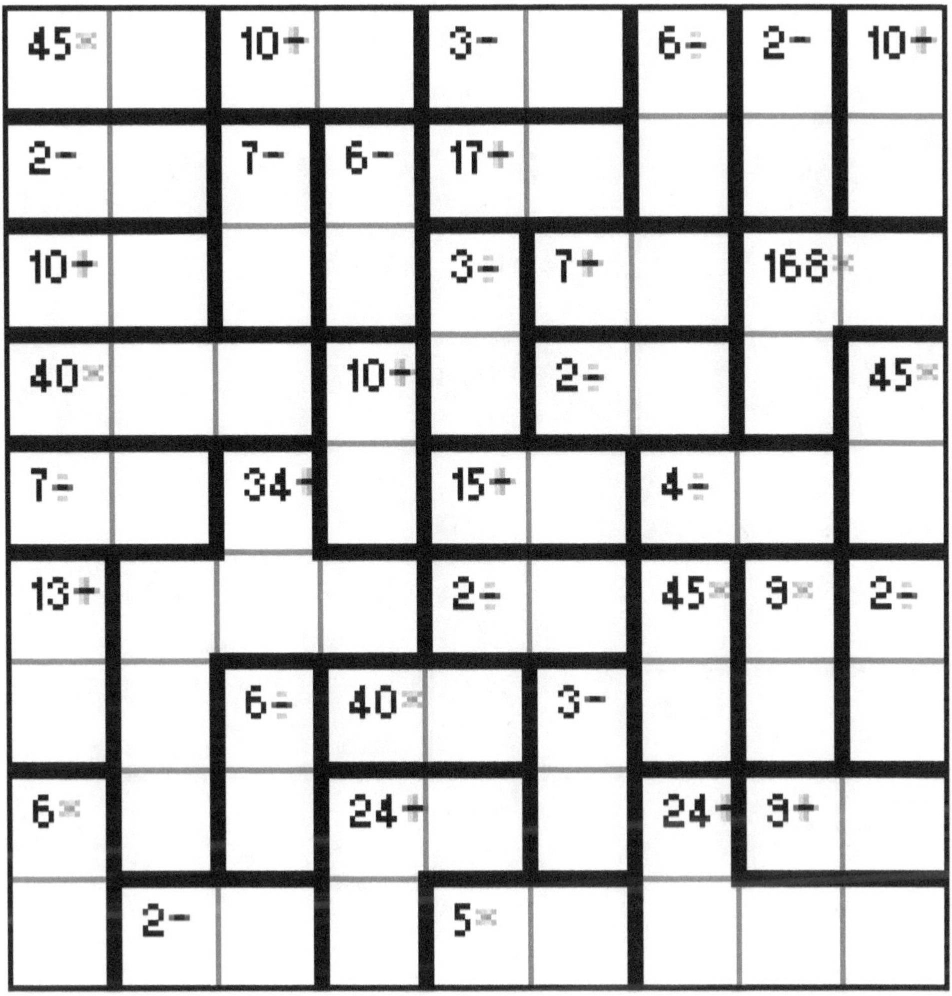

101

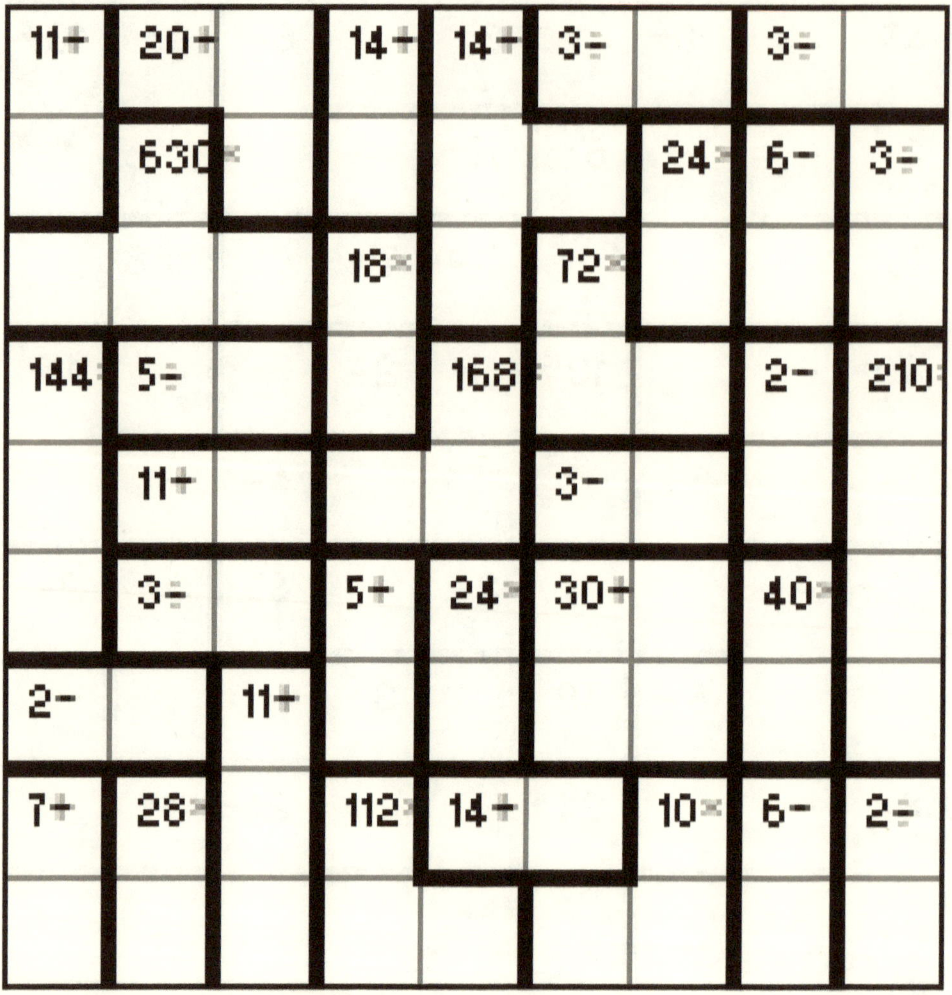

Puzzle 102

11+	20+		14+	14+	3=		3=	
	630×					24=	6-	3=
			18×		72×			
144=	5÷			168×			2-	210×
	11+				3-			
	3=		5+	24×	30+		40×	
2-		11+						
7+	28×		112×	14+		10×	6-	2=

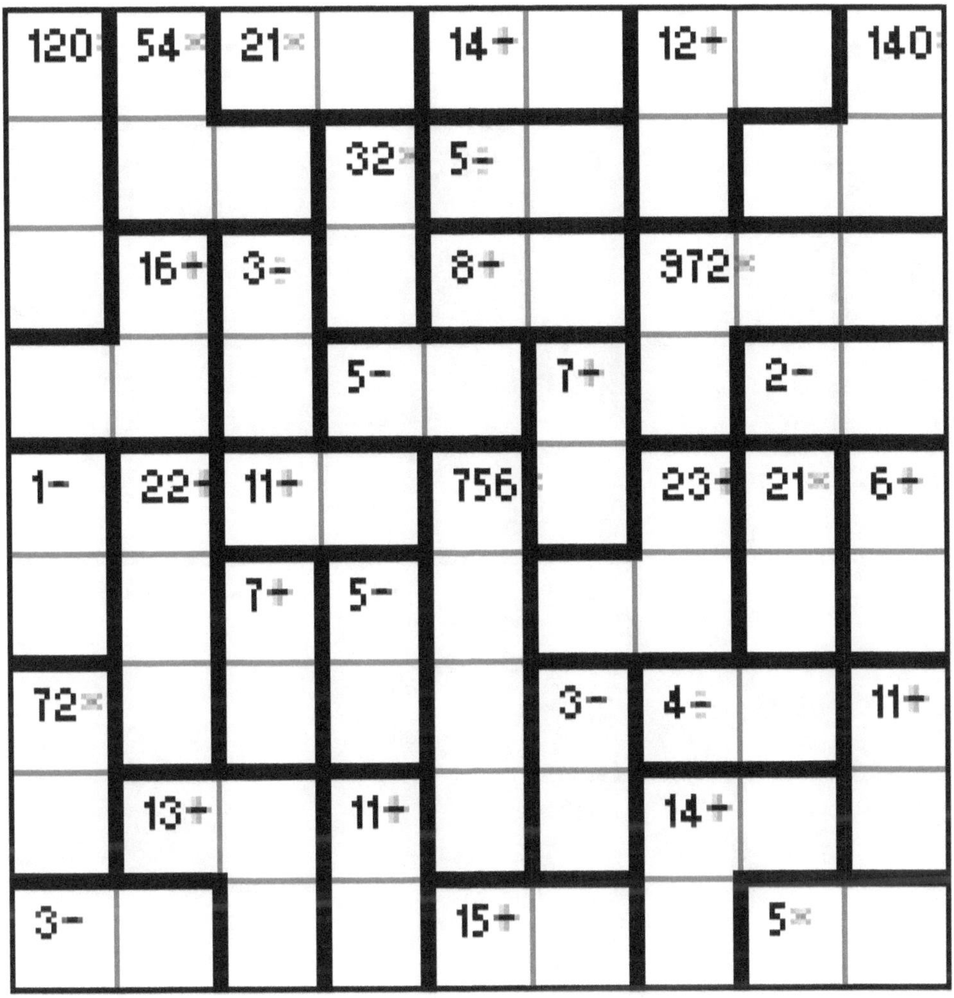

103

30+
15+
24×
10+
45×
288×
12×
12×
4−
12+
3÷
56×
3÷
2−
5÷
6−
12+
7×
8×
3÷
5−
15×
18+
25+
4−
28×
2−
3−
30×
11+
2−
5+
32×

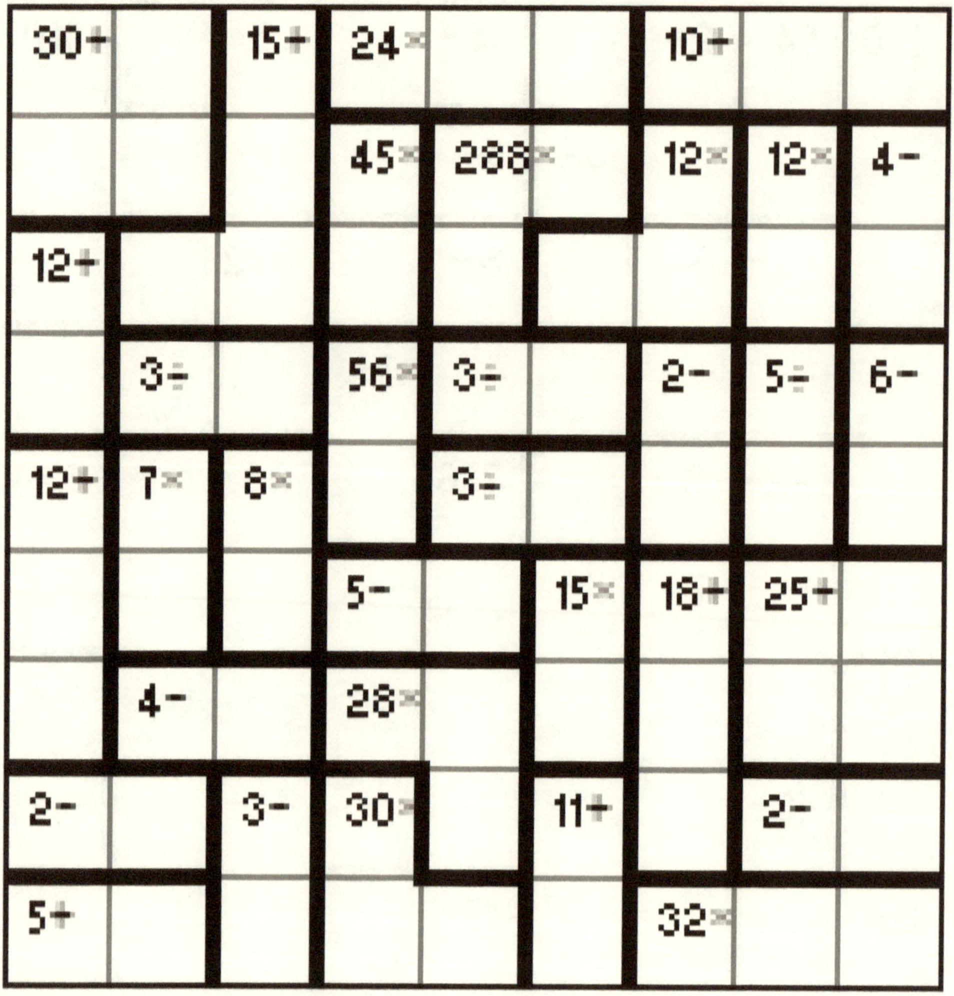

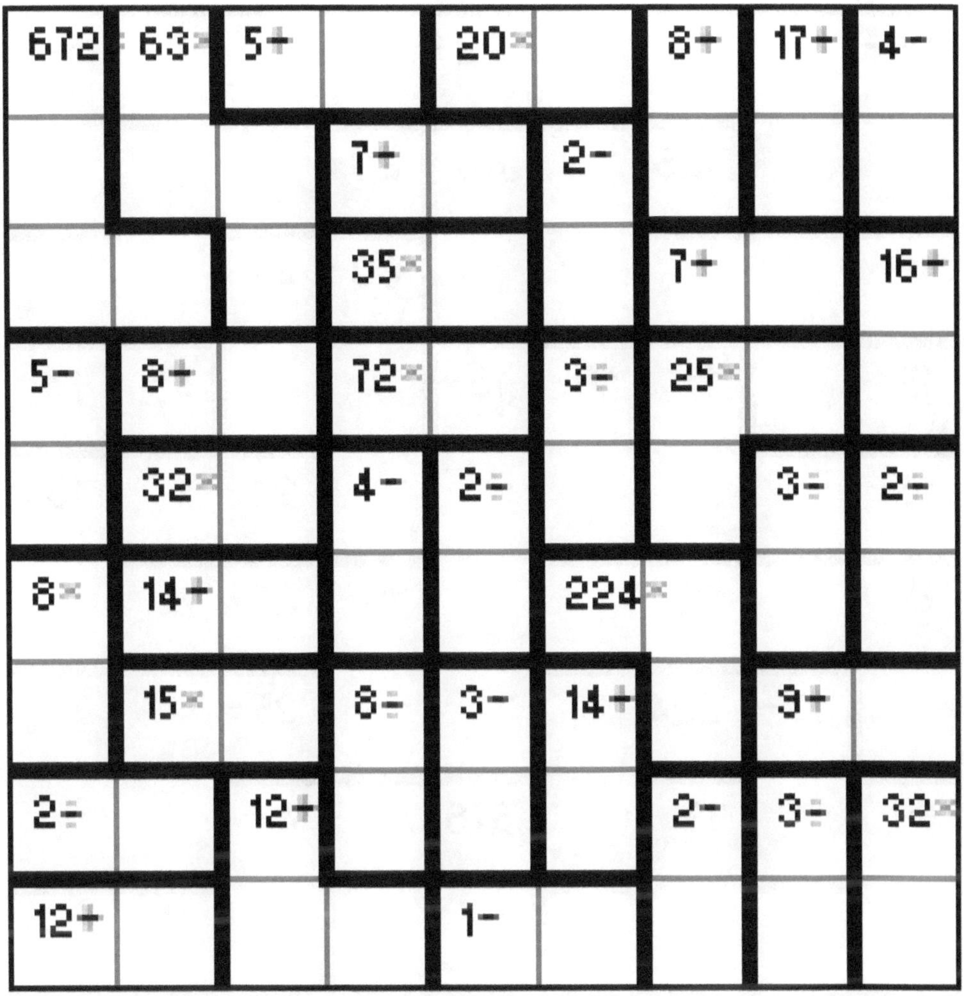

672÷	63×	5+		20×		8+	17+	4−
			7+		2−			
			35×			7+		16+
5−	8+		72×		3÷	25×		
	32×		4−	2÷			3÷	2÷
8×	14+				224×			
	15×		8÷	3−	14+		9+	
2÷		12+				2−	3÷	32×
12+				1−				

105

25+
2÷
22+
5÷
126×
48×
23+
11+
60×
4÷
15×
1−
10×
19+
5−
16+
24×
10+
6×
30×
10+
28×
13+
224×
25+
5−
18×
576×
4−
18×

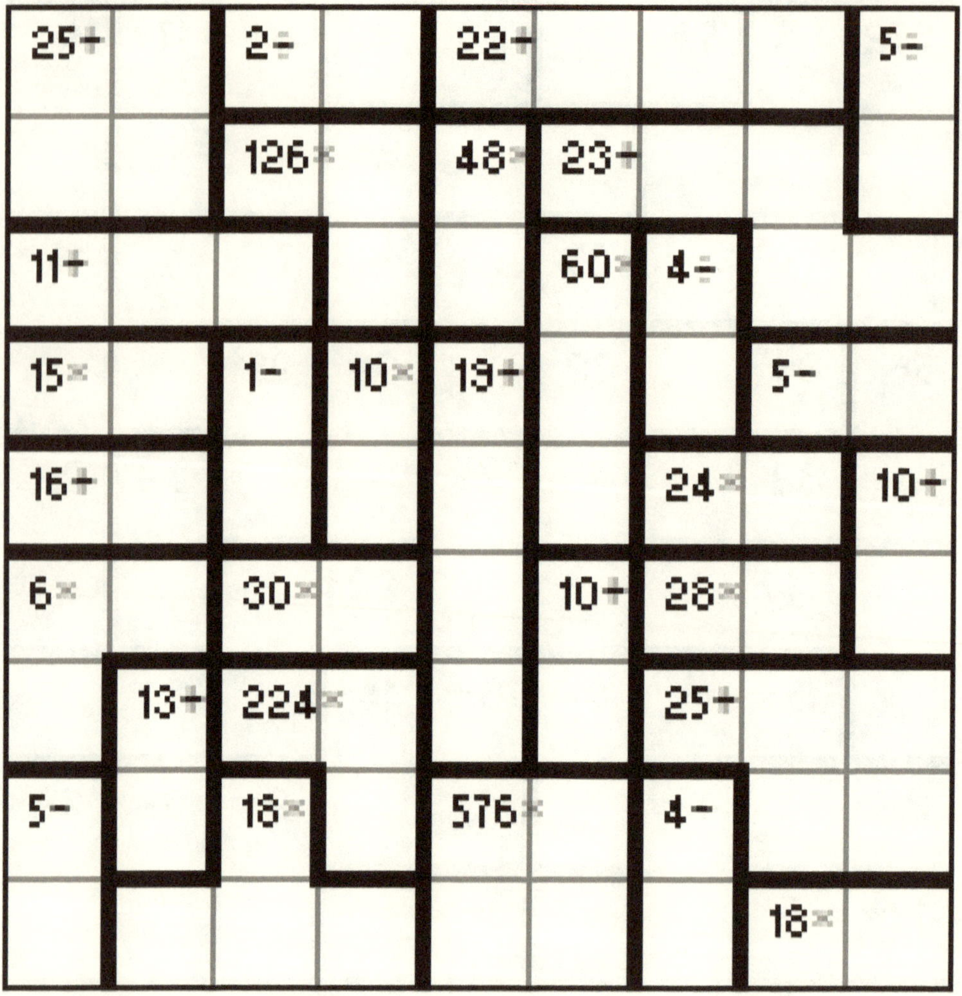

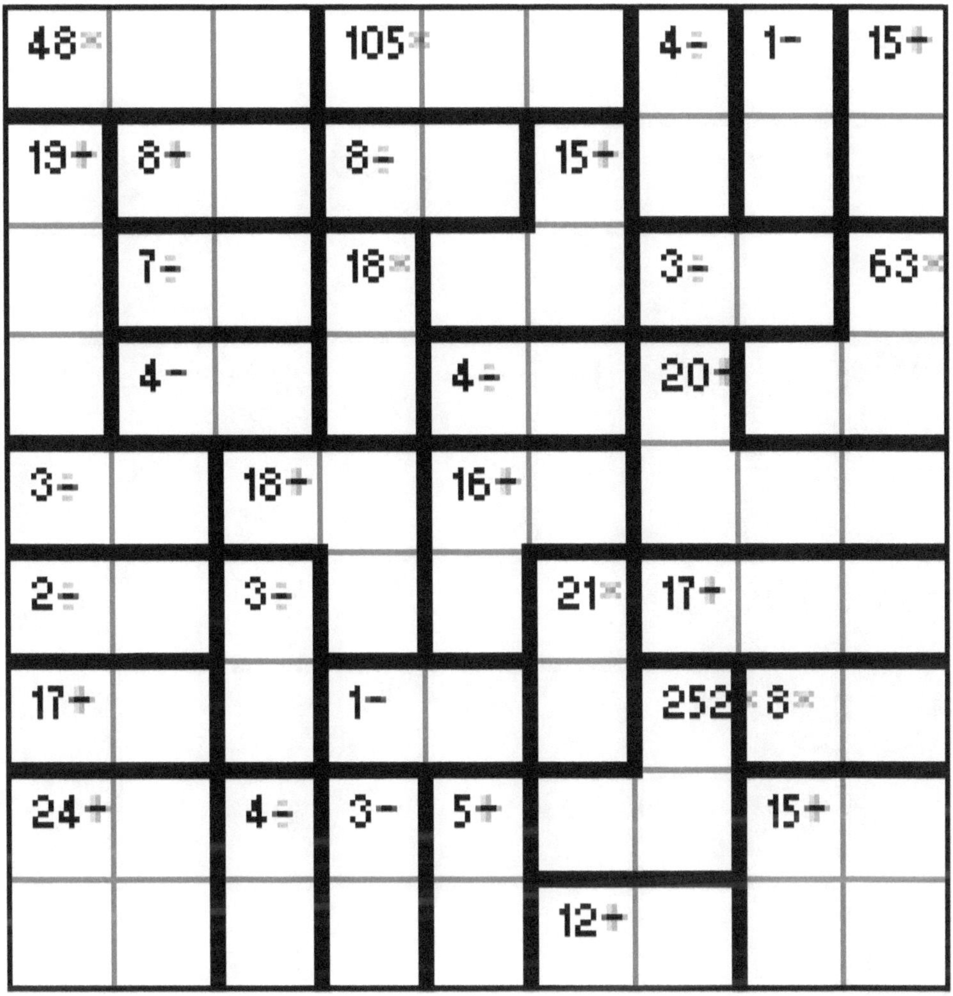

107

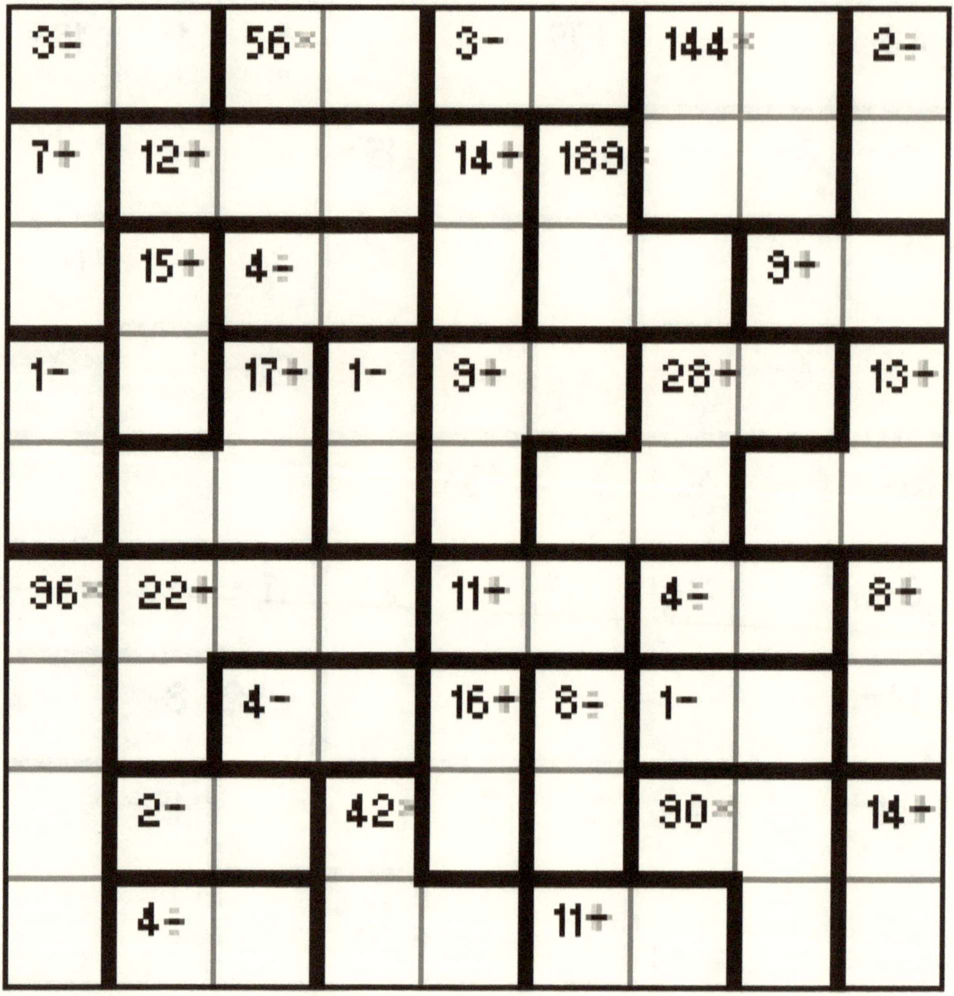

108

3÷		56×		3−		144×		2÷
7+	12+			14+	189÷			
	15+	4÷					9+	
1−		17+	1−	9+		28+		13+
96×	22+			11+		4÷		8+
		4−		16+	8÷	1−		
	2−		42×			90×		14+
	4÷			11+				

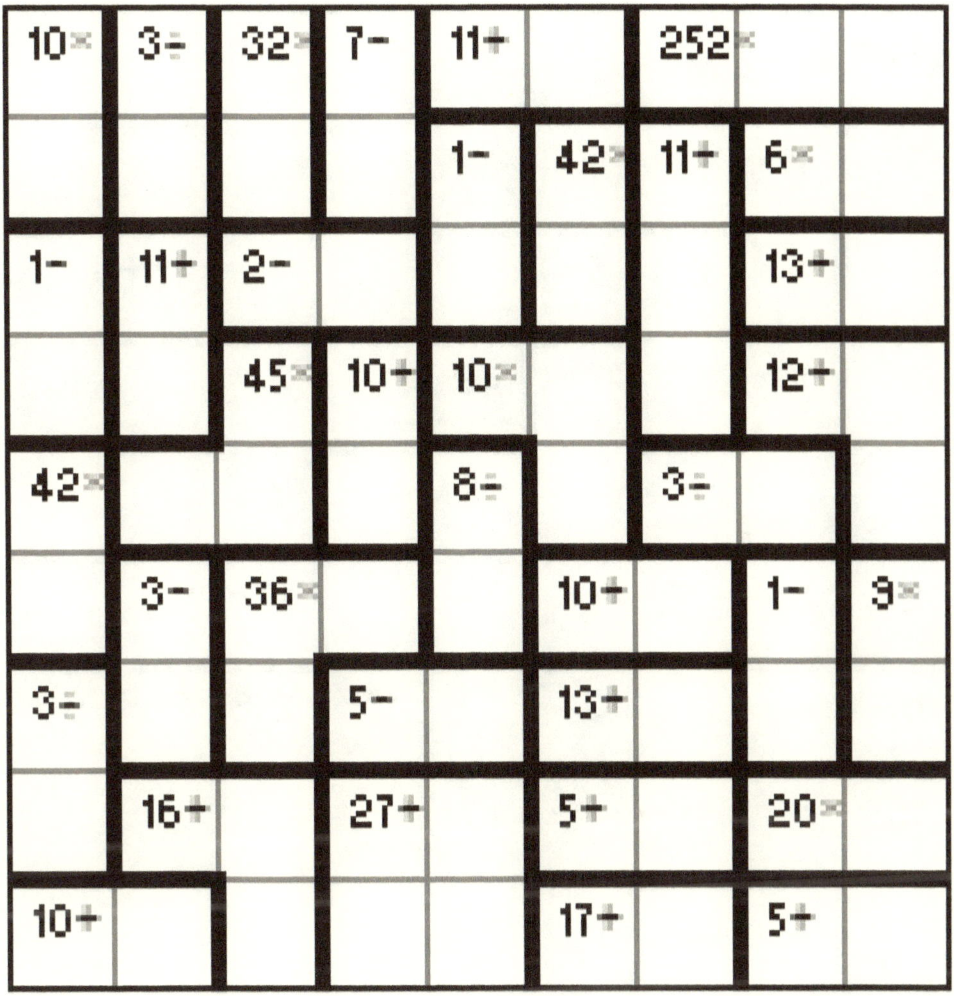

109

10×	3÷	32×	7−	11+		252×		
				1−	42	11+	6×	
1−	11+	2−					13+	
		45×	10+	10×			12+	
42×				8÷		3÷		
	3−	36×			10+		1−	9×
3÷			5−		13+			
	16+		27+		5+		20×	
10+					17+		5+	

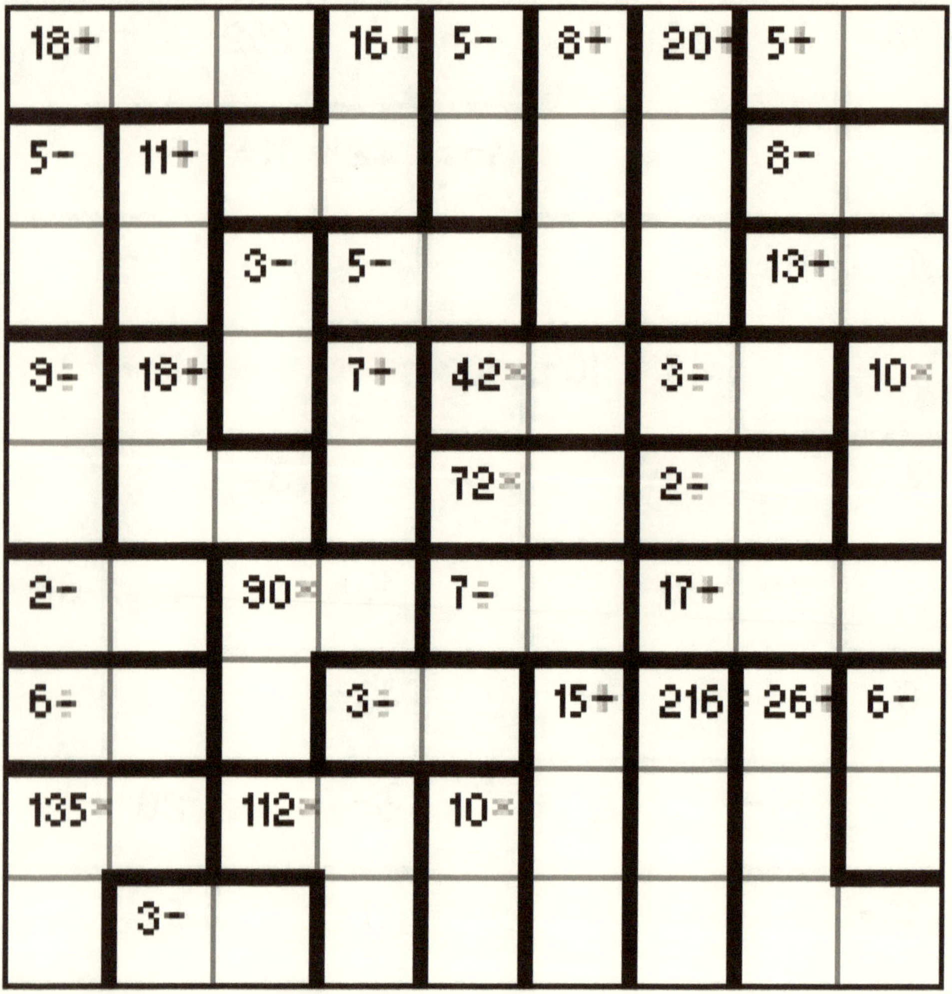

110

4−		11+	14+	8+		3÷		26+
105×				5×	56×		17+	
	3÷				11+			
4÷	11+		24×		15+			
		9+	3÷				40×	
7+	2−		7÷		1−	13+	105×	
		84×	270×					9+
32×					63×	5×	24×	
270×			5−					

111

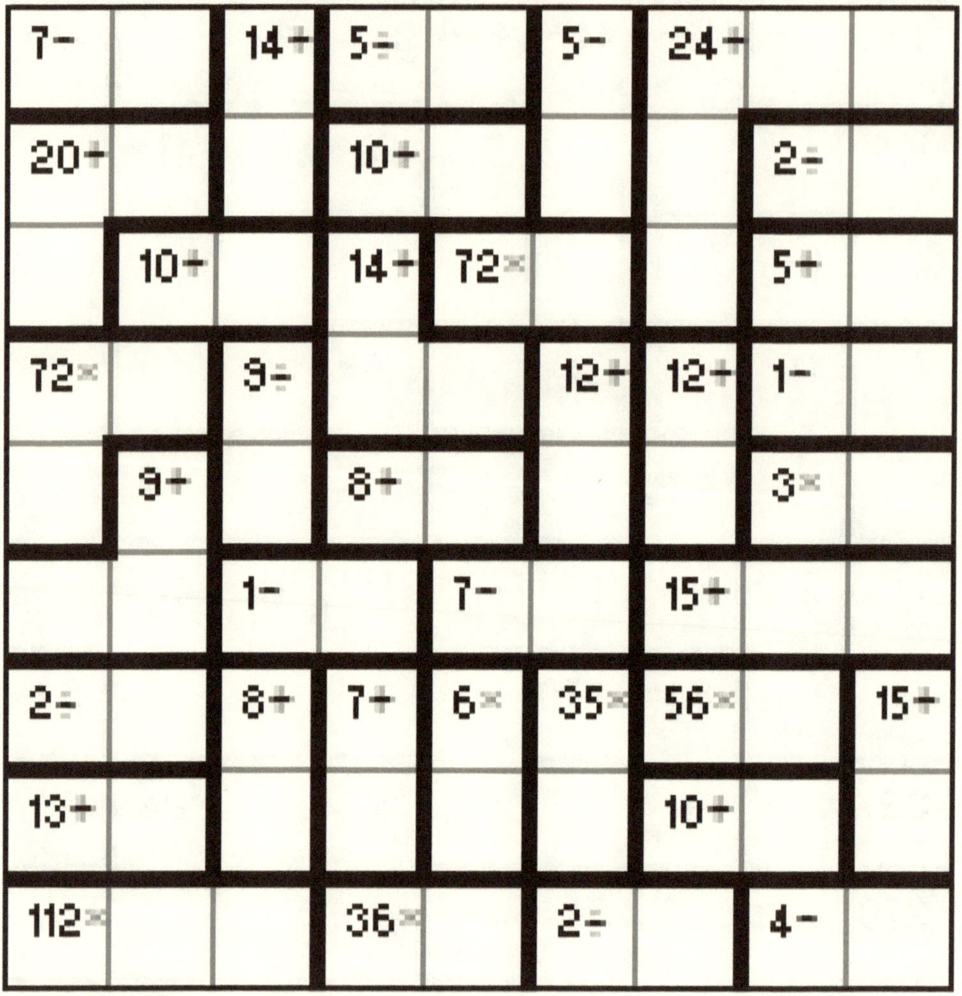

112

7−		14+	5÷		5−	24+		
20+			10+				2÷	
	10+		14+	72×			5+	
72×		9÷			12+	12+	1−	
	9+		8+				3×	
		1−		7−		15+		
2÷		8+	7+	6×	35×	56×		15+
13+						10+		
112×			36×		2÷		4−	

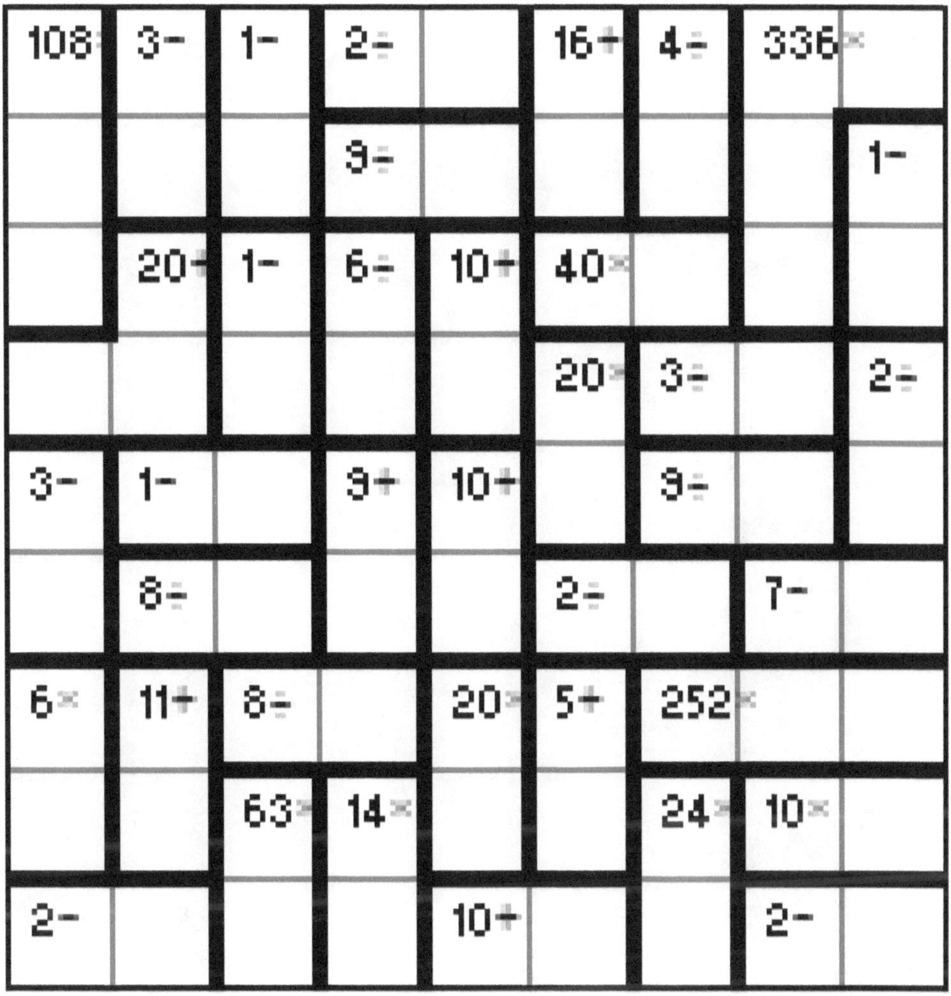

113

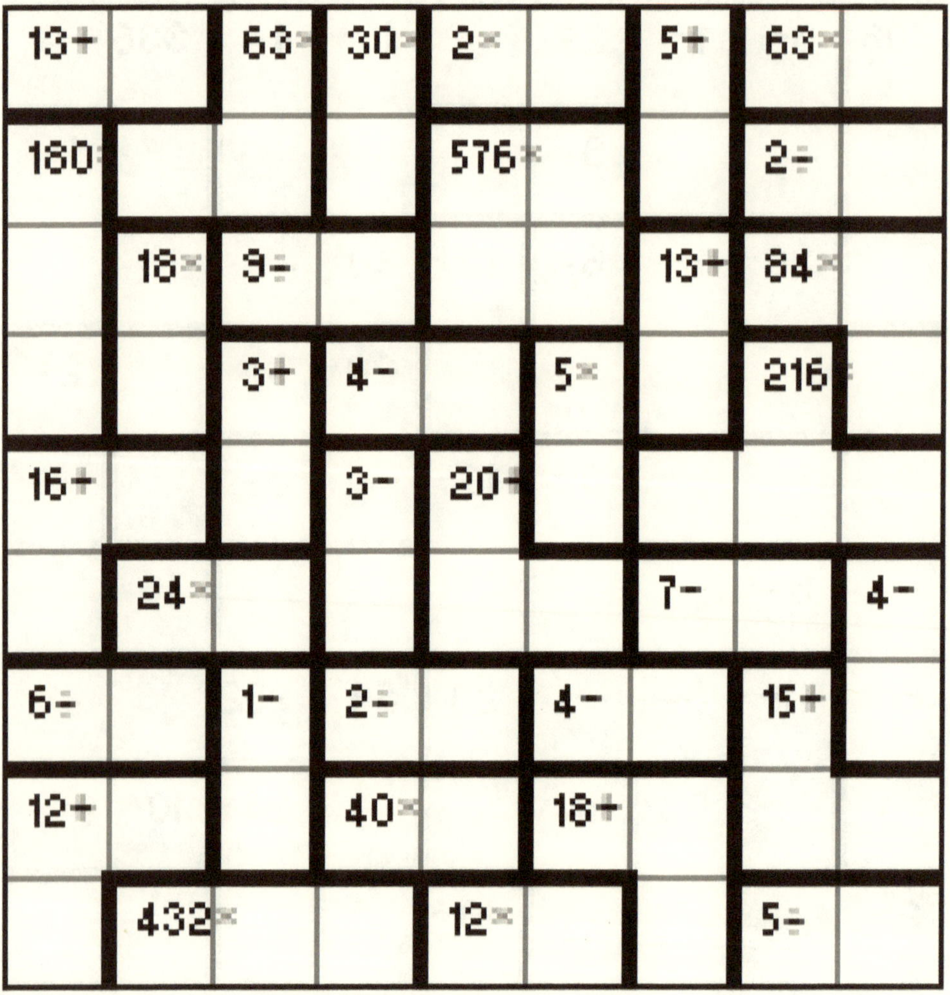

114

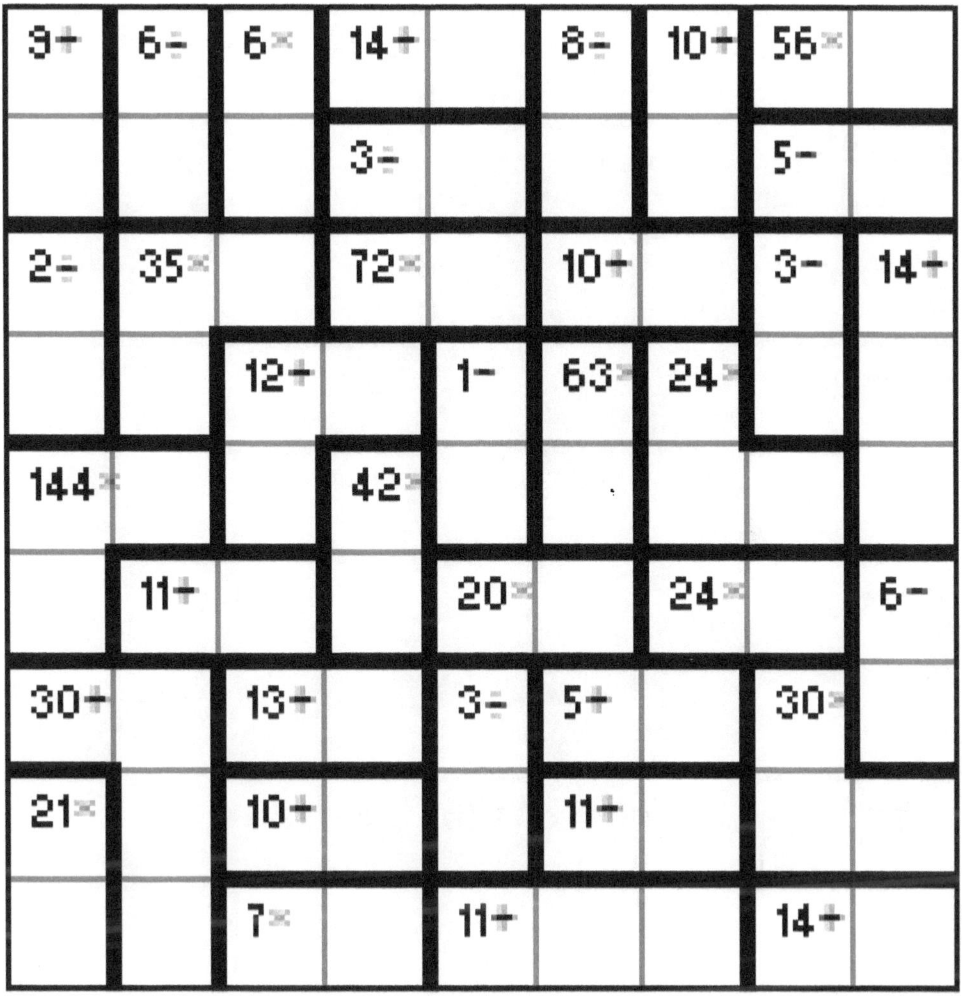

115

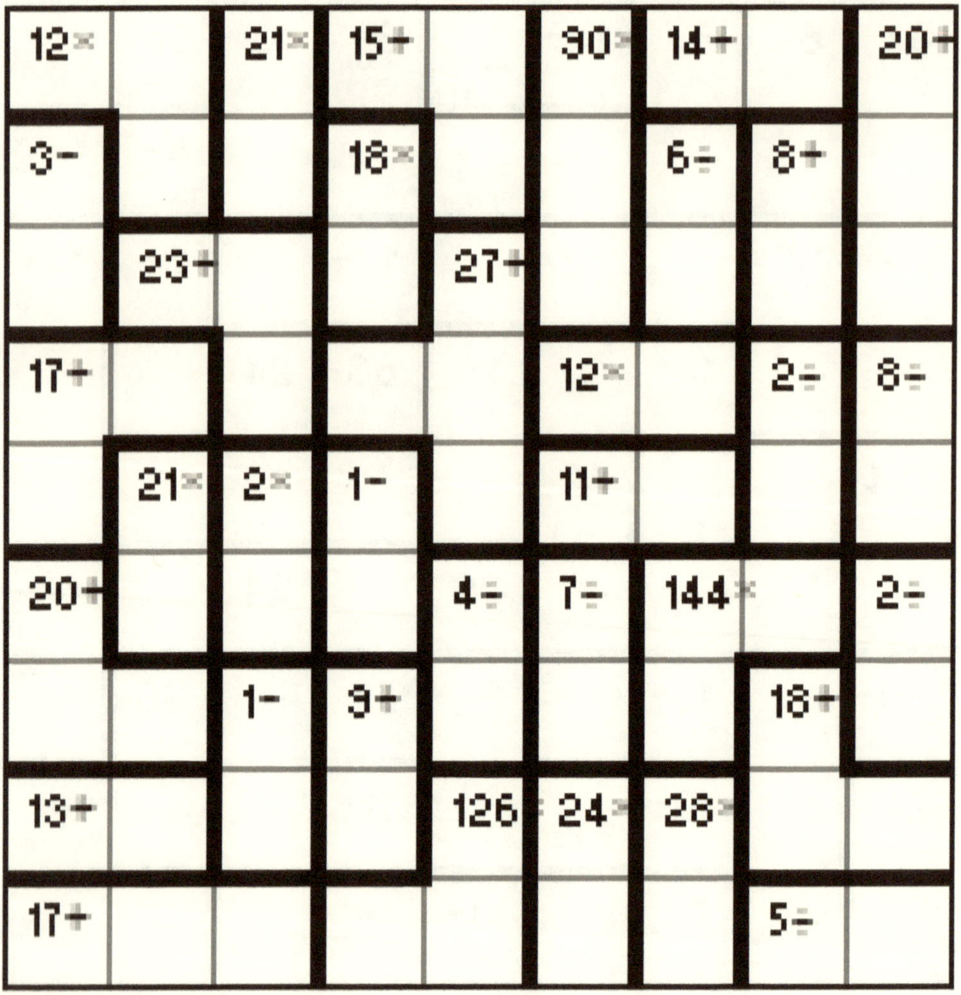

116

KenKen Puzzle

36×	3−	9÷		5+	480×		
		22+			15+		11+
21+	90×			16+			14+
	6÷			4÷	12+	13+		4÷
	6×						
10×	11+	28×	20+	10+		36×	
						13+	3−
3÷	11+	7−	15+				504×
			252×				

117

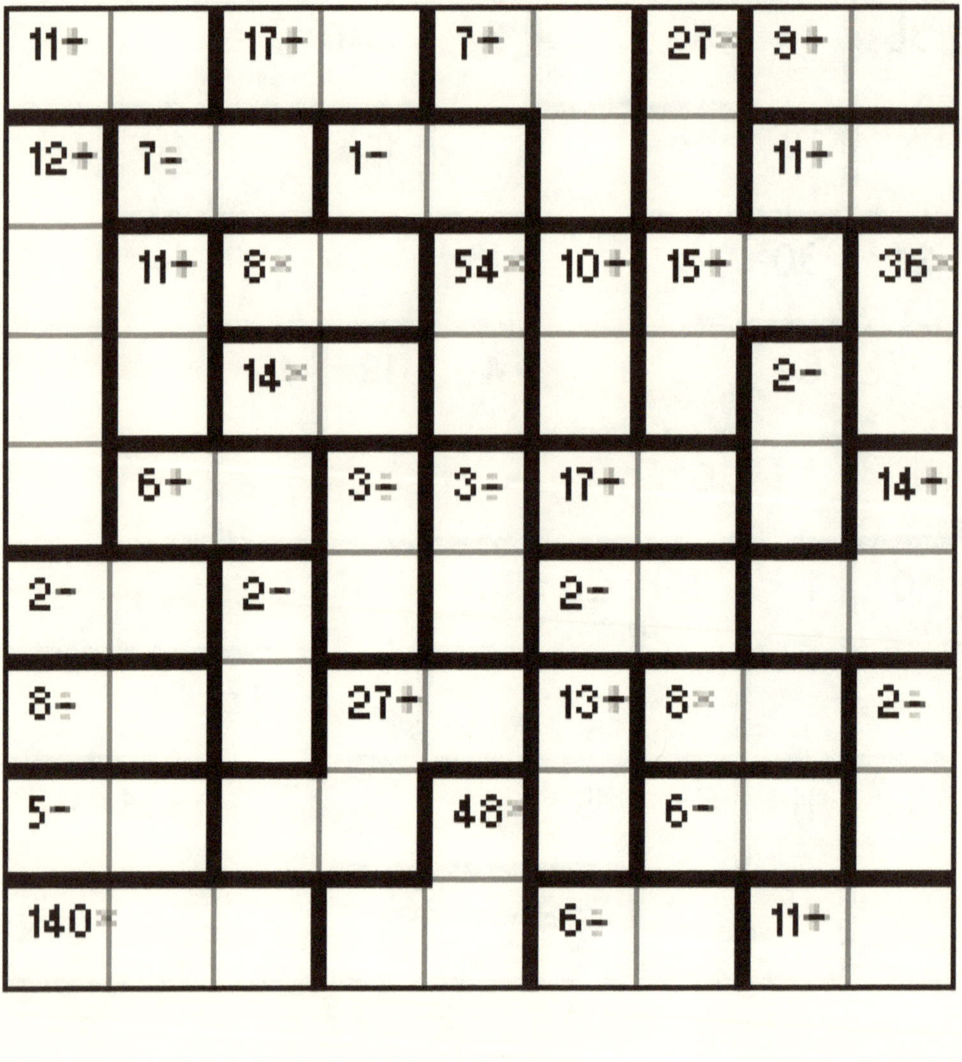

118

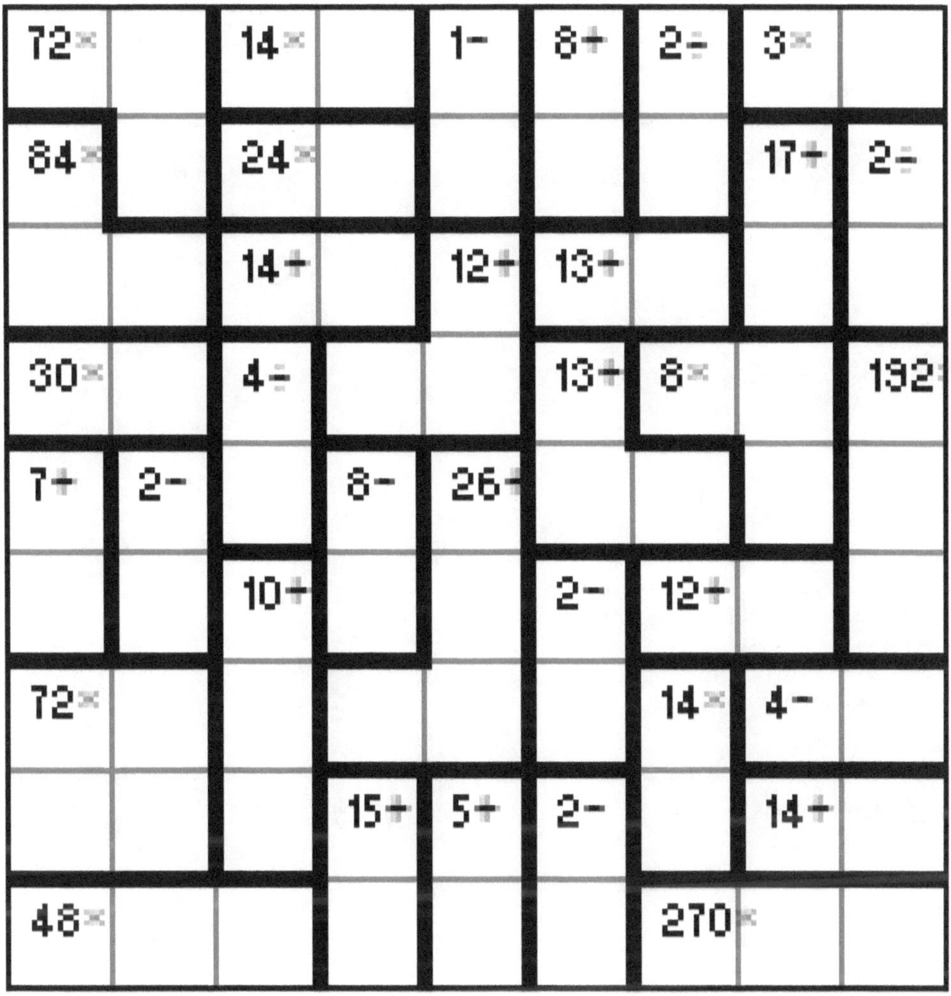

119

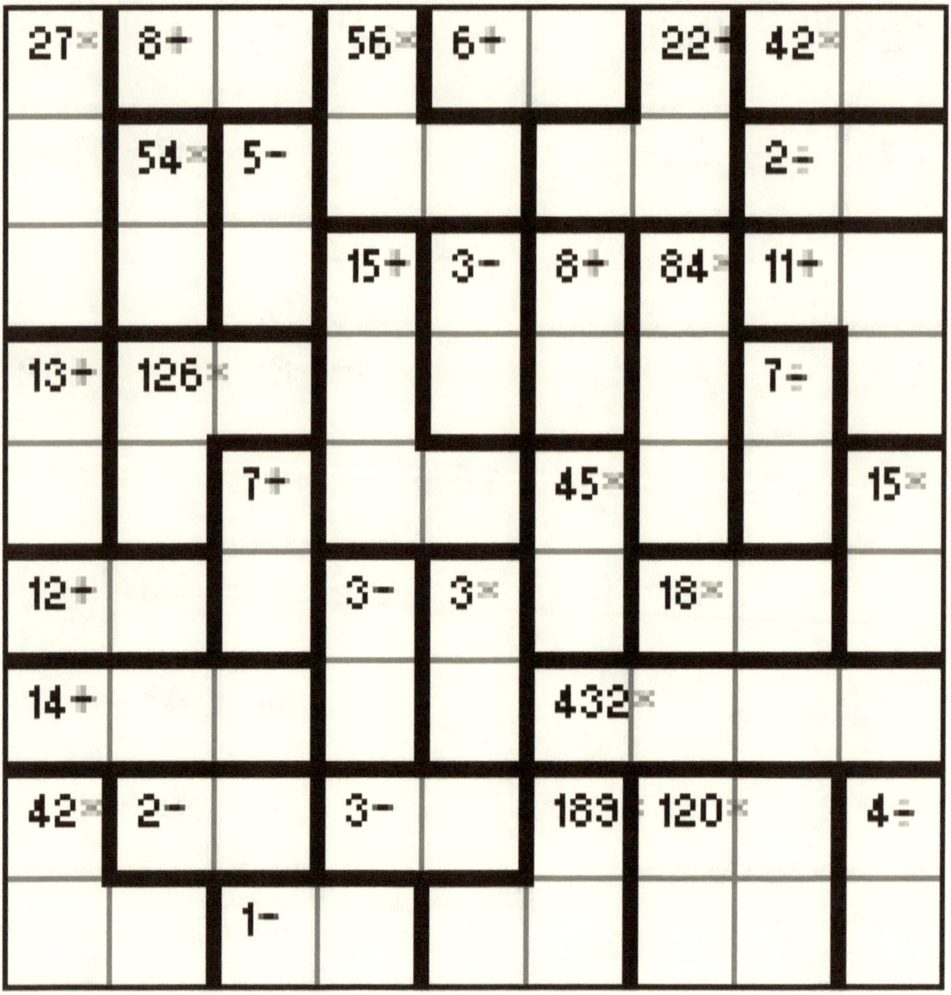

120

2÷	1−	12+	3÷		45×	1−	20+	
				4÷				7+
24×		1−			3×			
5−		2−	1−	4−	3−		5−	
4−	9÷				2÷	9+	6×	15+
		24×	13+					
3−			7+	6×	10+	15+	3÷	
48×	35×						2−	9÷
		12+		10+				

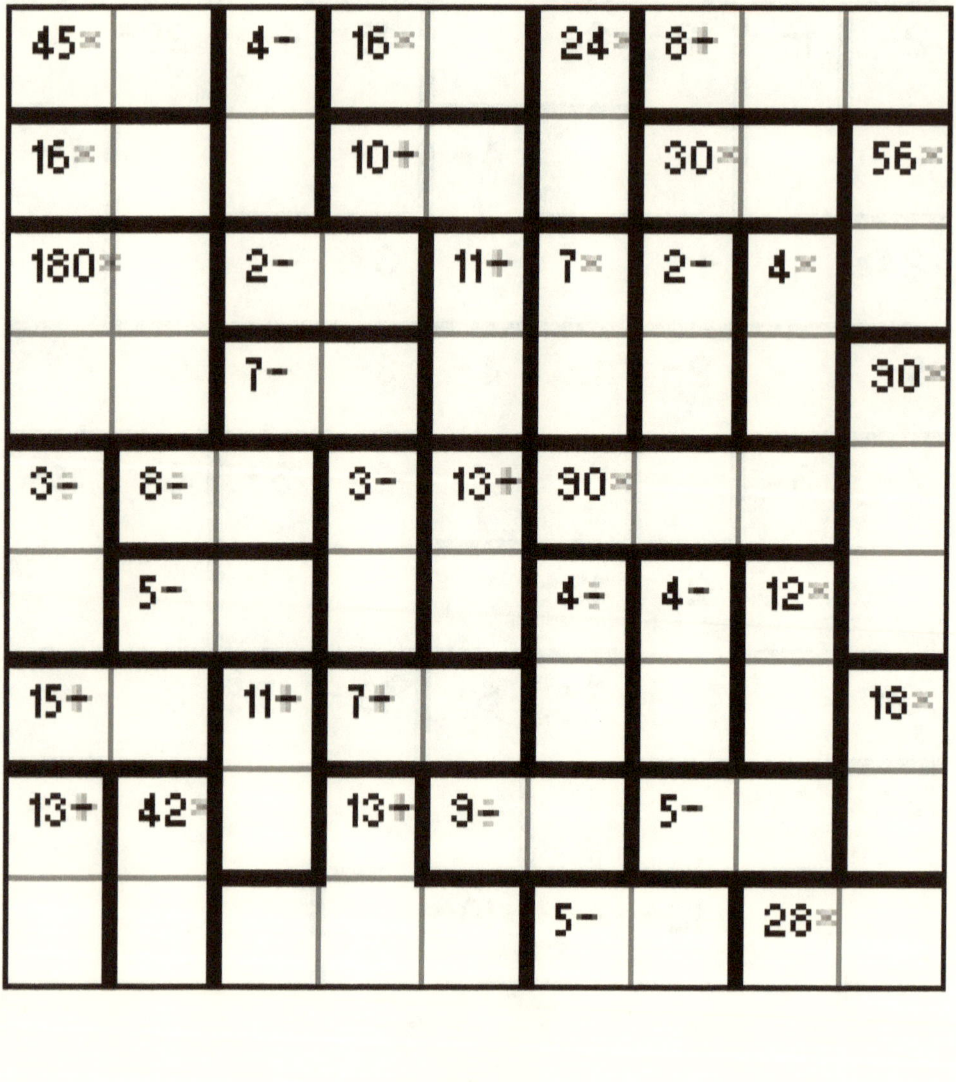

45×		4−	16×		24×	8+		
16×			10+			30×		56×
180×		2−		11+	7×	2−	4×	
		7−						90×
3÷	8÷		3−	13+	90×			
	5−				4÷	4−	12×	
15+		11+	7+					18×
13+	42×		13+	9÷		5−		
				5−			28×	

122

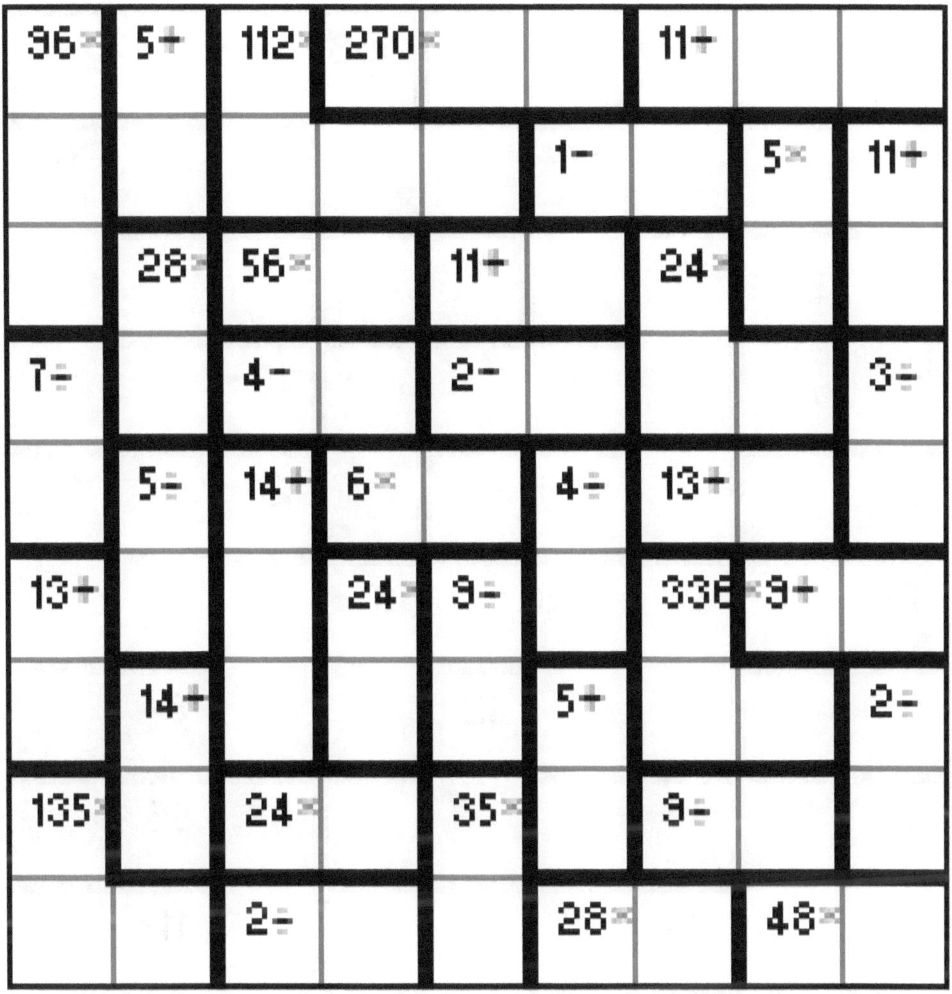

123

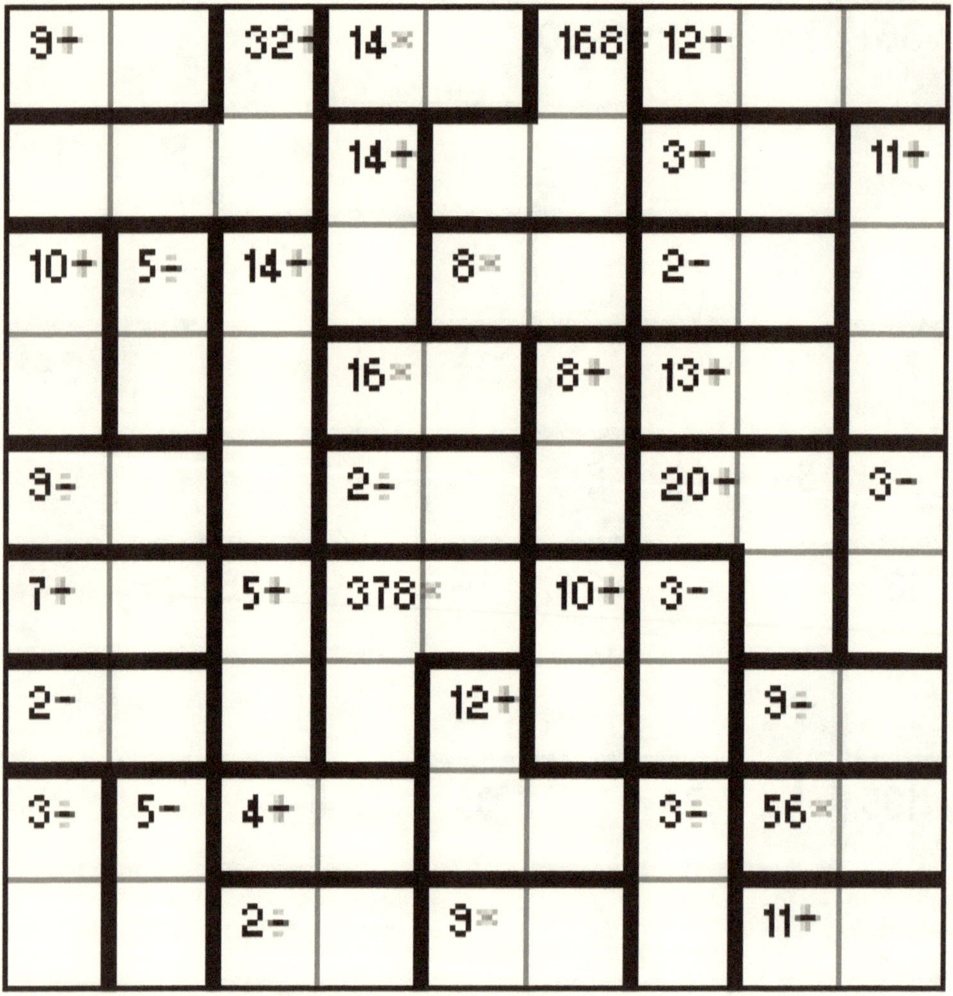

124

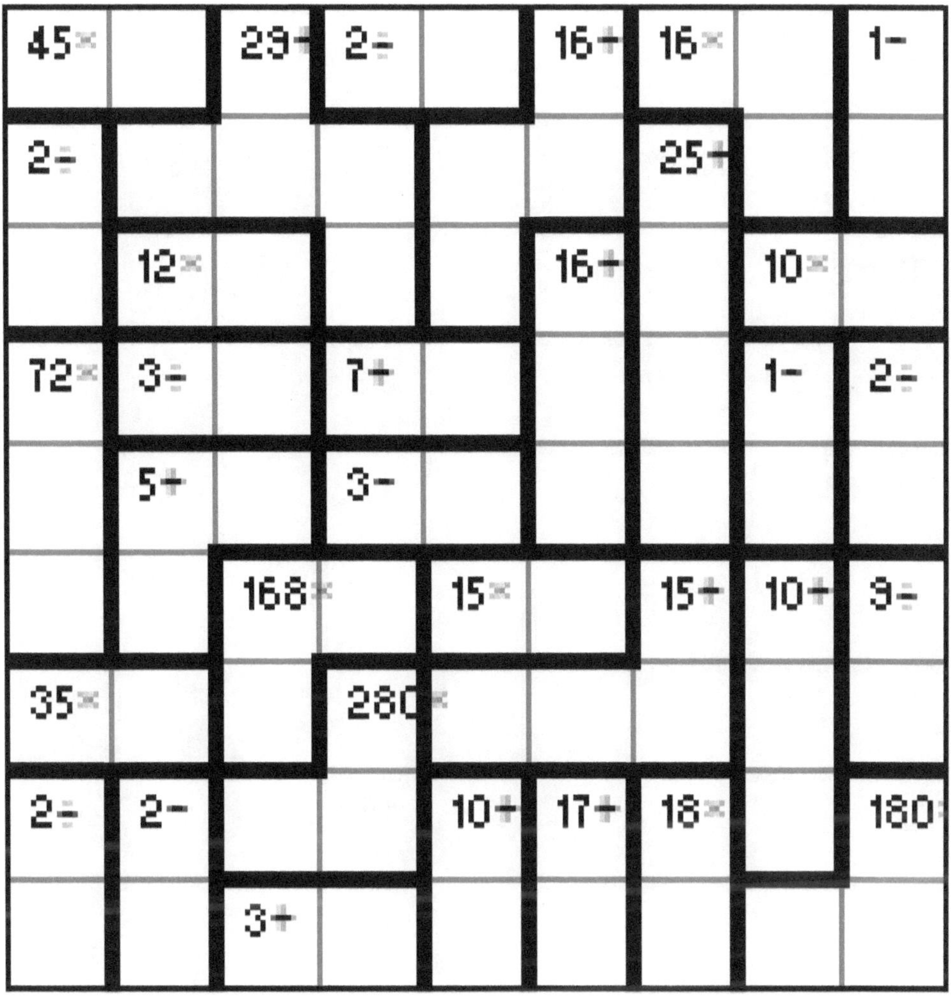

125

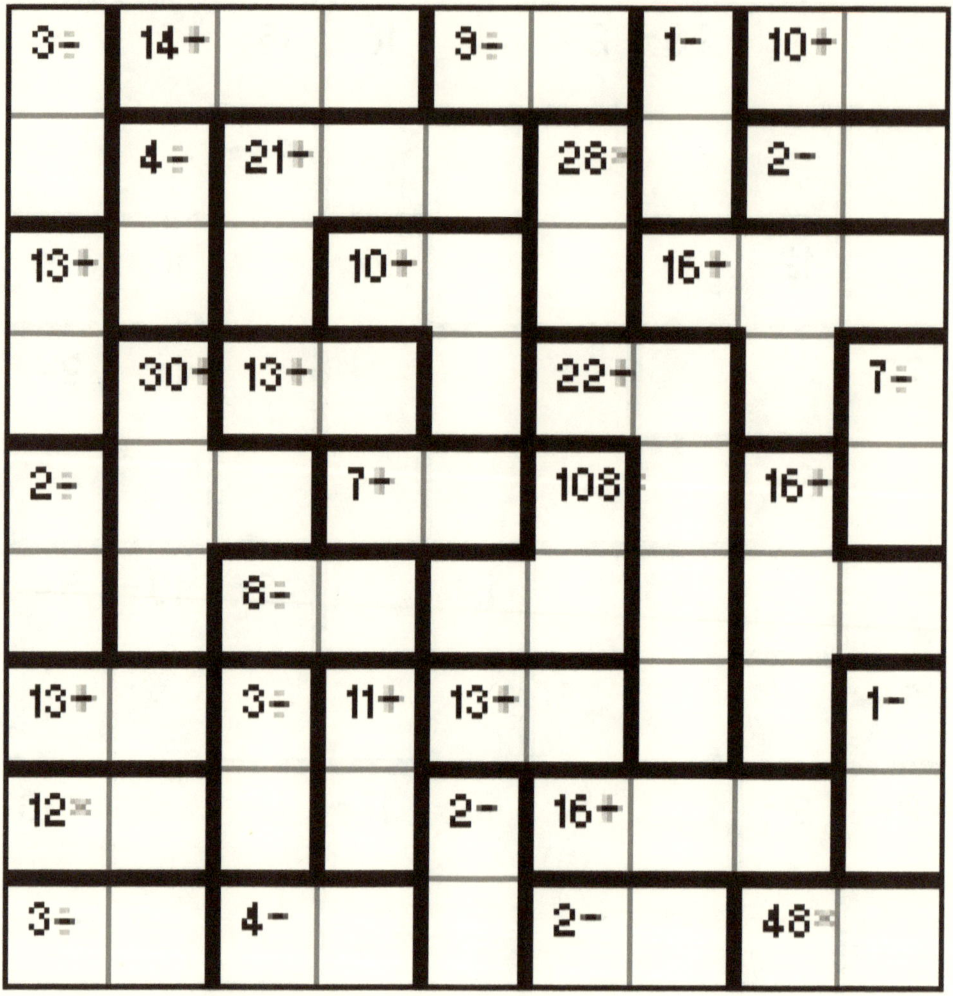

3÷	14+			9÷		1−	10+	
	4÷	21+			28×		2−	
13+			10+			16+		
	30+	13+			22+			7÷
2÷			7+		108×		16+	
		8÷						
13+		3÷	11+	13+				1−
12×				2−	16+			
3÷		4−		2−			48×	

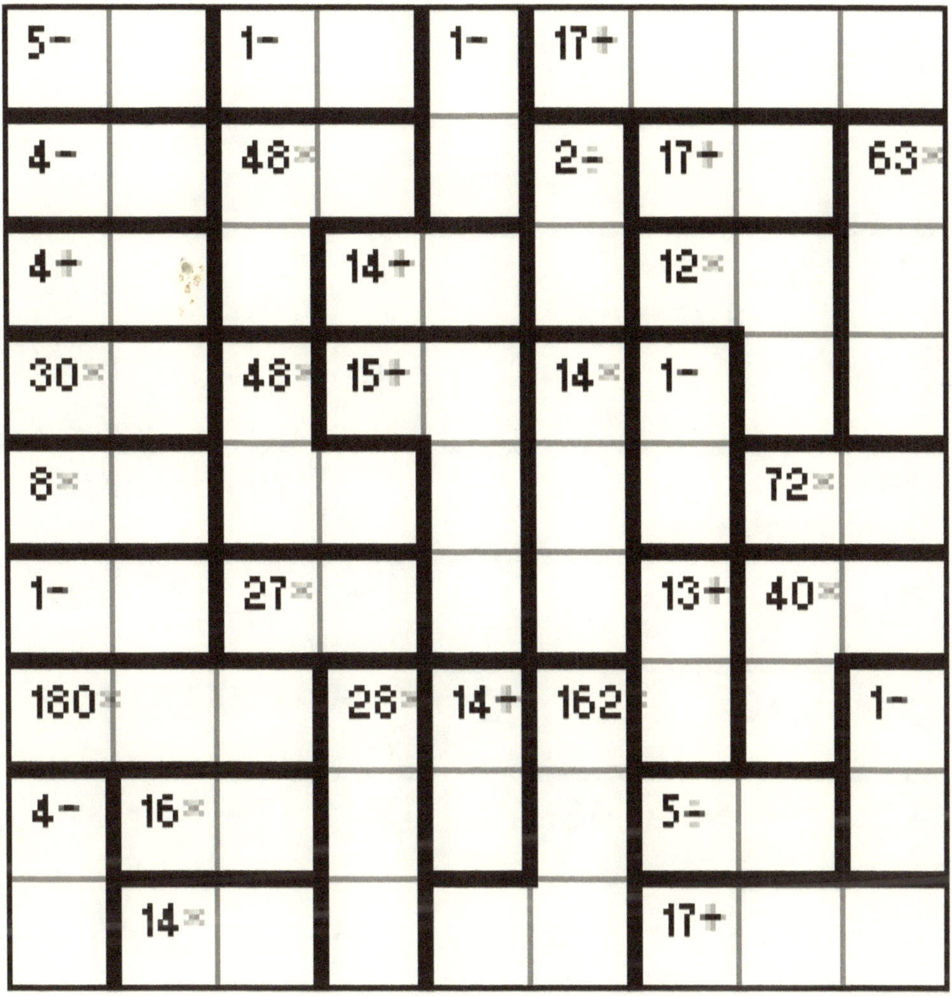

127

5−		1−		1−		17+			
4−		48×			2÷	17+		63×
4+			14+			12×		
30×		48×	15+		14×	1−		
8×							72×	
1−		27×				13+	40×	
180×			28×	14+	162			1−
4−	16×					5÷		
	14×					17+		

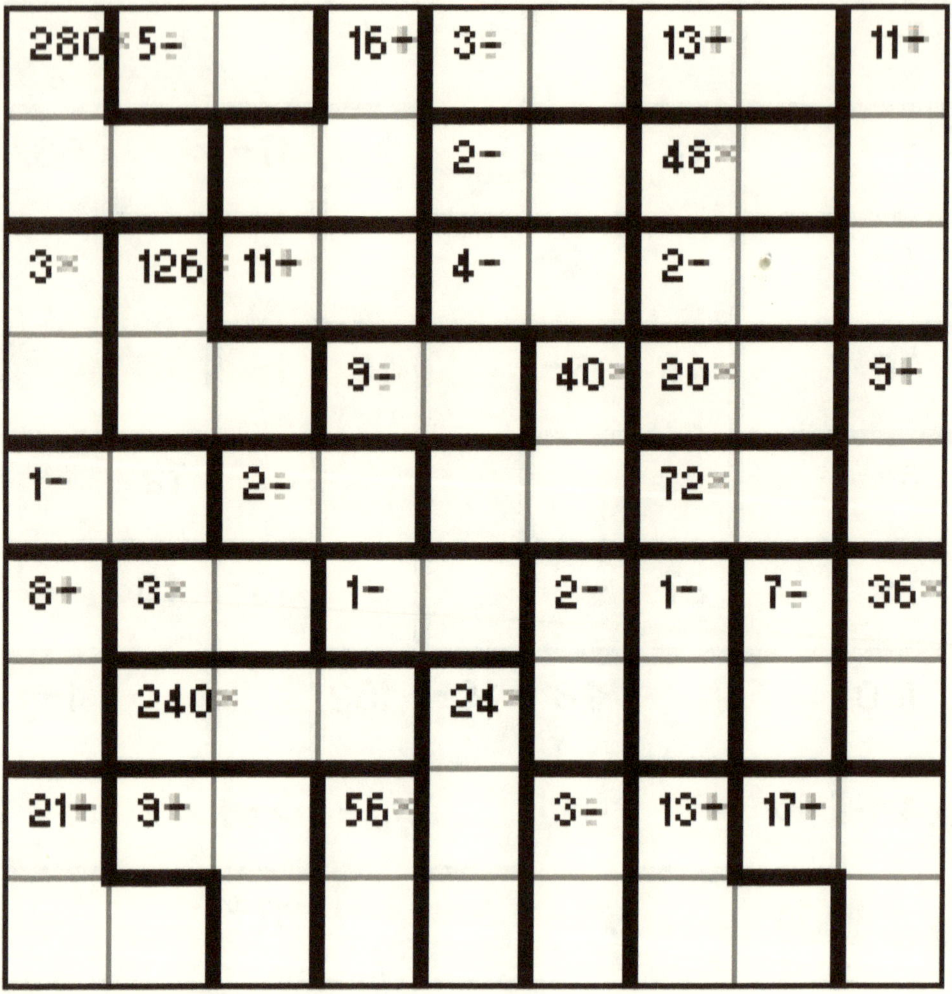

280×	5÷		16+	3=		13+		11+
				2-		48×		
3×	126×	11+		4-		2-		
			9÷		40×	20×		9+
1-		2÷				72×		
8+	3×		1-		2-	1-	7=	36×
	240×			24×				
21+	9+		56×		3=	13+	17+	

128

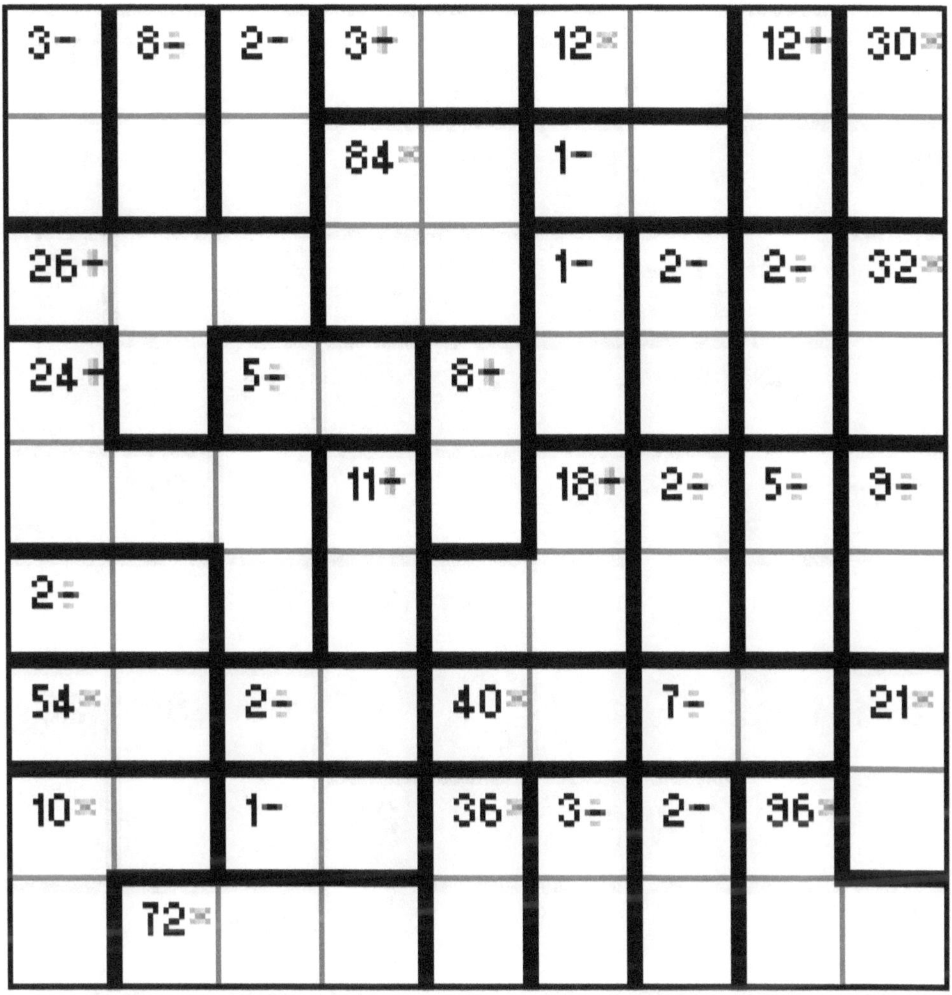

129

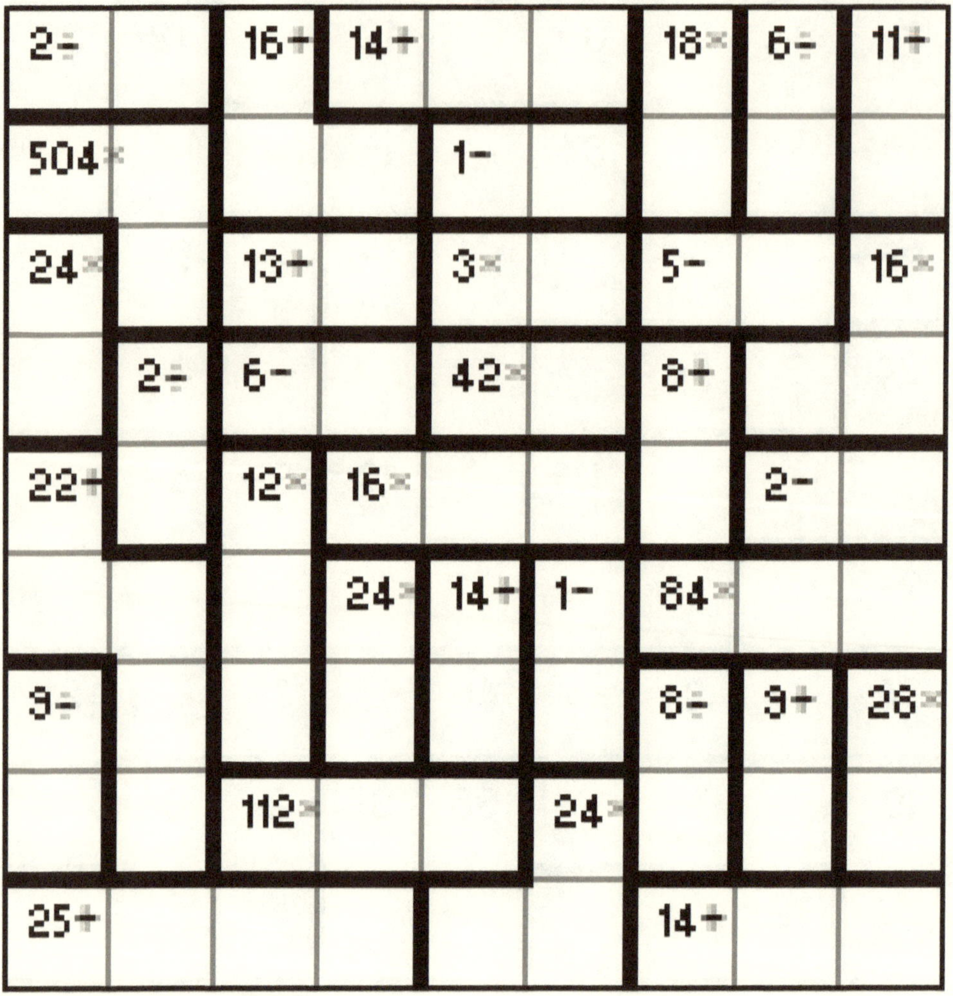

130

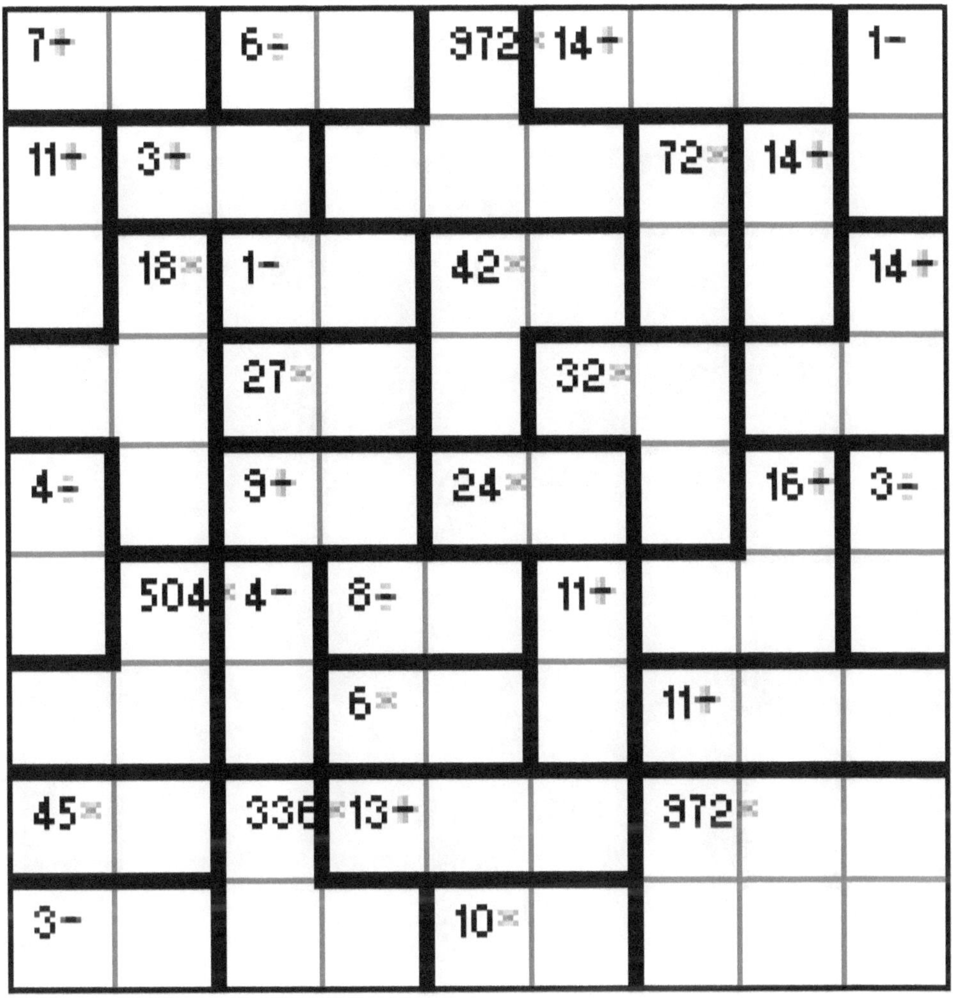

7+		6÷		972×	14+			1−	
11+	3+					72×	14+		
	18×	1−		42×				14+	
		27×			32×				
4÷		9+		24×			16+	3÷	
	504×	4−	8÷		11+				
			6×			11+			
45×		336×	13+			972×			
3−				10×					

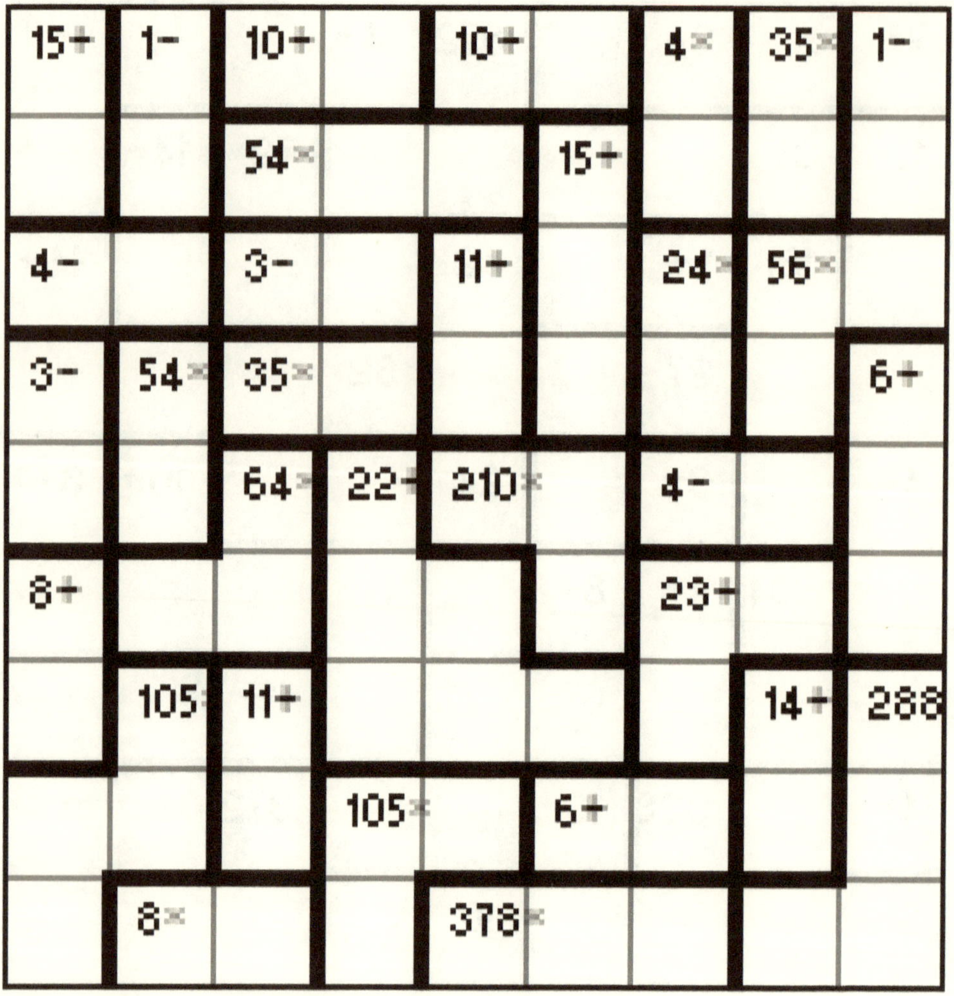

132

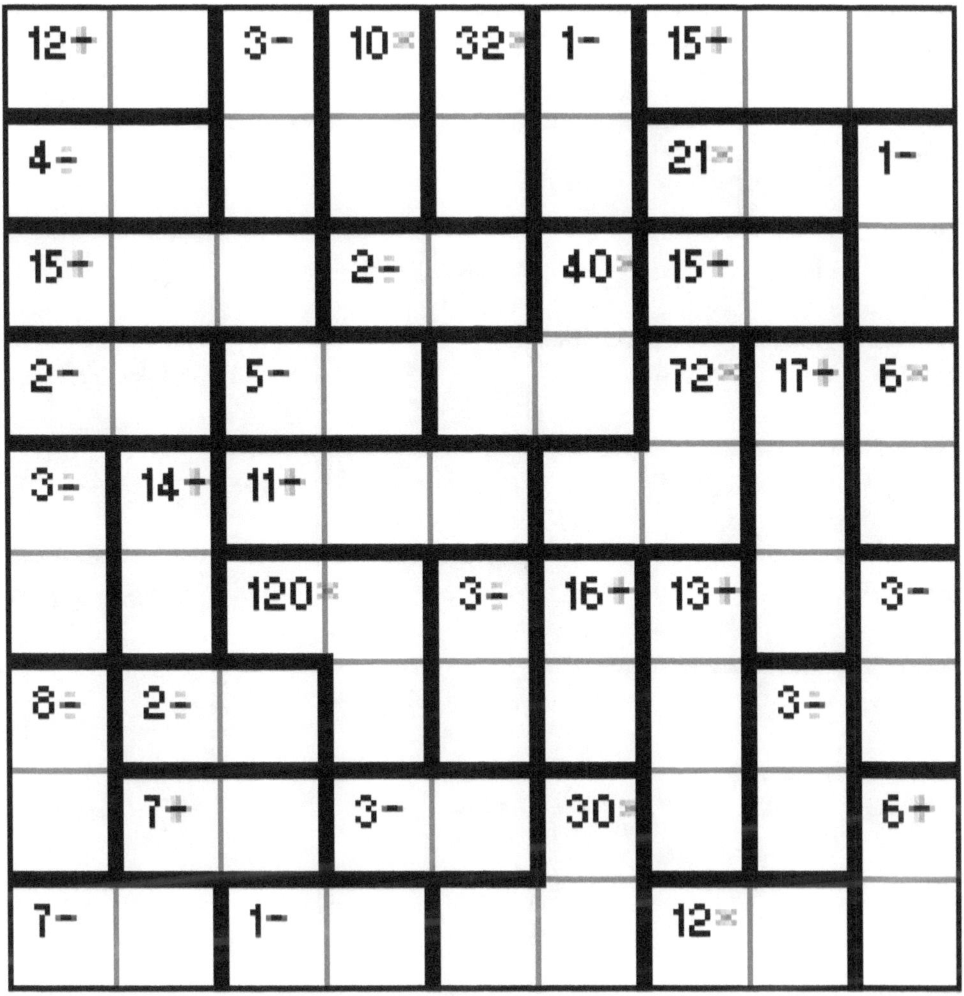

133

12+		3−	10×	32×	1−	15+		
4÷						21×		1−
15+			2÷		40×	15+		
2−		5−				72×	17+	6×
3÷	14+	11+						
		120×		3÷	16+	13+		3−
8÷	2÷						3−	
	7+		3−		30×			6+
7−		1−				12×		

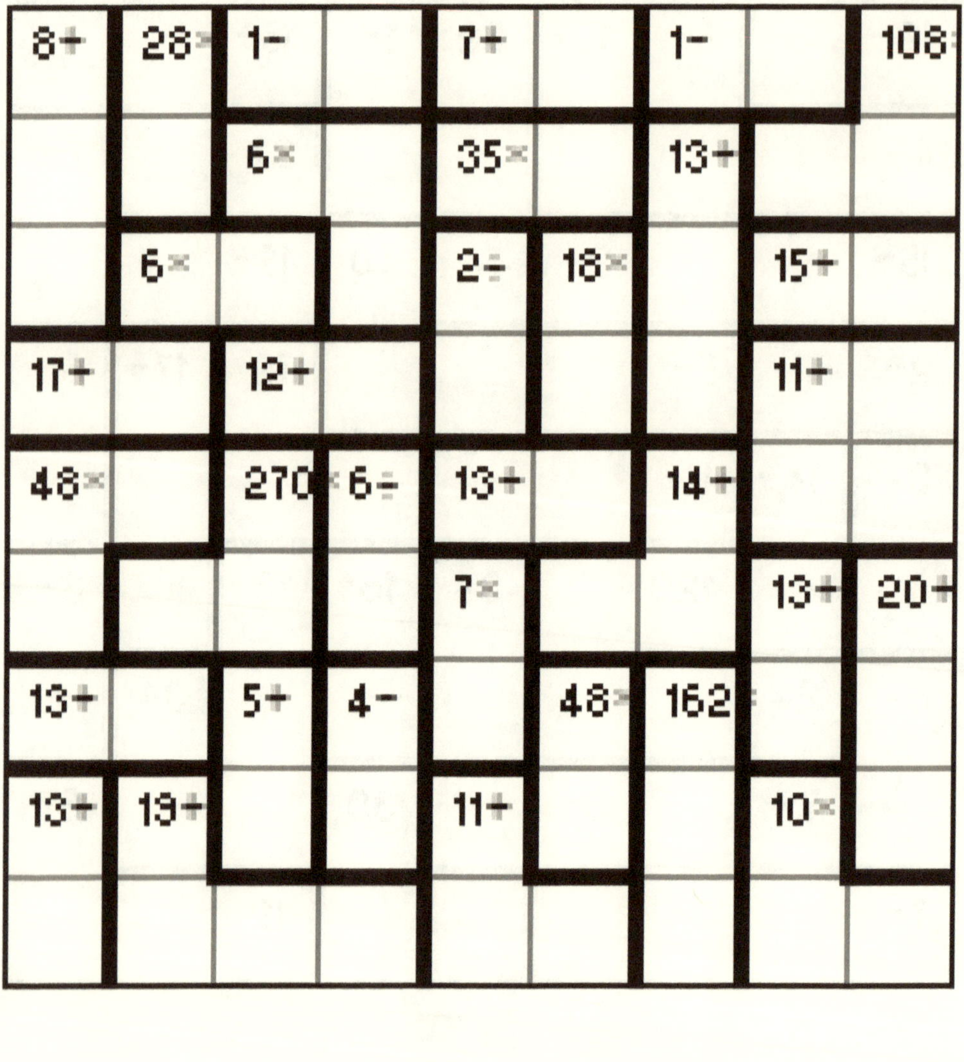

134

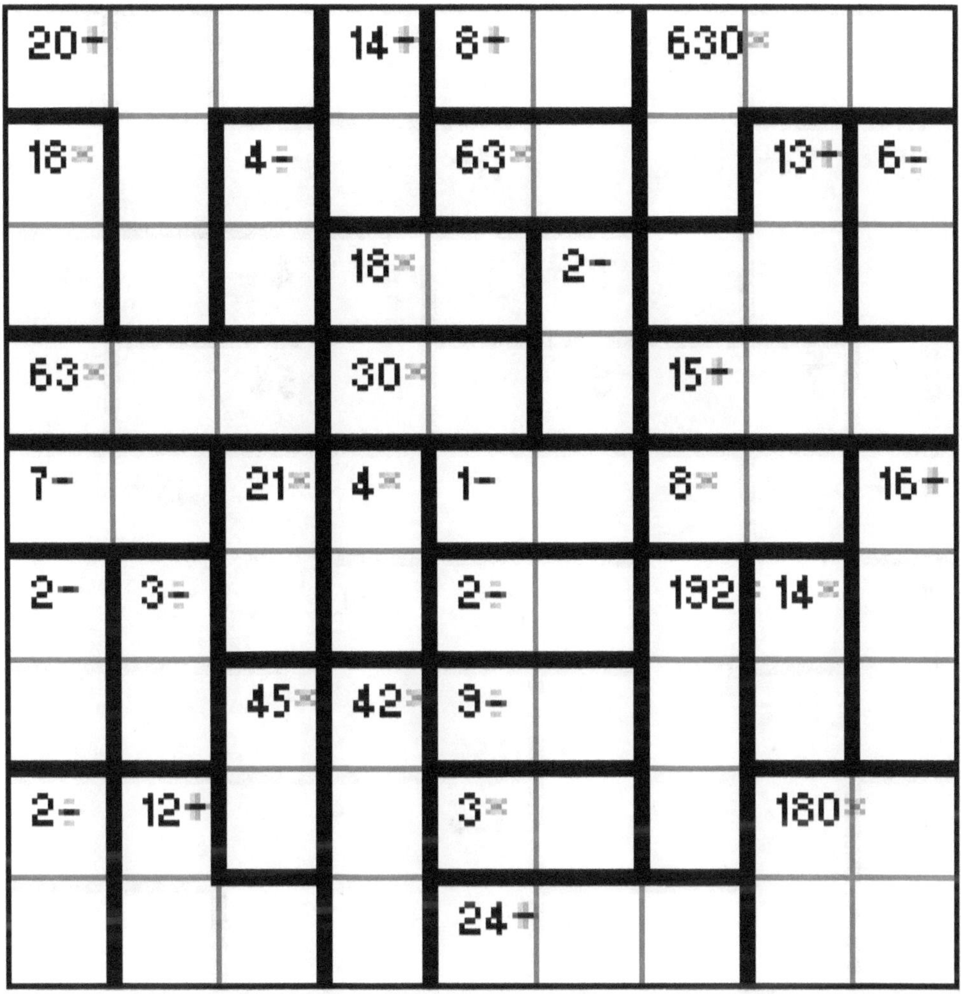

135

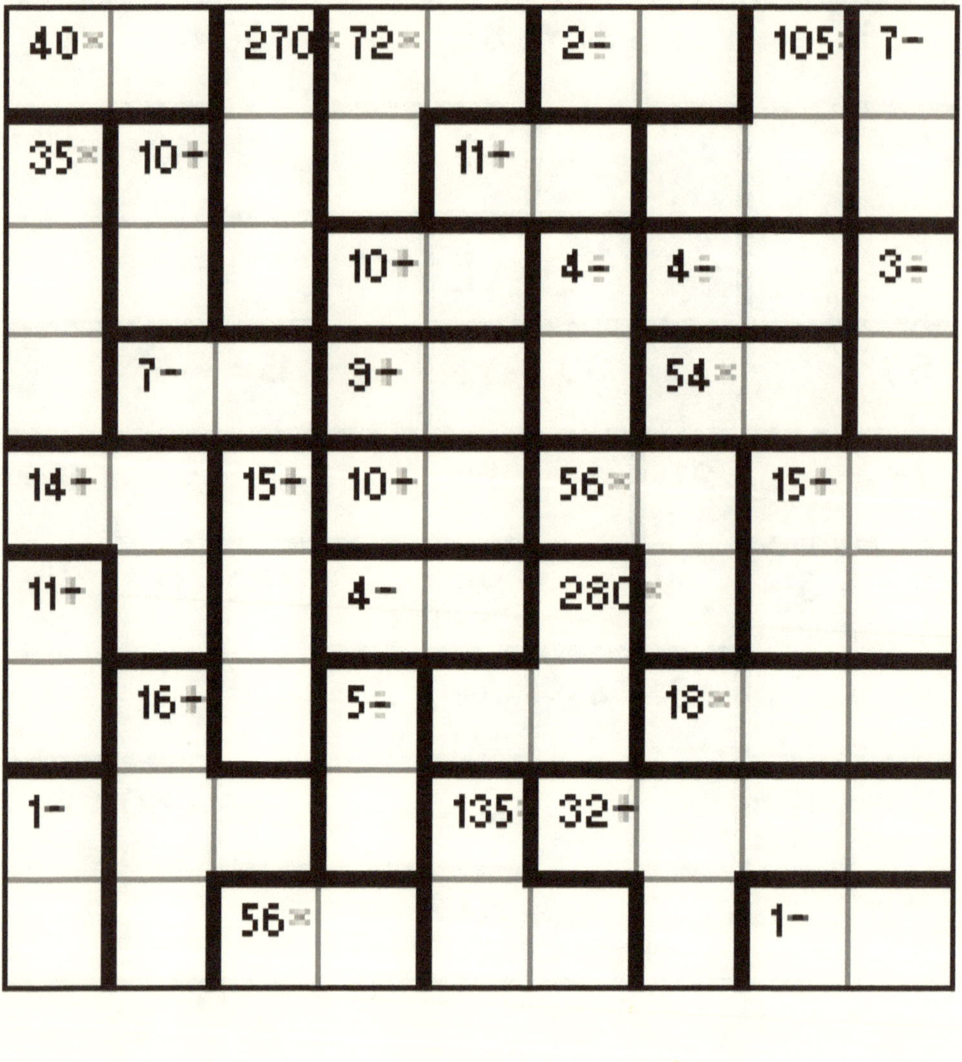

136

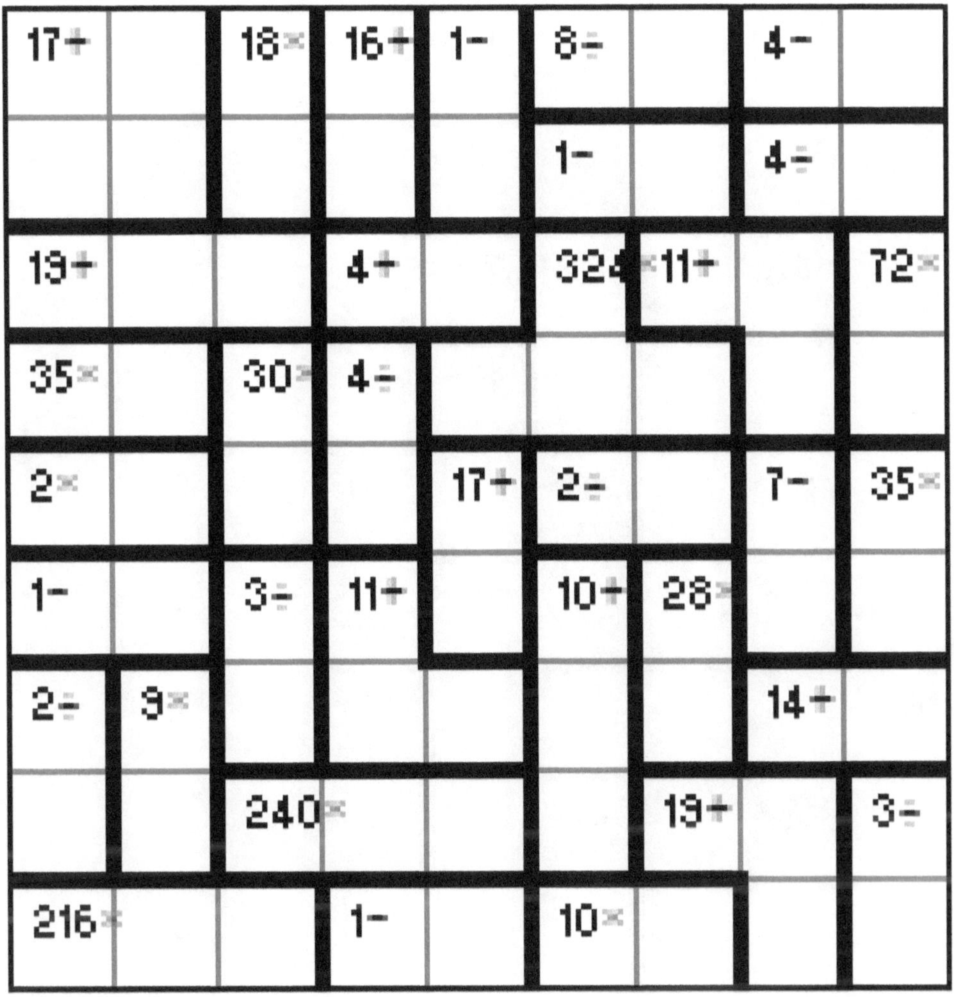

17+
18×
16+
1−
8÷
4−
1−
4÷
19+
4+
324×
11+
72×
35×
30×
4÷
2×
17+
2÷
7−
35×
1−
3÷
11+
10+
28×
2÷
9×
14+
240×
19+
3÷
216×
1−
10×

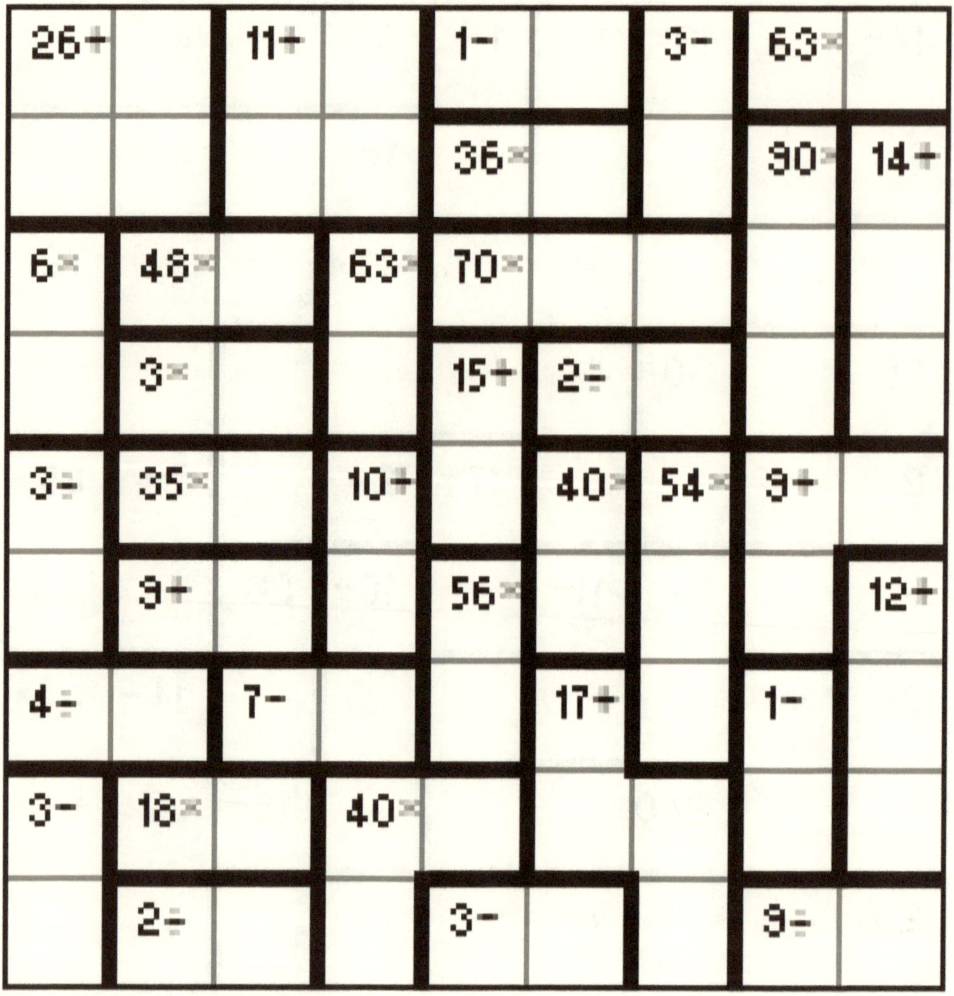

138

139

9+	3−		56×		35×	8×		
	72×	3−	2÷				6−	
180×			5÷		105×		10+	5−
	4+	8+	14+	14×	3÷			
						224×		
3−		12×			2÷	25+	40×	3−
5−		7÷	45×	3÷				
8×					48×			15+
11+			10+					

17+
4−
15+
11+
7+
29+
20×
3÷
12×
8+
84×
13+
3−
18×
48×
8×
9×
45×
15+
3÷
9÷
2÷
35×
10×
14+
1−
48×
5÷
8+
3−
2−
17+
12+
63×

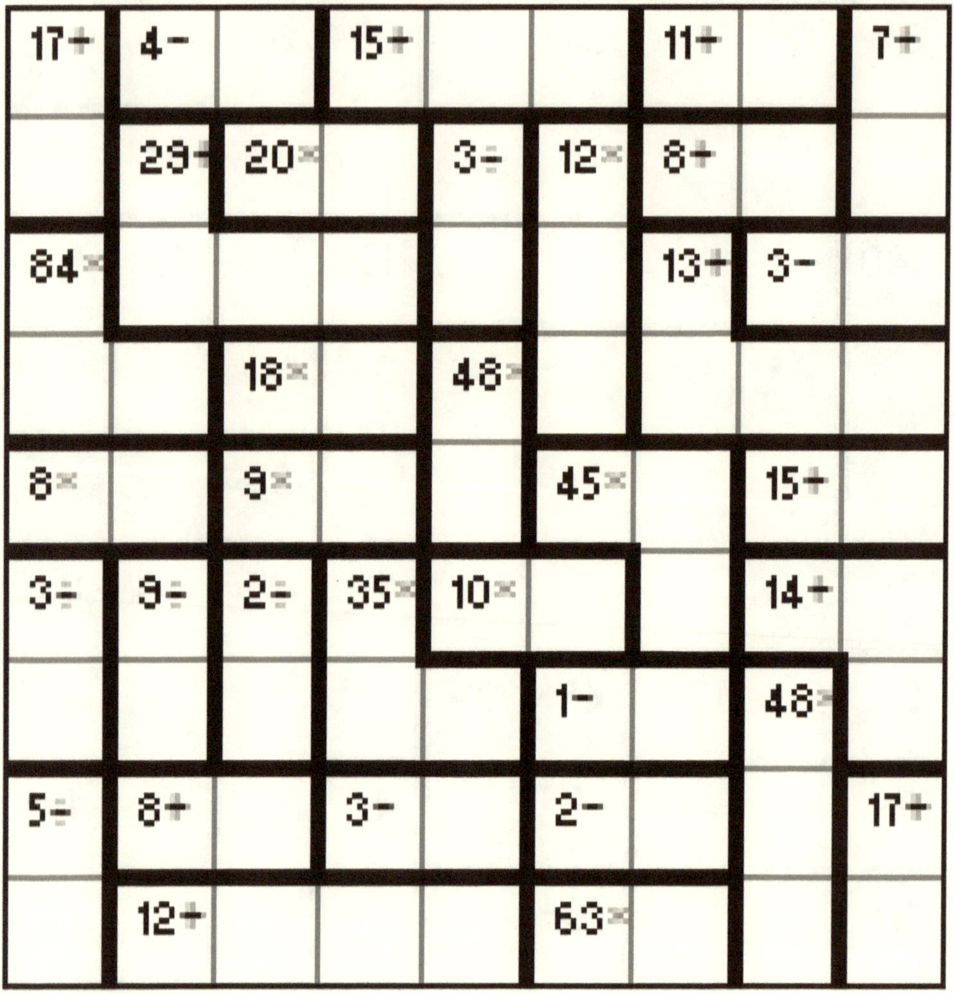

26+
13+
5÷
96×
15+
9+
10+
27×
13+
2÷
4−
18+
40×
6÷
54×
9+
24×
19+
3−
2÷
2−
35×
13+
15+
9+
6−
15+
9+
20+
7+
14+
27×
4×
14+

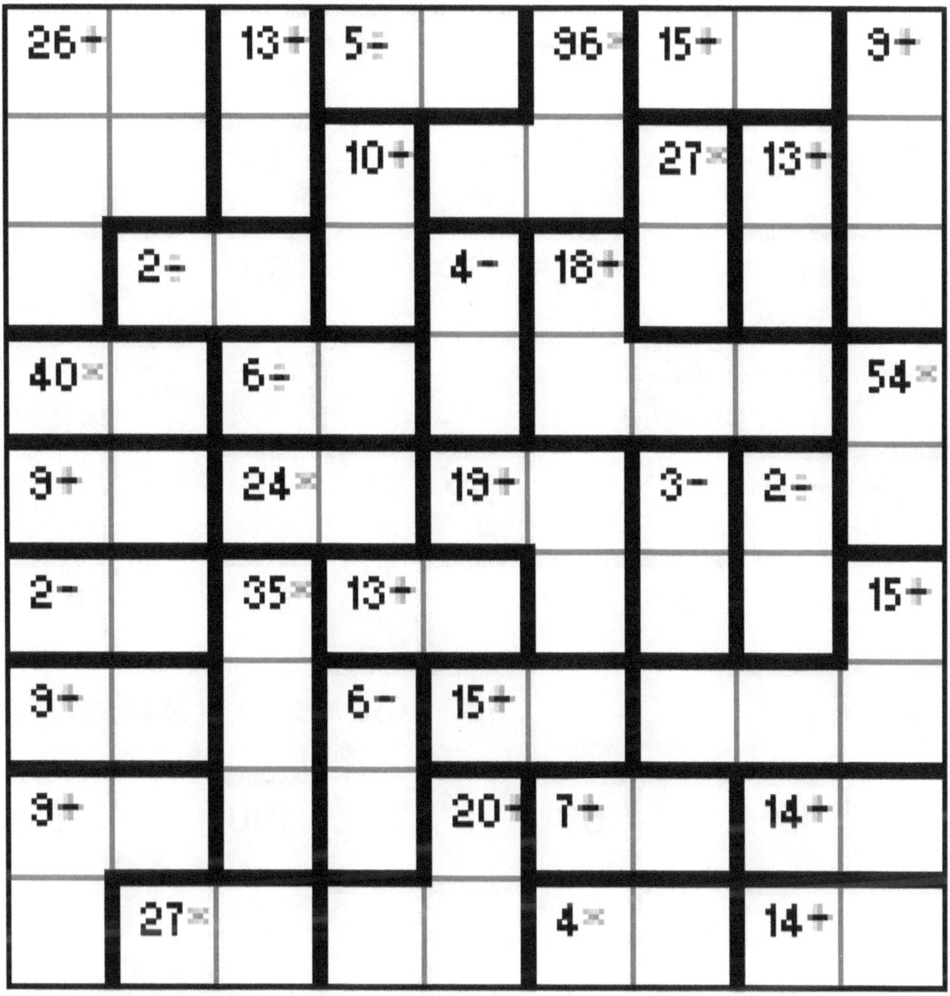

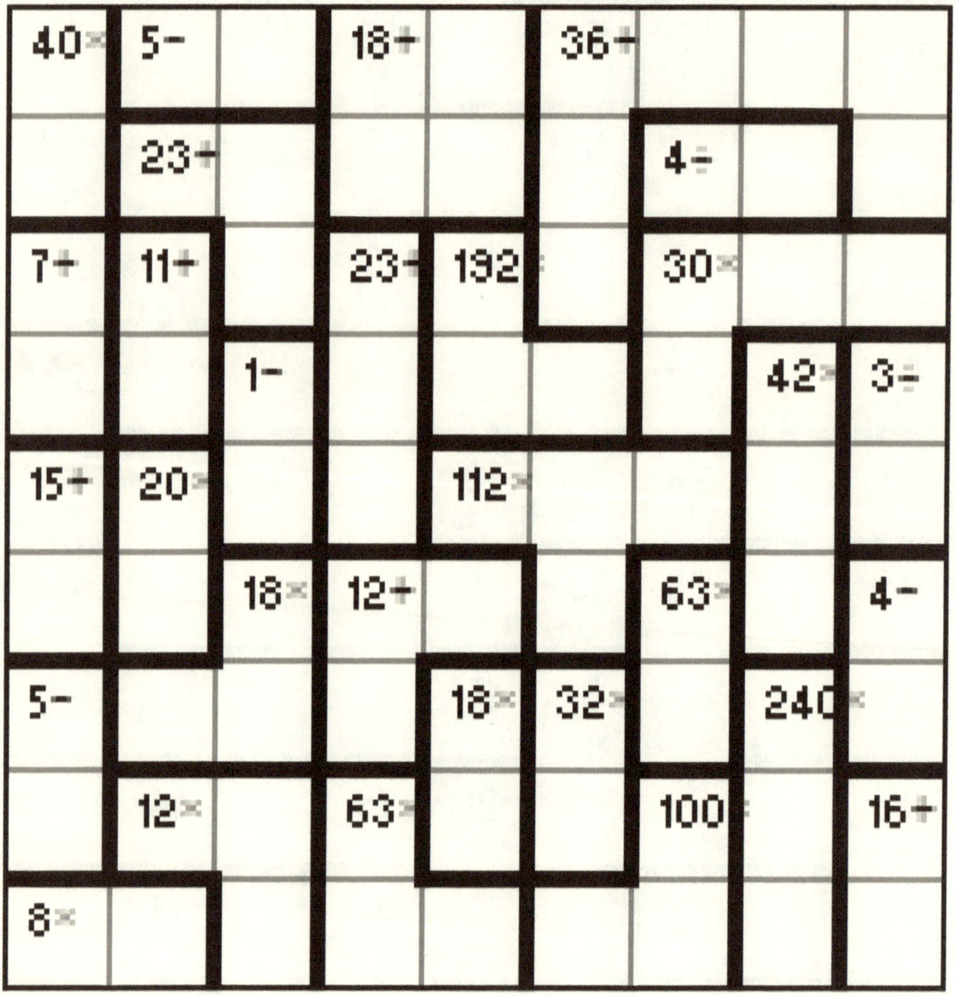

40×
5−
18+
36+
23+
4÷
7+
11+
23+
192×
30×
1−
42×
3÷
15+
20×
112×
18×
12+
63×
4−
5−
18×
32×
240×
12×
63×
100×
16+
8×

1-
2÷
24+
2÷
6×
17+
10+
15+
5+
7-
4×
3÷
3-
2-
24×
8+
17+
15×
13+
9÷
16+
16+
9+
3-
17+
30×
216×
1-
3-
2÷
7÷
42×
12+
12+

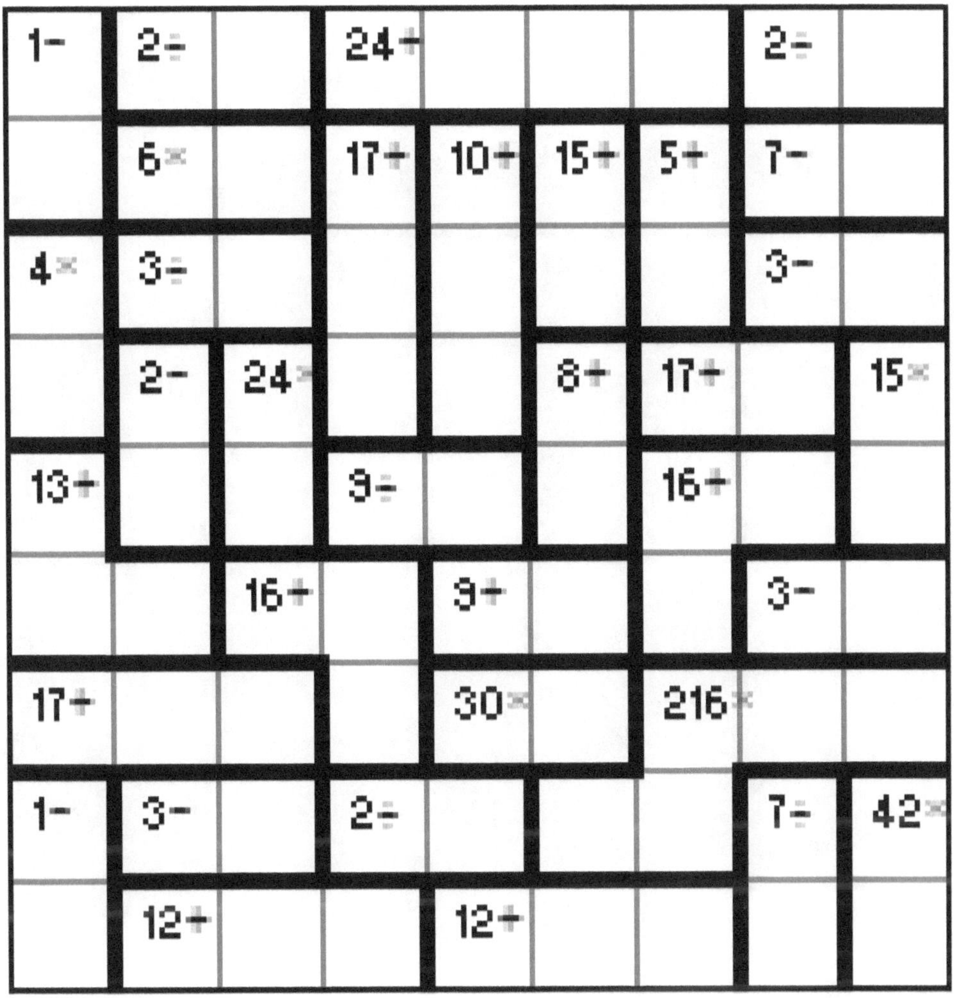

2÷
1−
11+
1−
5÷
1−
27×
5÷
14×
18+
14+
8×
21+
3÷
2÷
54×
5÷
12×
36×
11+
7+
42×
35×
10+
72×
32×
1−
21+
3÷
12×
14+
3÷
7+
17+
3−
35×

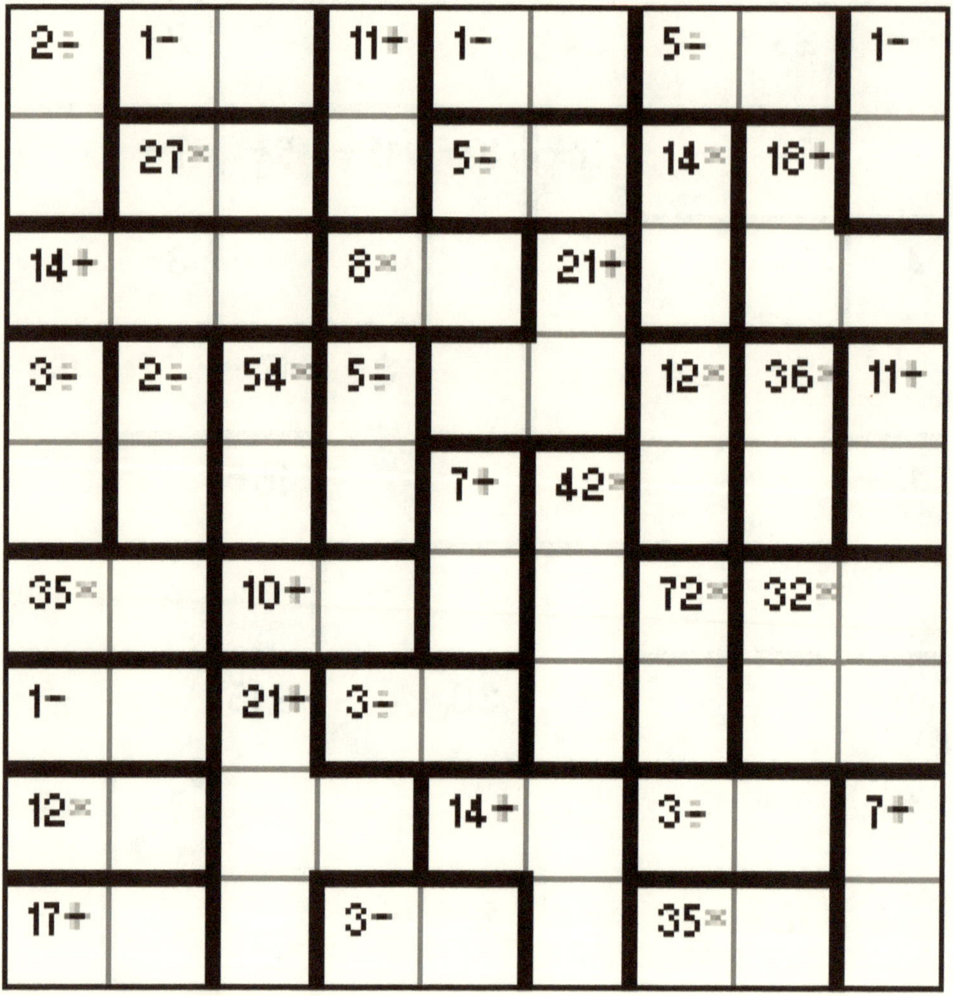

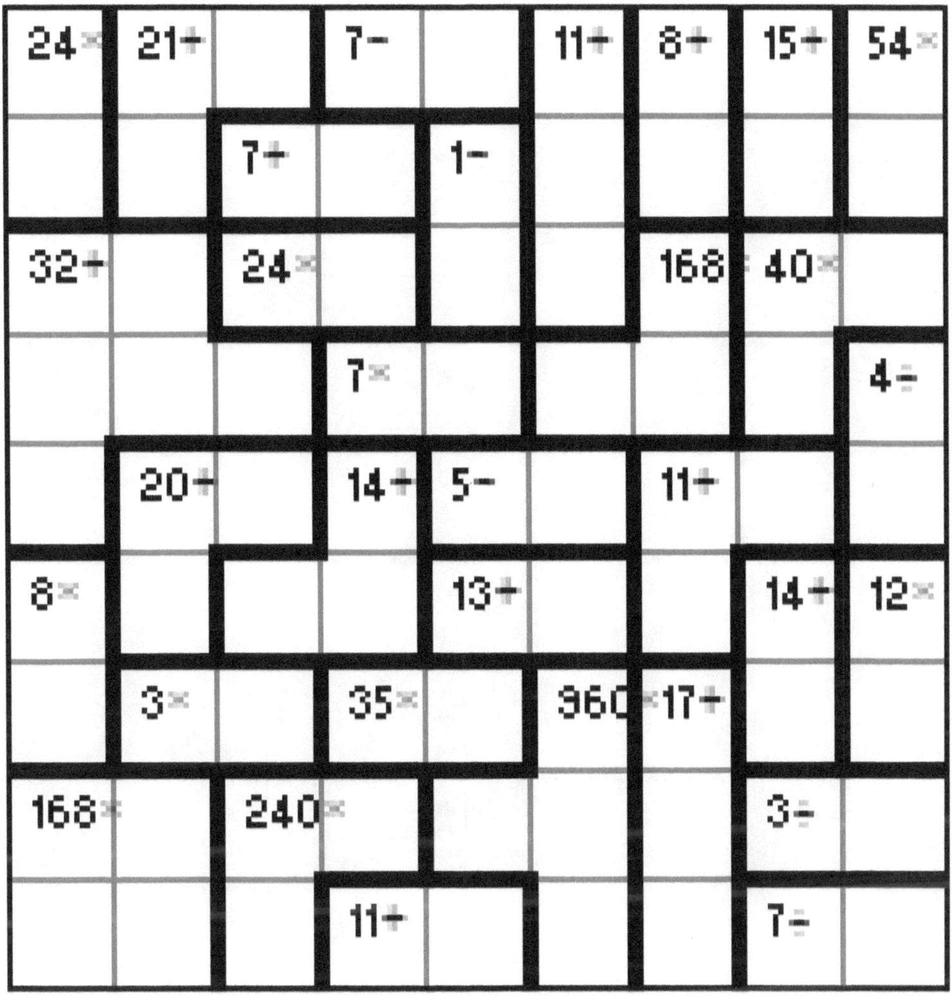

145

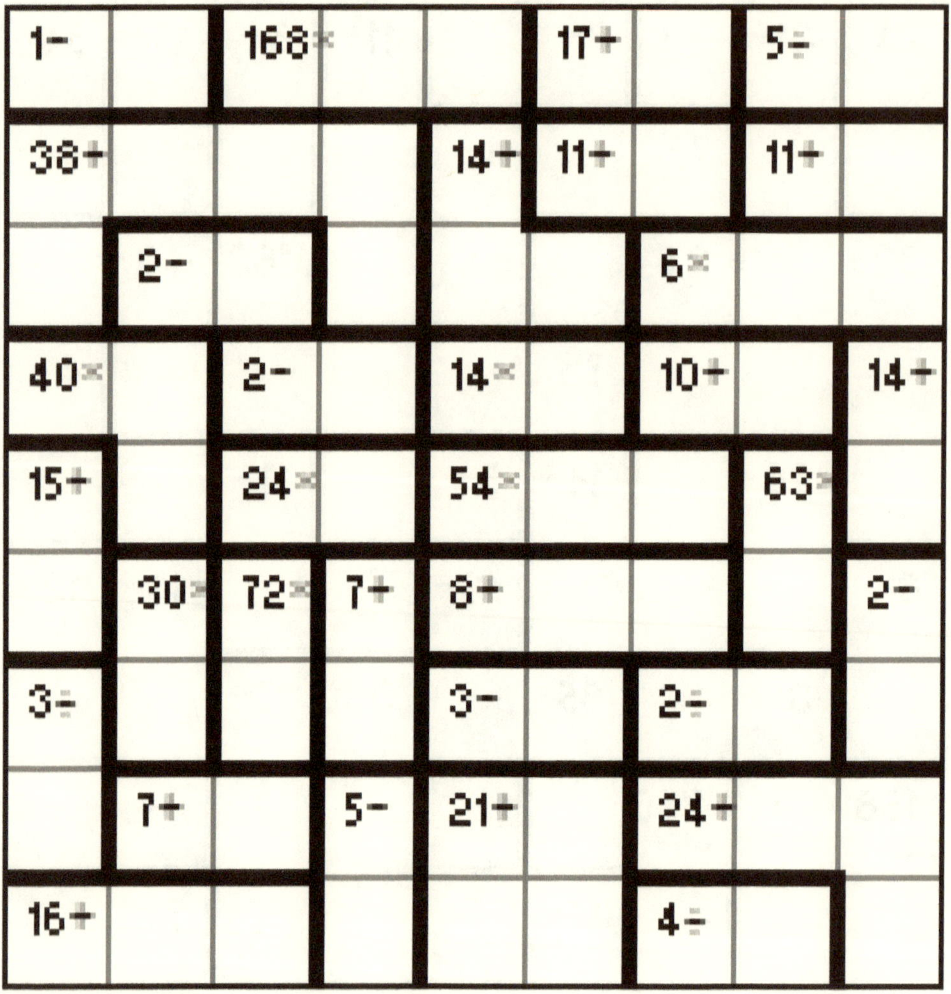

146

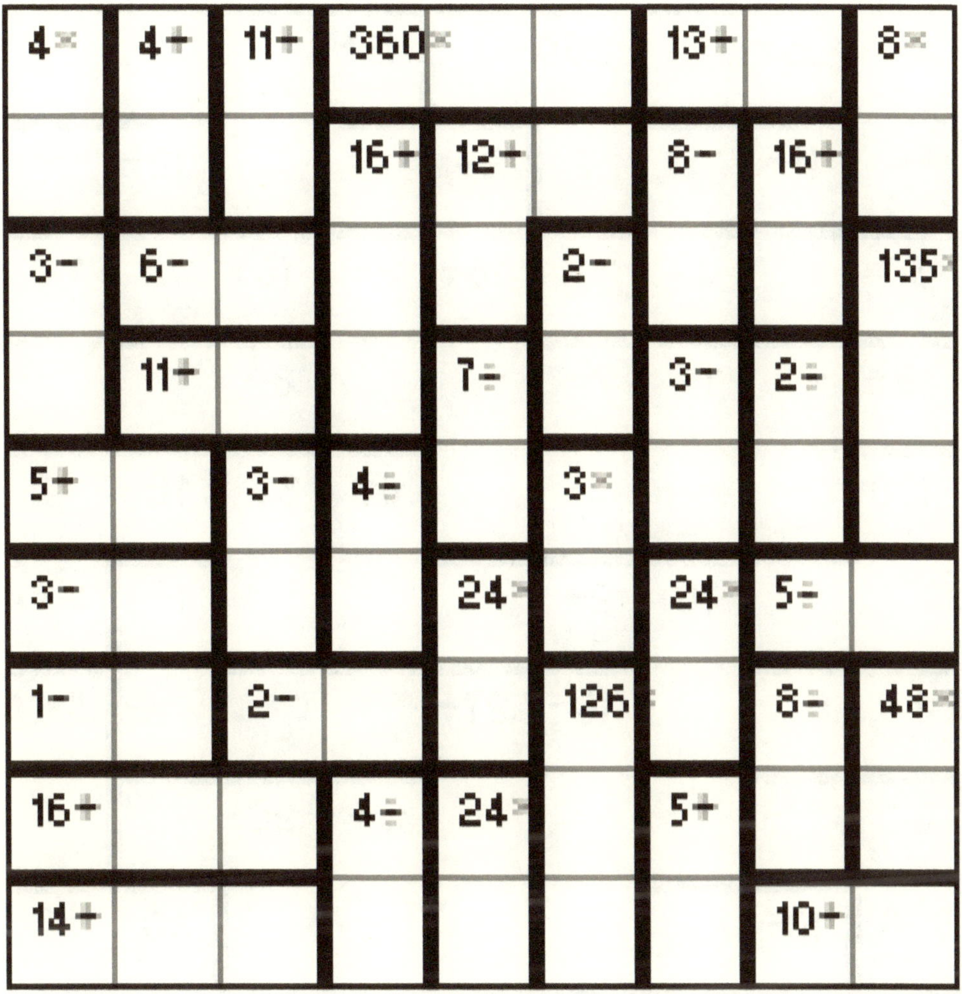

147

4×	4+	11+	360×			13+		8×
			16+	12+		8−	16+	
3−	6−				2−			135×
	11+			7=		3−	2÷	
5+		3−	4÷		3×			
3−				24=		24=	5÷	
1−		2−			126=		8=	48×
16+			4=	24=		5+		
14+							10+	

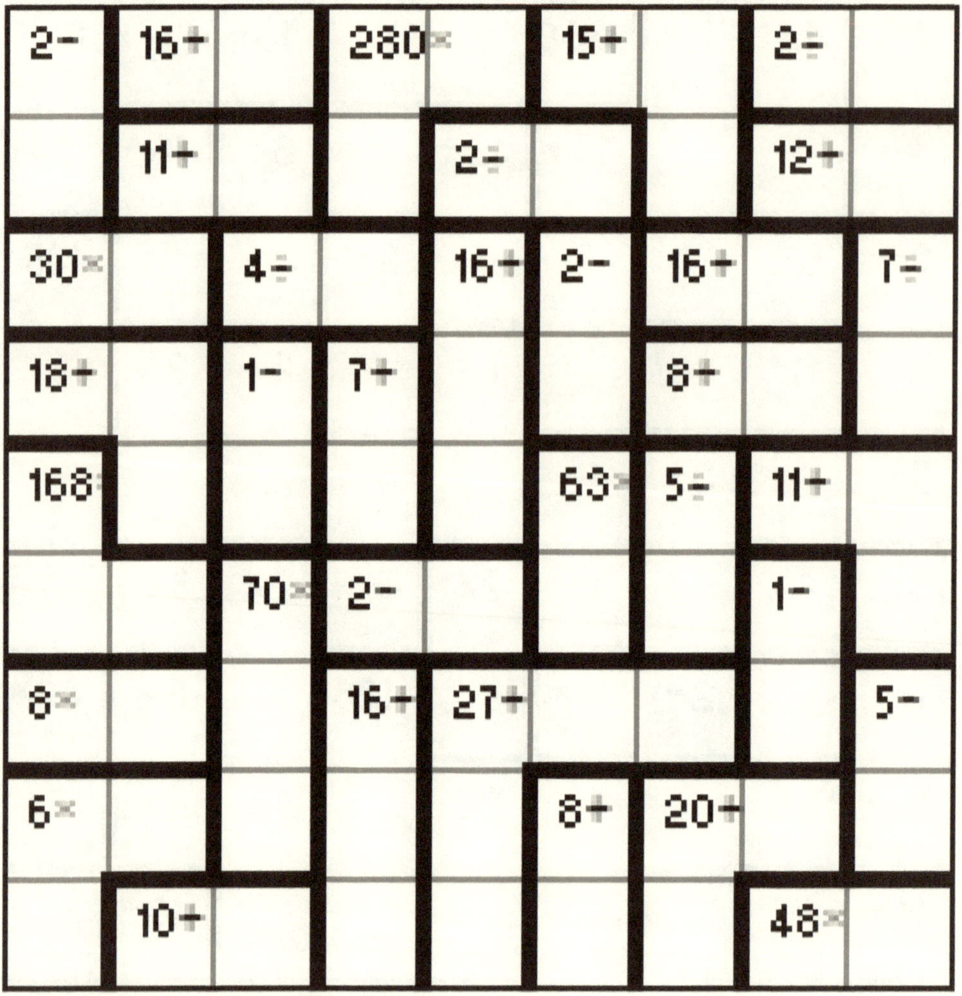

148

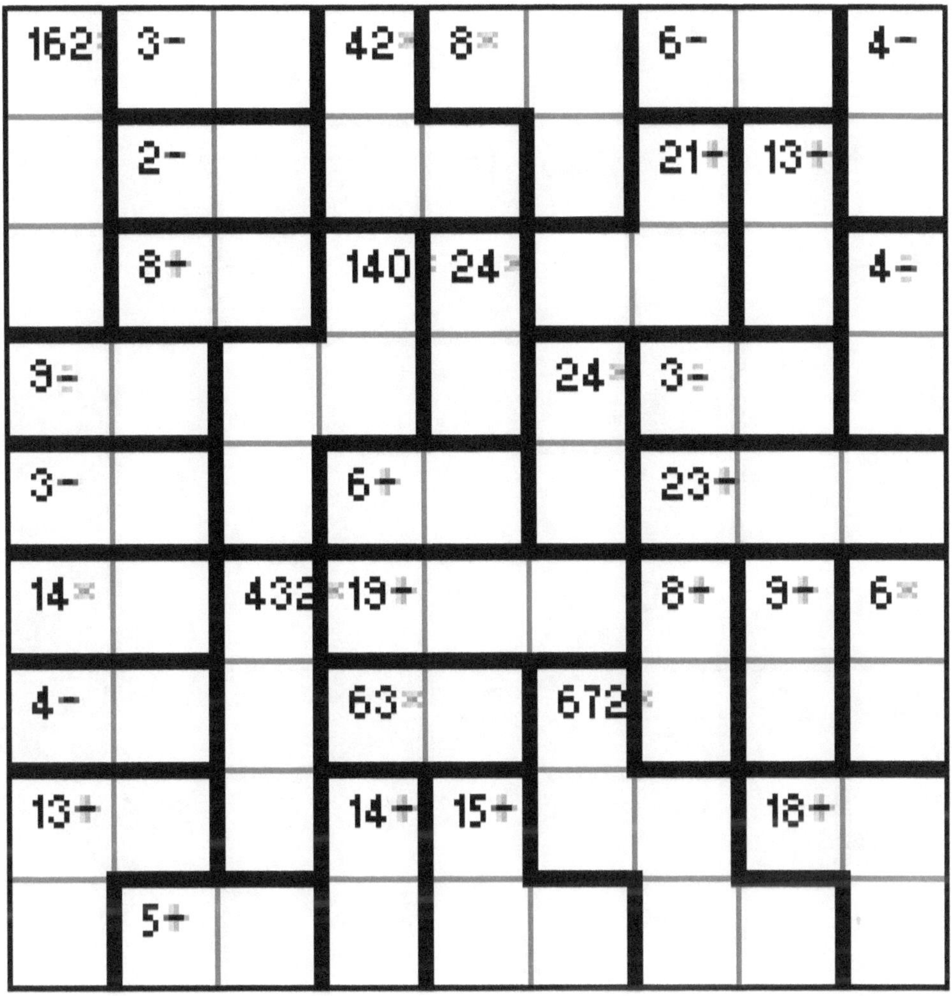

149

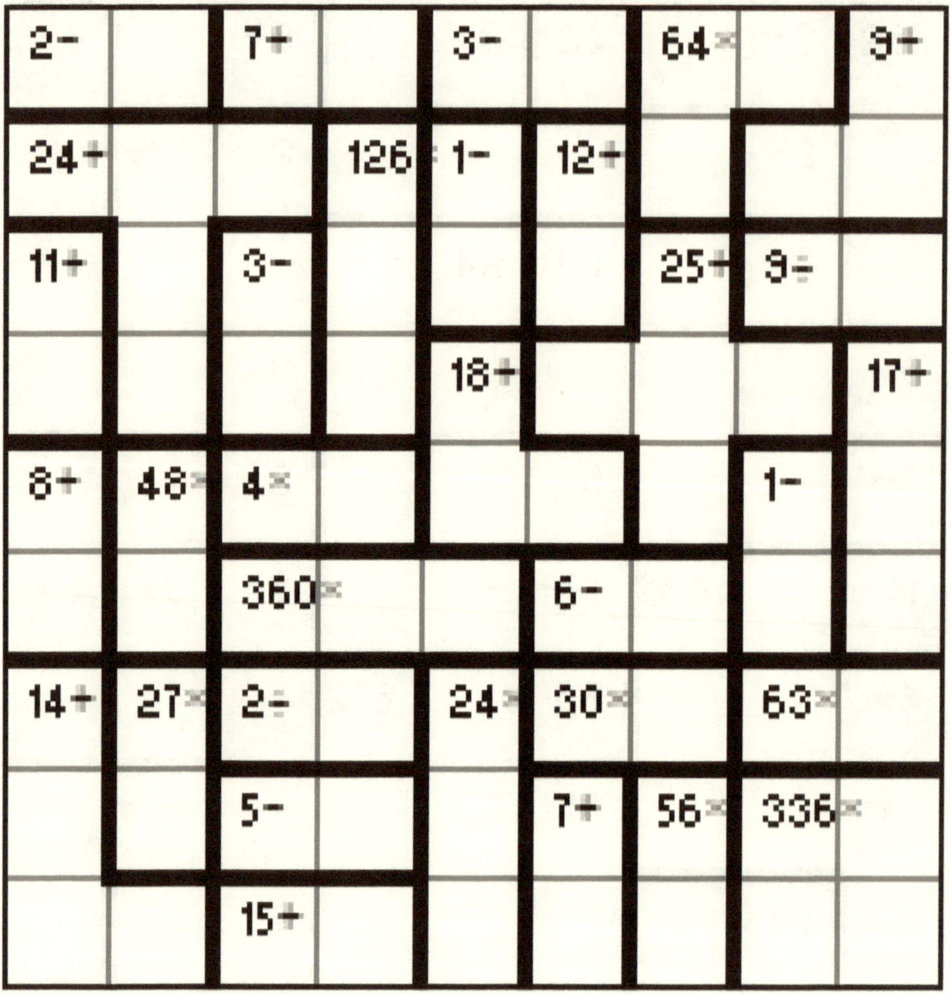

150

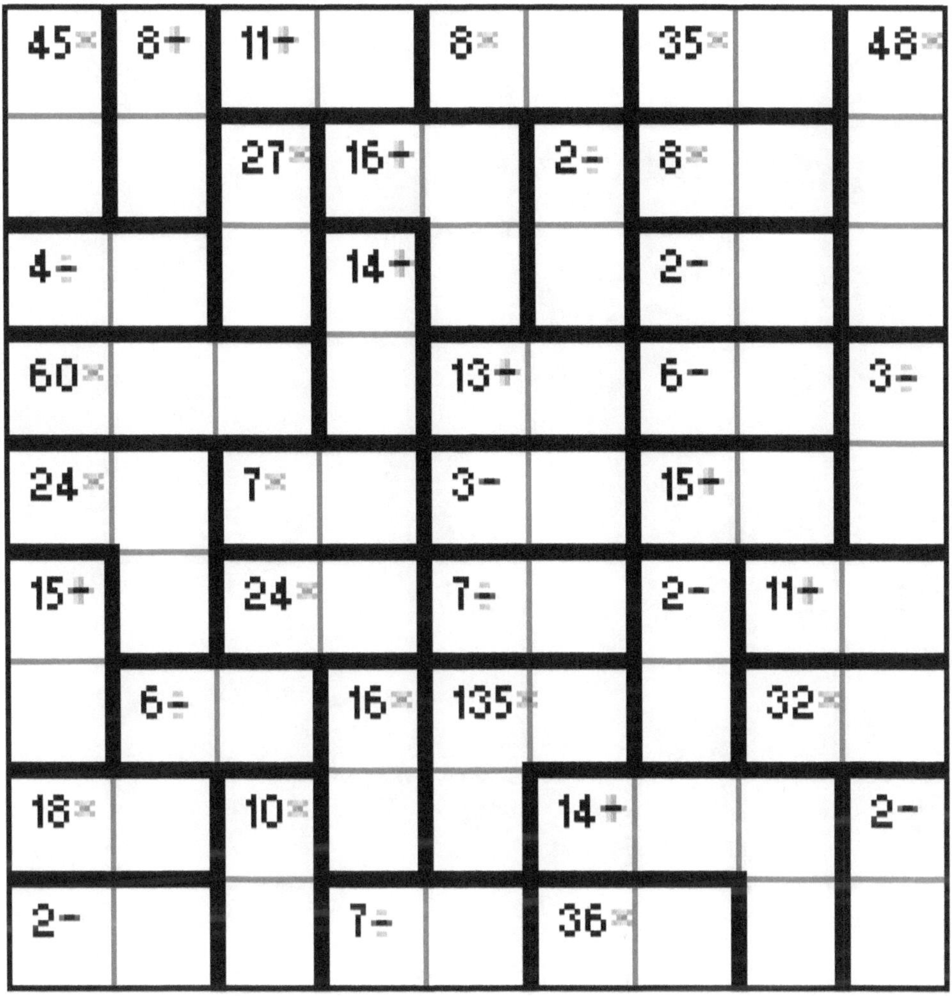

KenKen Puzzle

45×	8+	11+		8×		35×		48×
		27×	16+		2÷	8×		
4÷			14+			2−		
60×				13+		6−		3÷
24×		7×		3−		15+		
15+		24×		7÷		2−	11+	
	6÷		16×	135×			32×	
18×		10×			14+			2−
2−			7÷		36×			

151

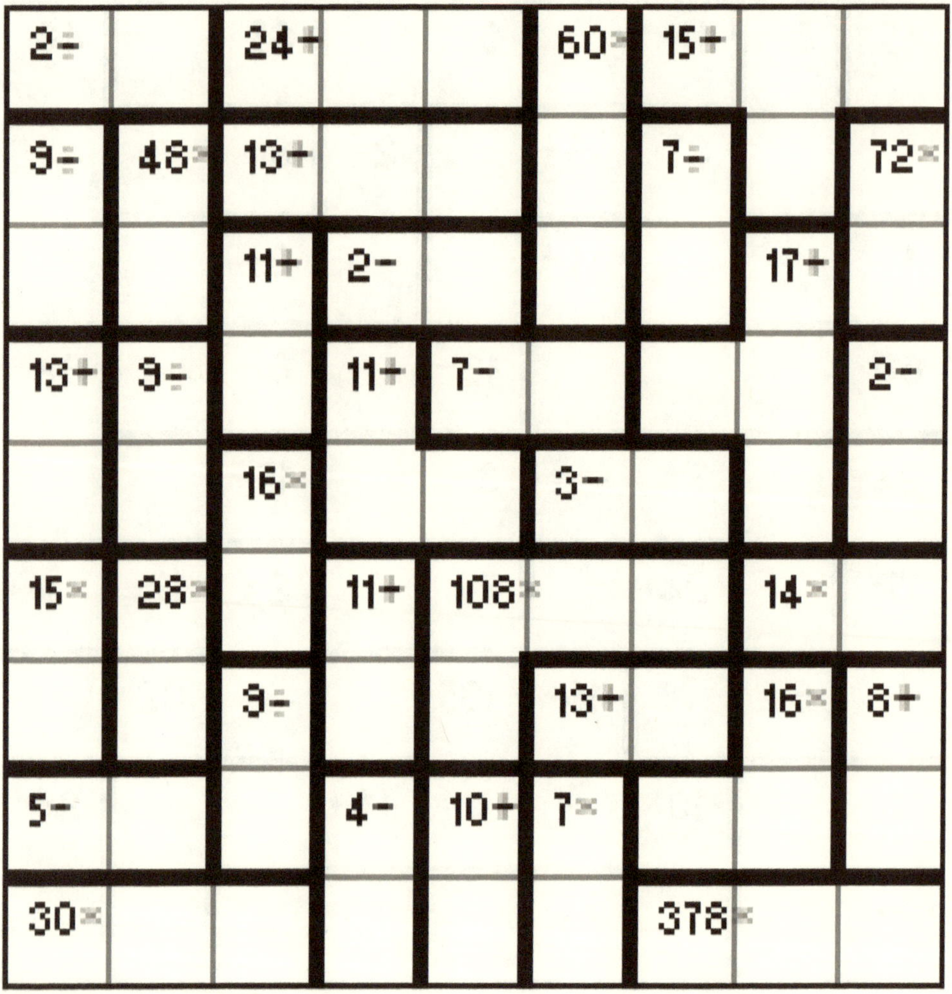

2=		24+				60×	15+		
9=		48×	13+				7=		72×
			11+	2-				17+	
13+		9=		11+	7-				2-
			16×			3-			
15×		28×		11+	108×			14×	
			9=			13+		16×	8+
5-				4-	10+	7×			
30×							378×		

152

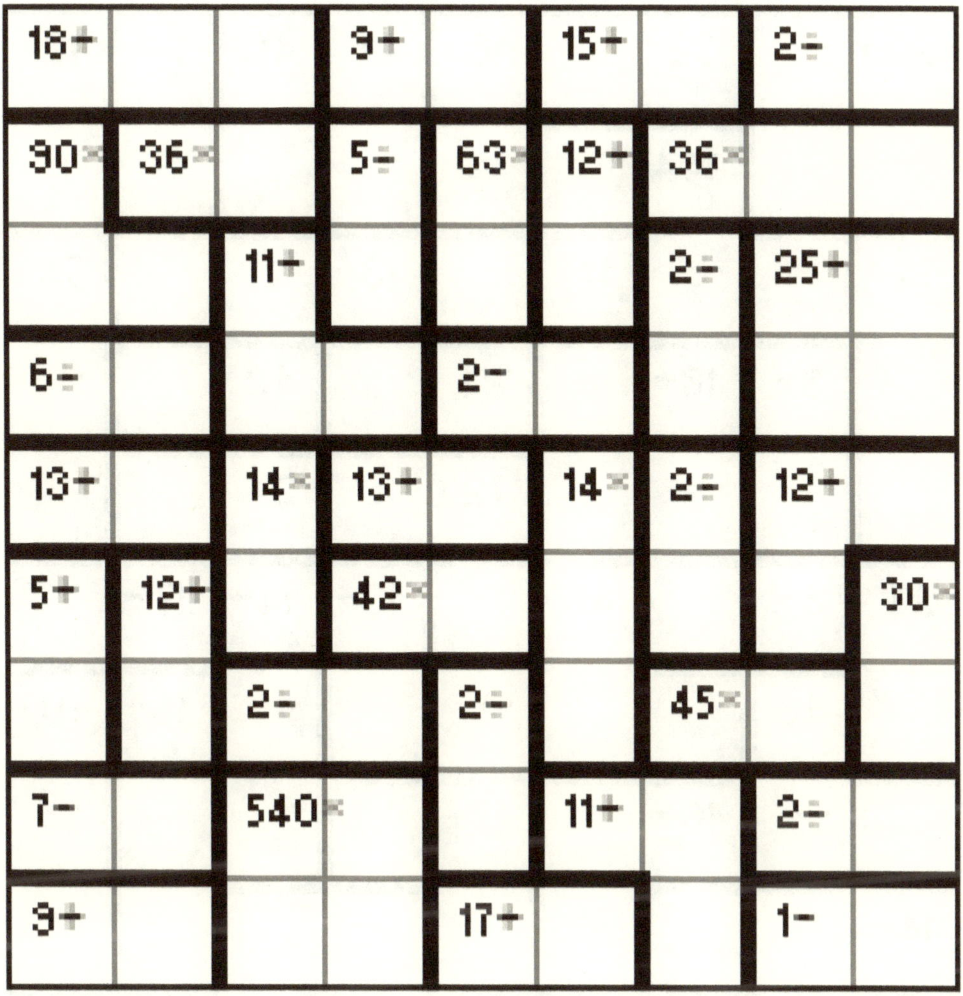

153

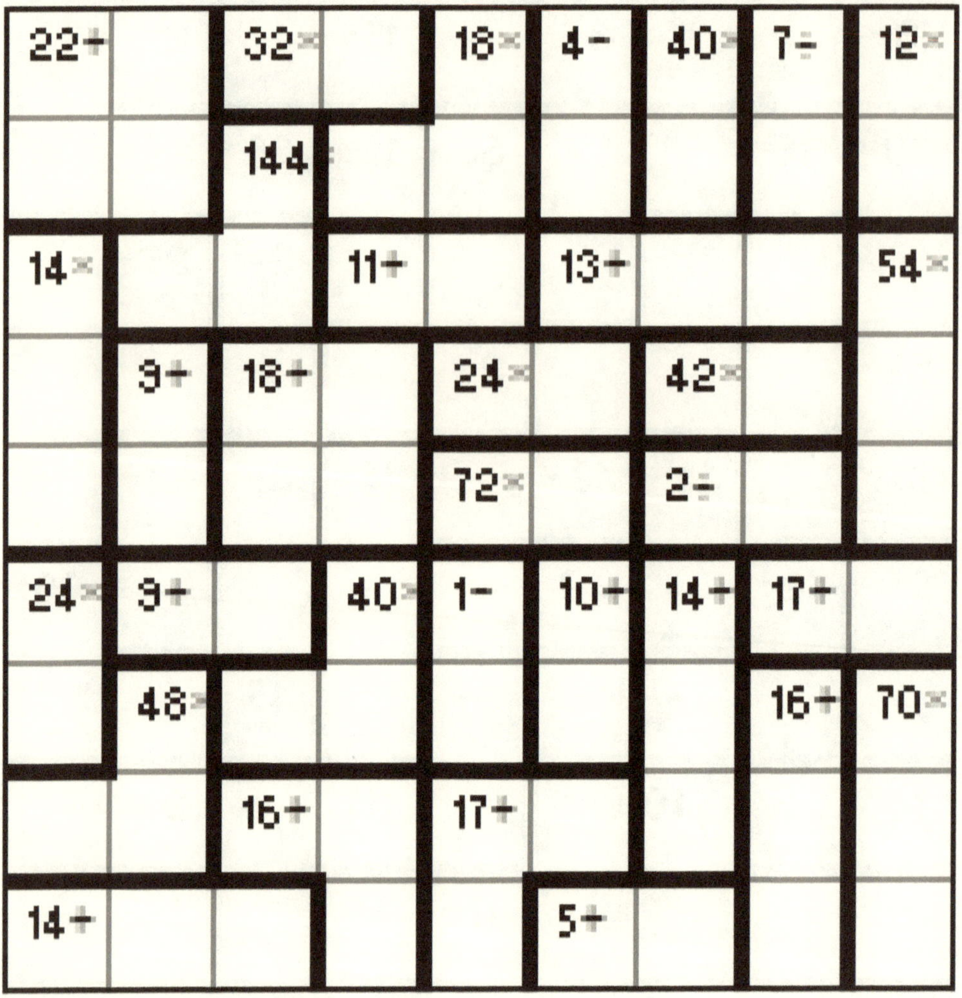

154

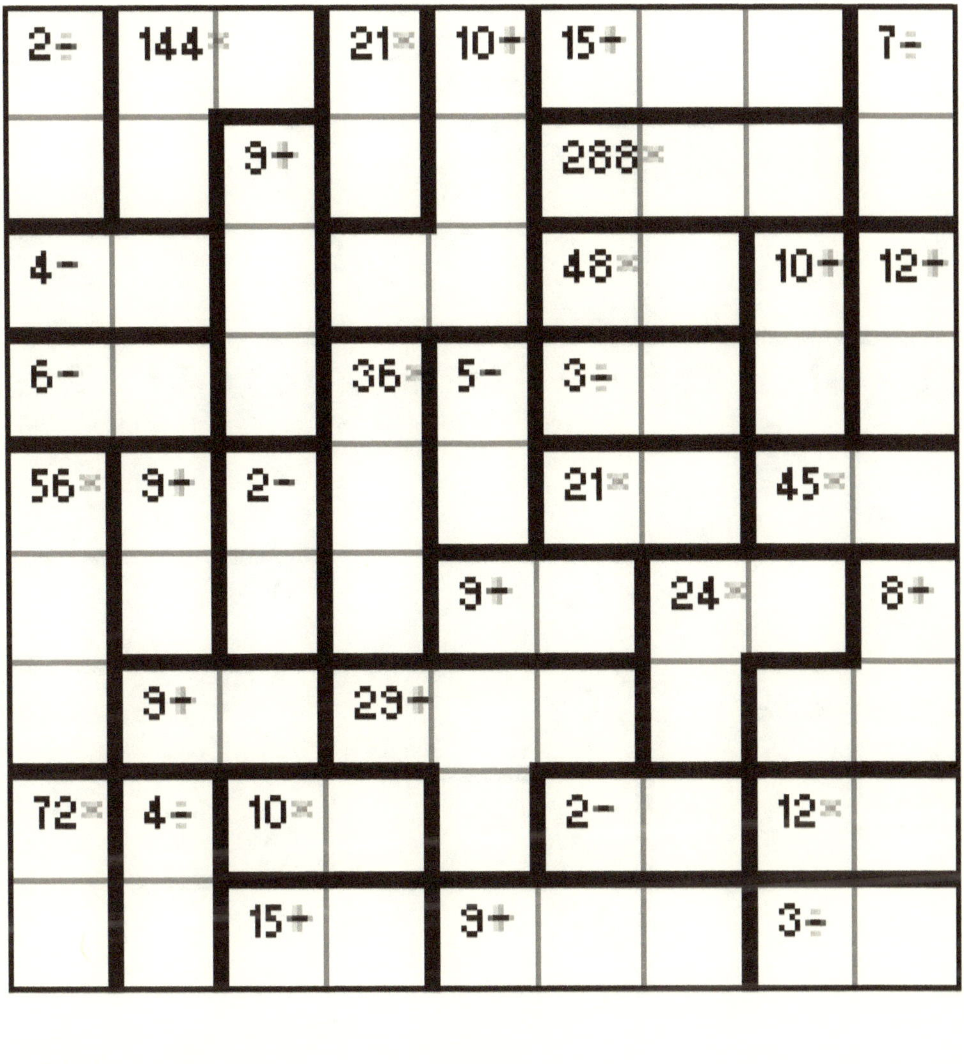

155

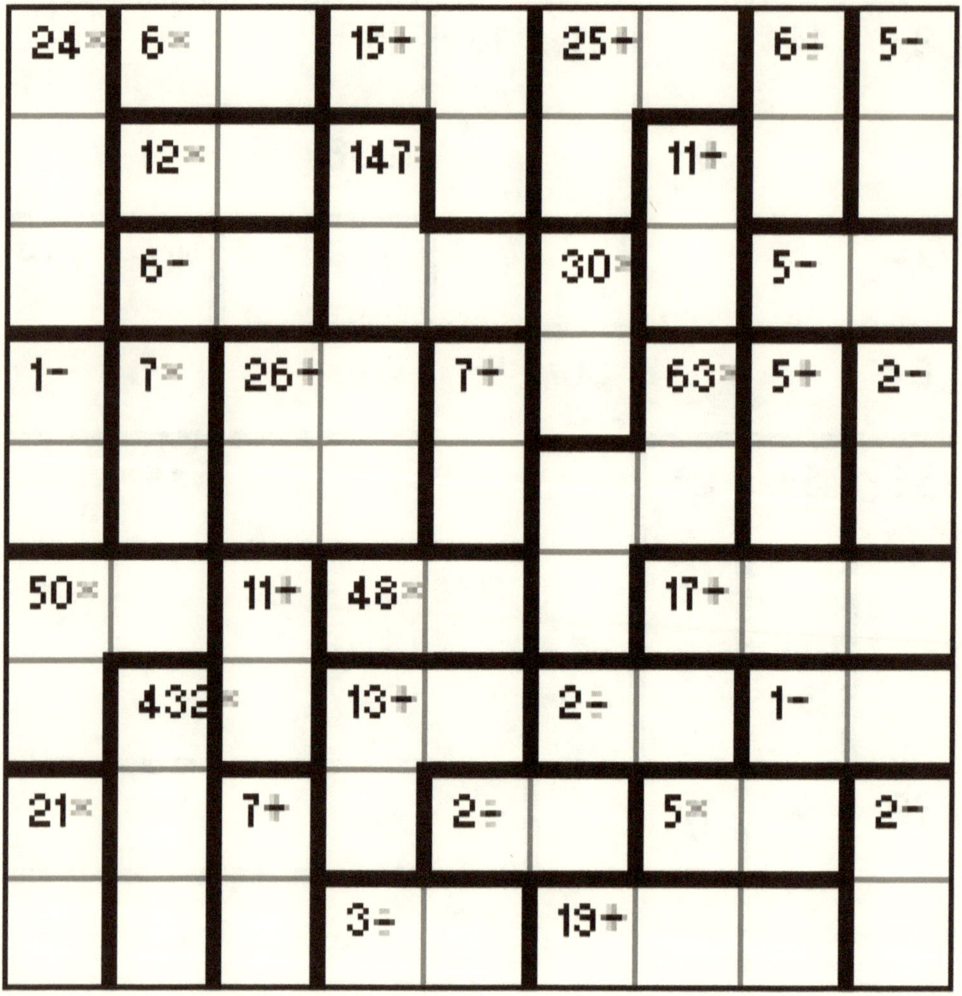

156

10+			14+		2÷	7+		72×
54×	56×		20×			16×		
	3−	5+		108×	6−			11+
3−		11+			42×		28×	
	96×		11+		13+	14+		
27×			5−				11+	
				7+	4÷		12+	
21+		18×	17+		3÷		30×	
					40×		3÷	

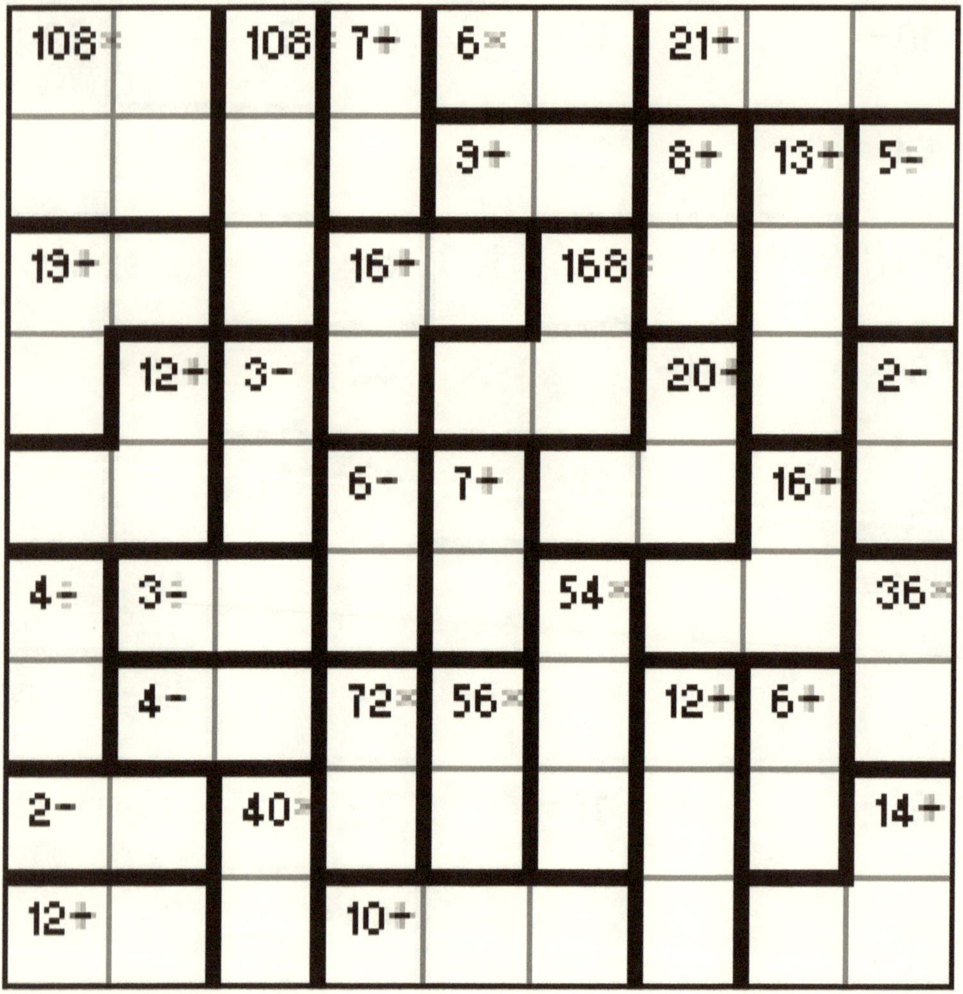

158

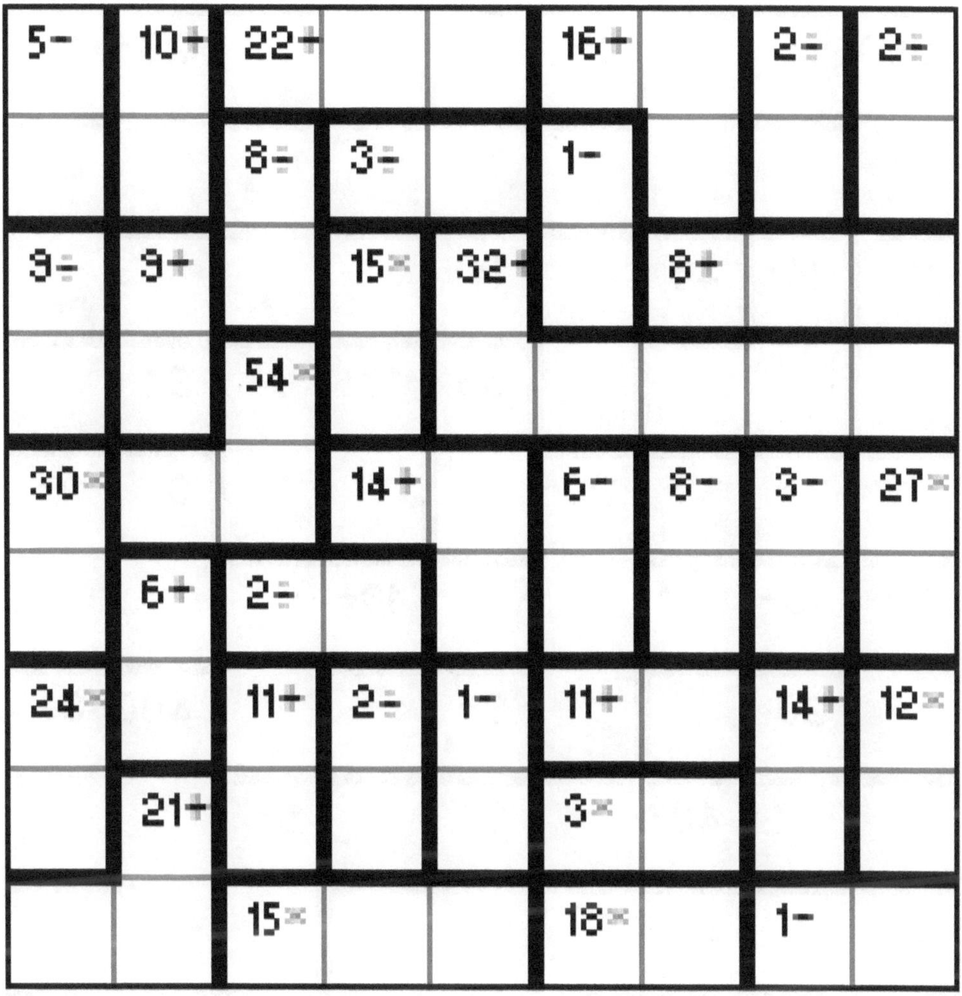

159

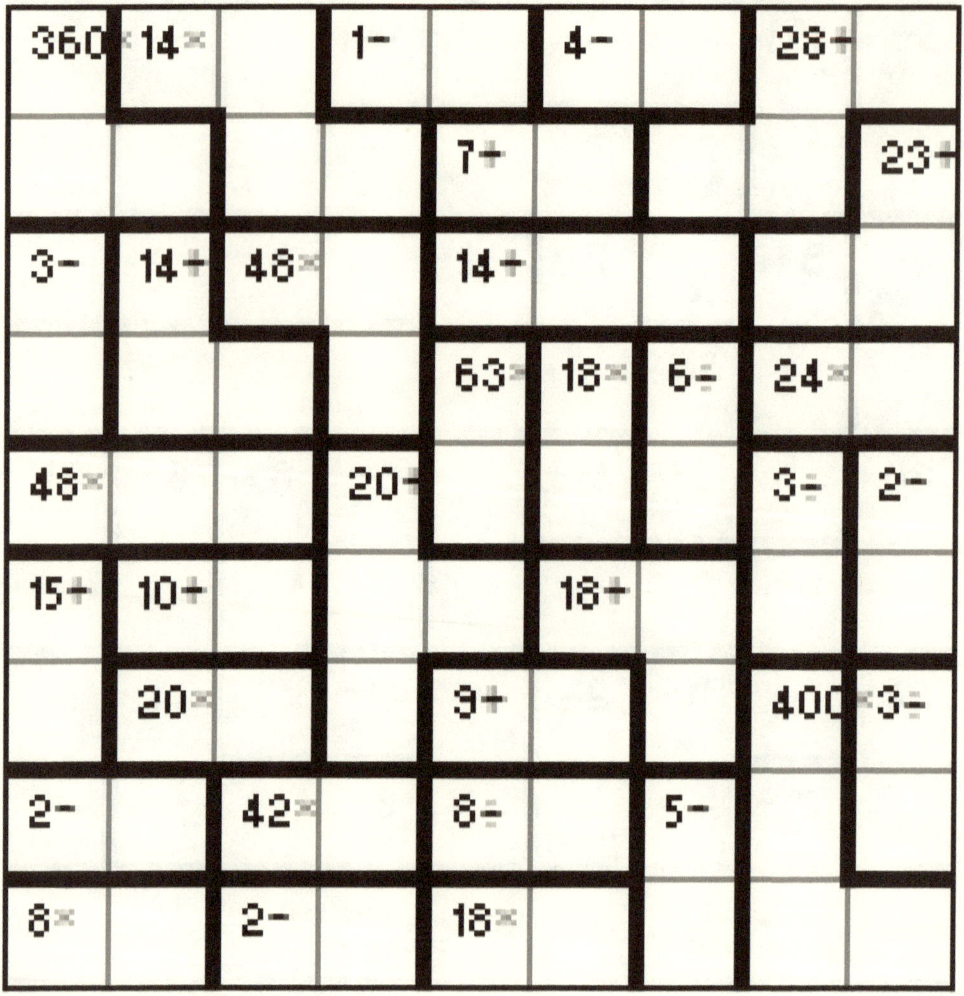

160

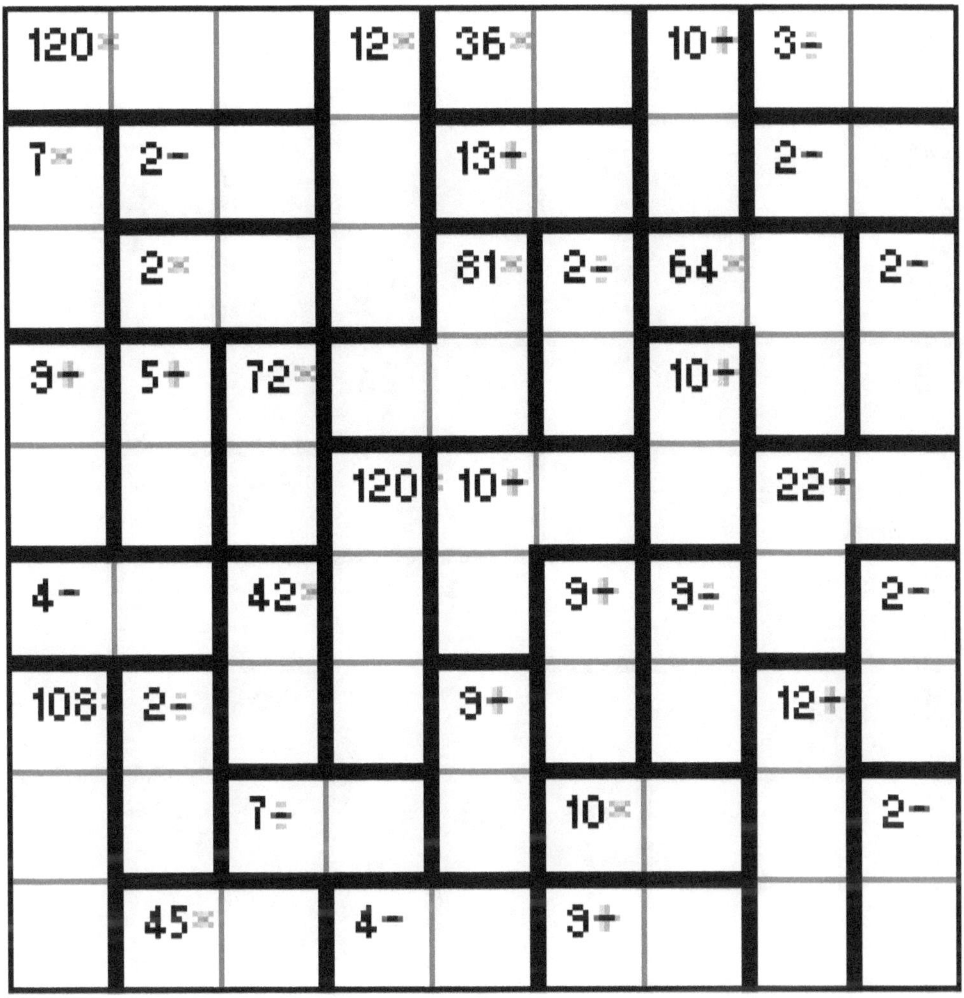

161

120×			12×	36×		10+	3÷	
7×	2−			13+			2−	
	2×			81×	2÷	64×		2−
9+	5+	72×				10+		
			120×	10+			22+	
4−		42×			9+	9÷		2−
108×	2÷			9+			12+	
		7÷			10×			2−
	45×		4−		9+			

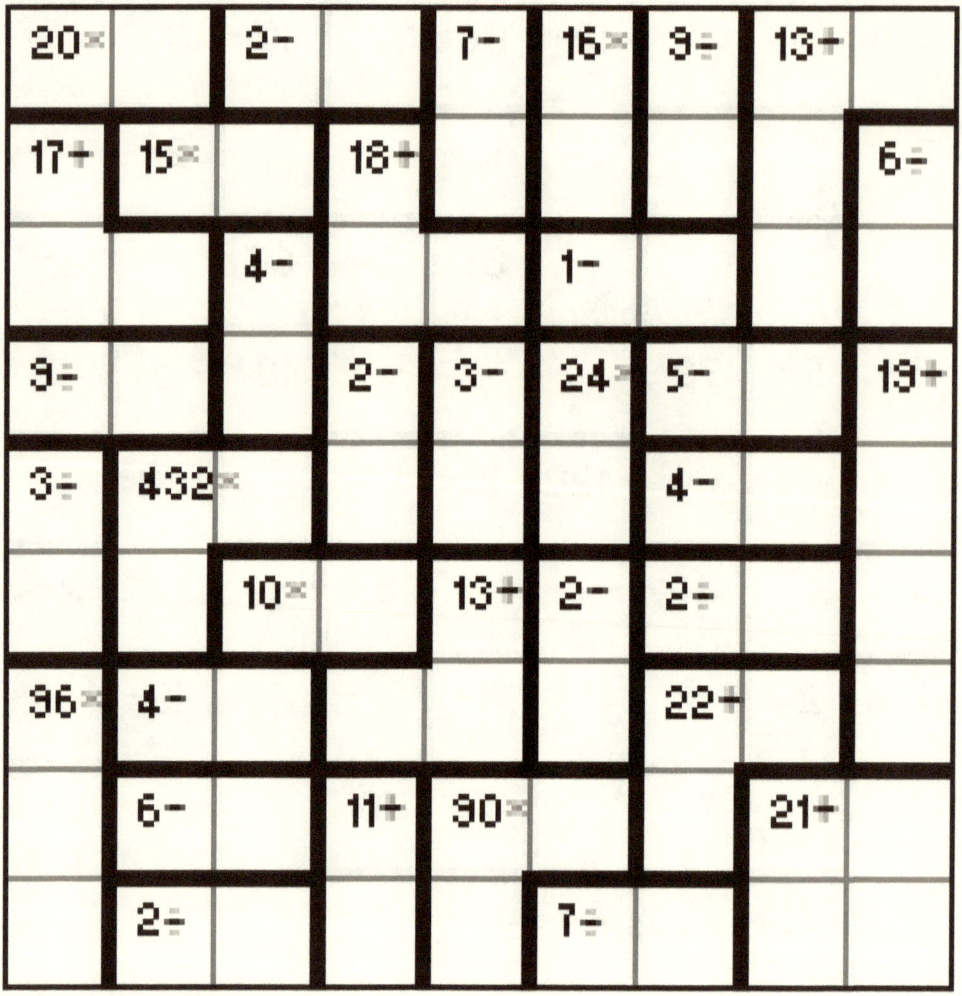

162

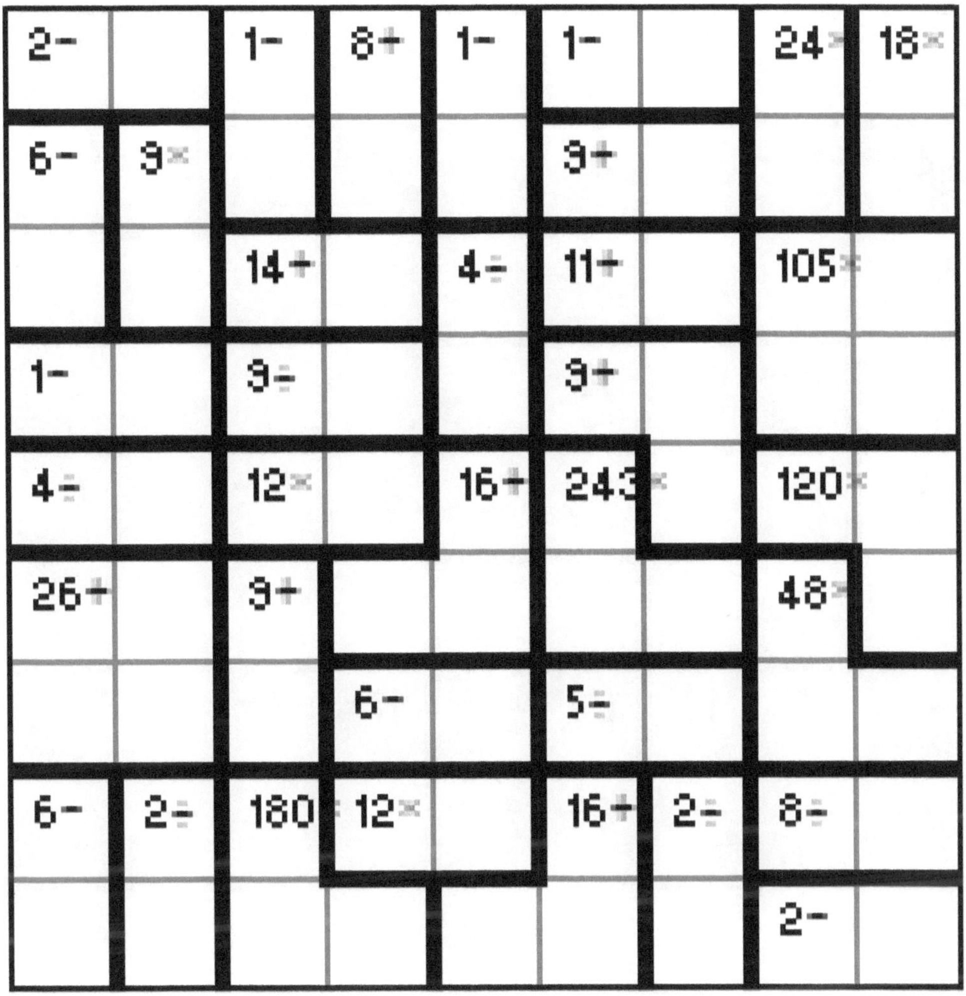

163

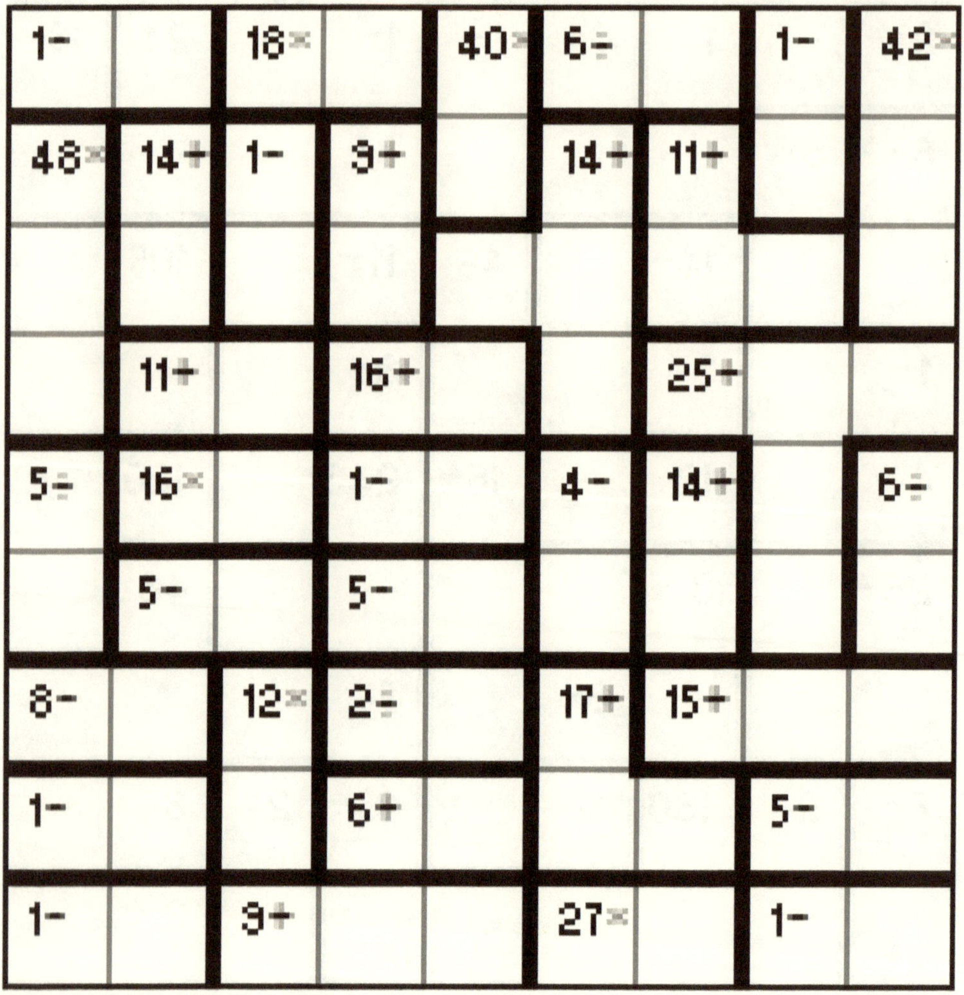

164

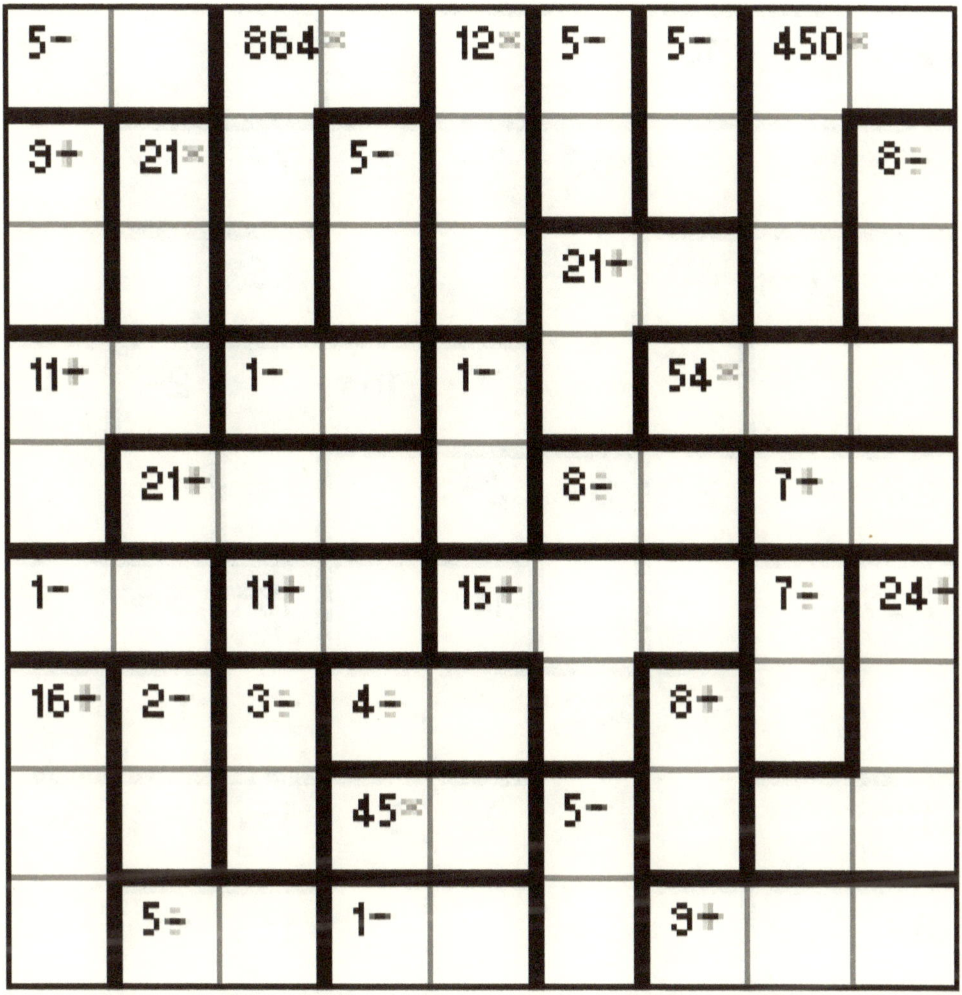

165

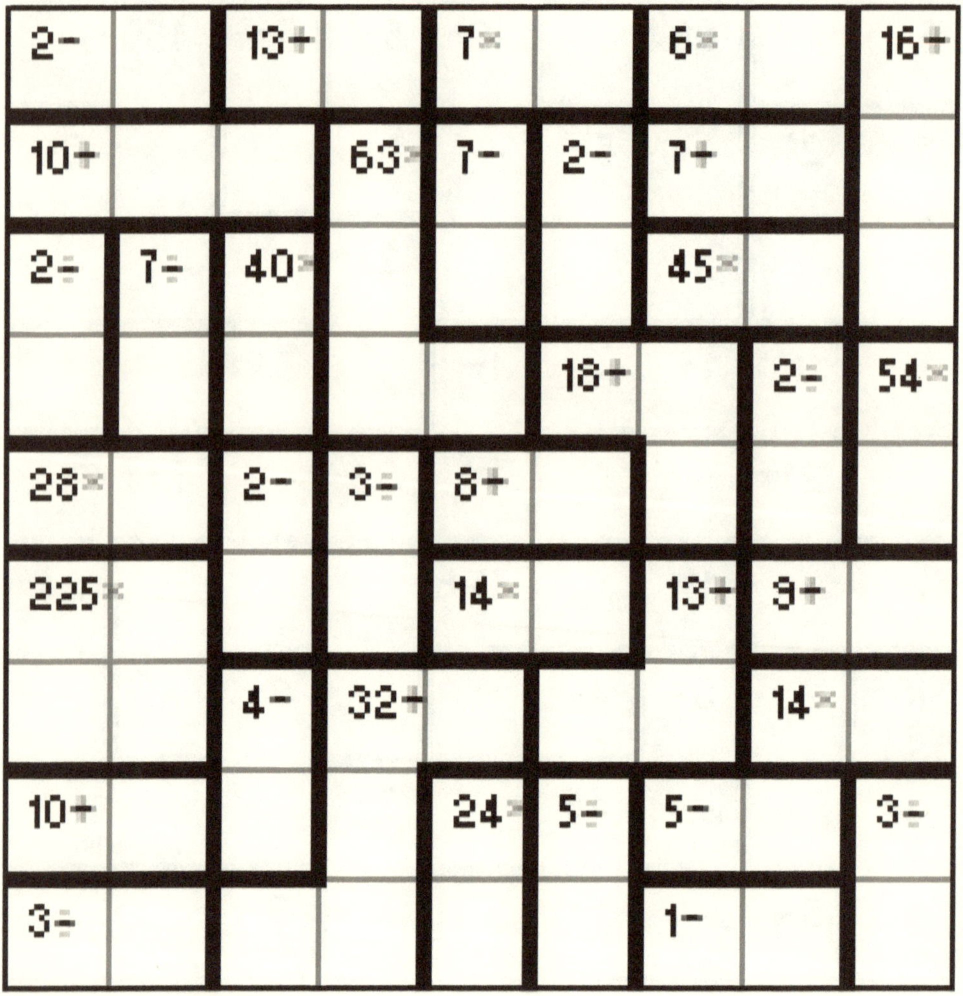

166

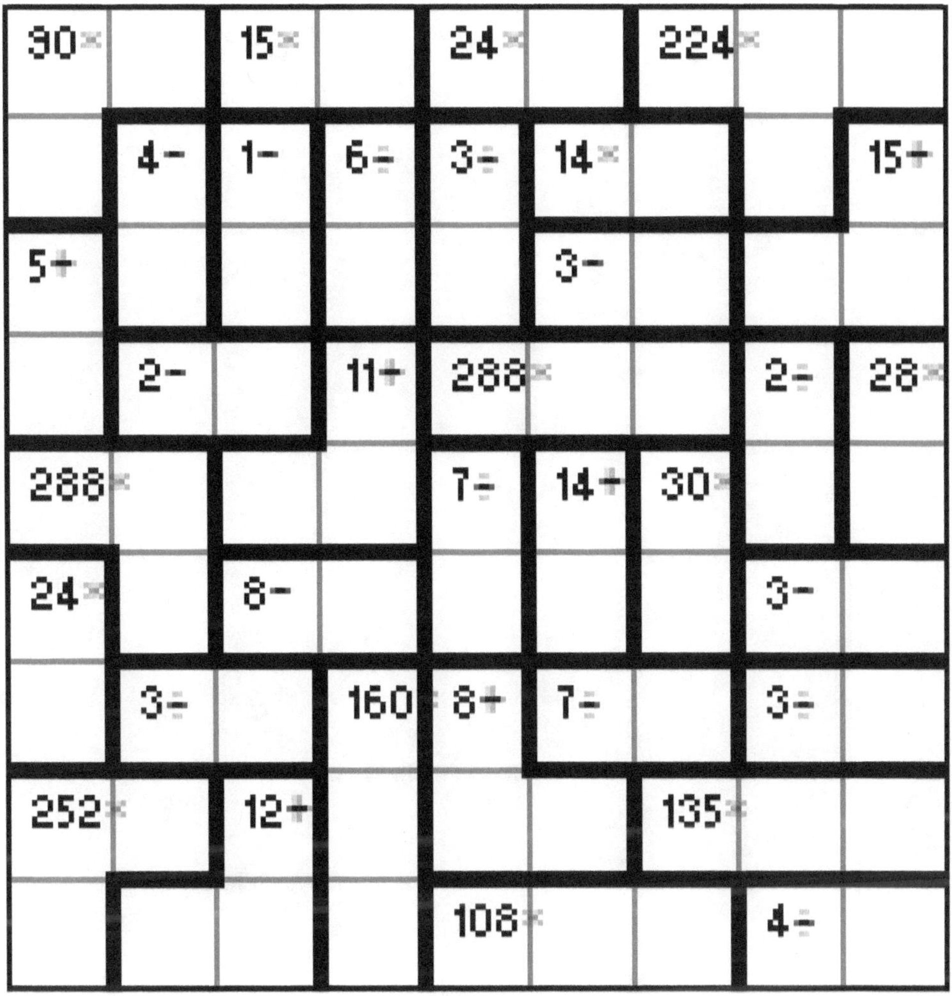

167

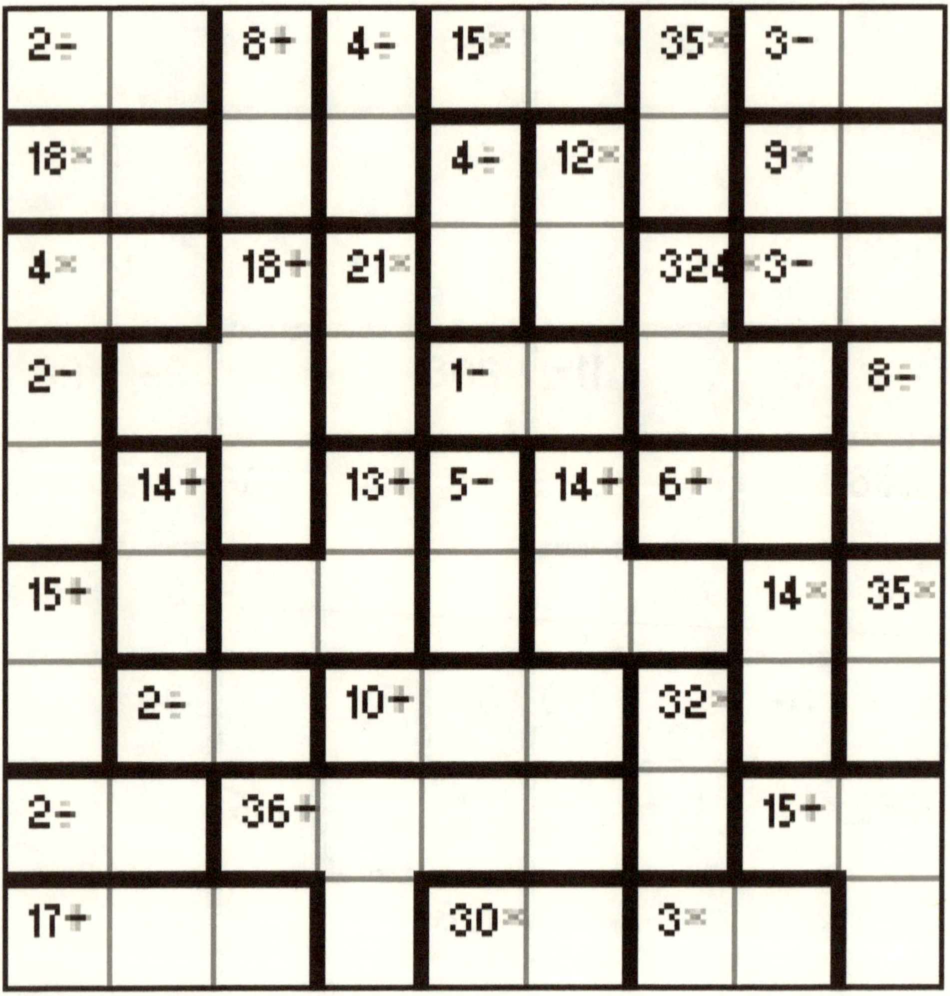

168

9×
2−
2−
3−
14+
6×
42×
30×
10+
40×
12+
12+
4÷
144×
5÷
11+
5−
16+
9+
30×
24×
1−
5−
17+
13+
13+
14+
6−
17+
3÷
24×
5−
144×
3÷
4÷
11+
7÷

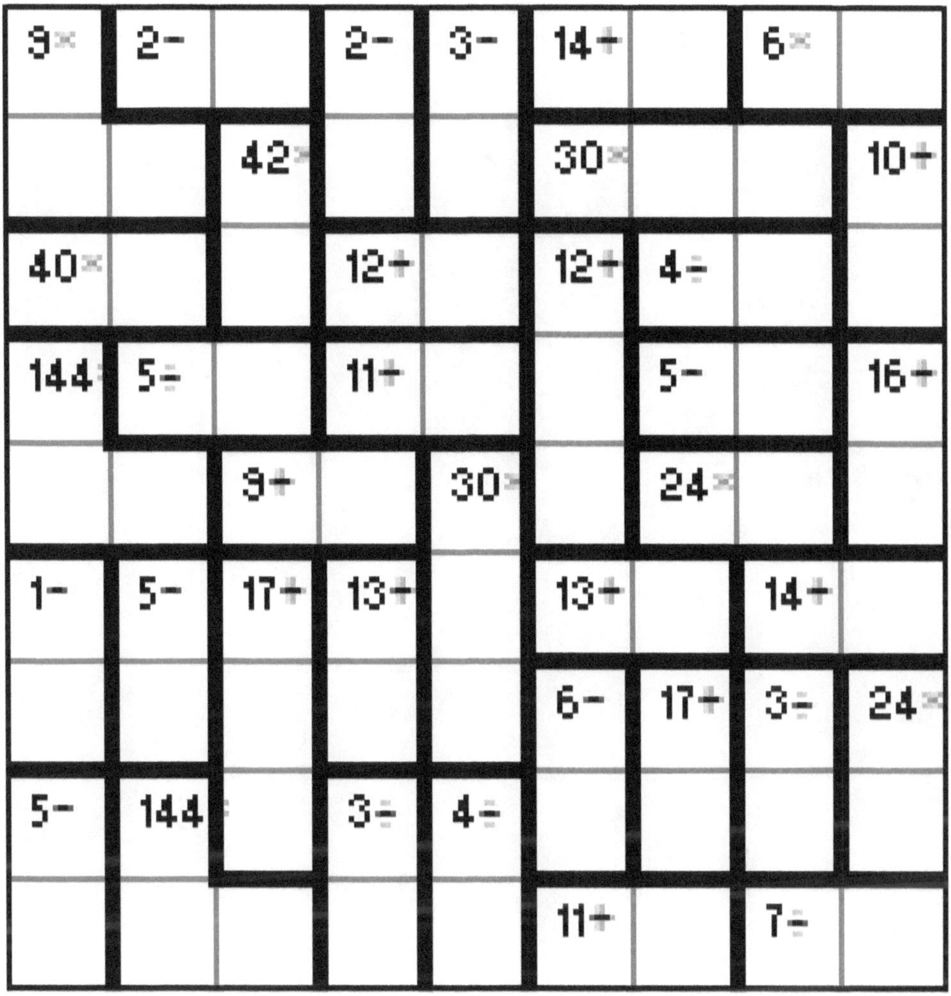

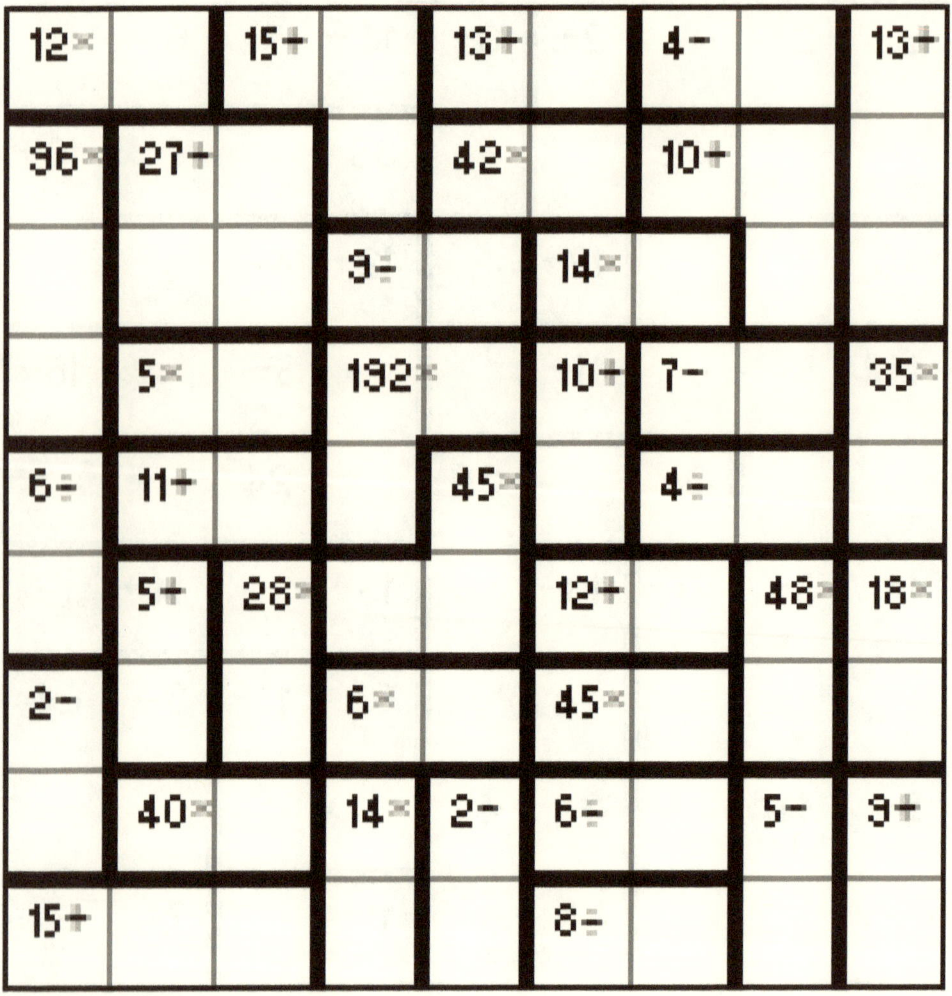

KenKen Puzzle

12×		15+		13+		4−		13+
96×	27+			42×		10+		
			9÷		14×			
	5×		192×		10+	7−		35×
6÷	11+			45×		4÷		
	5+	28×			12+		48×	18×
2−			6×		45×			
	40×		14×	2−	6÷		5−	9+
15+					8÷			

170

21+
18+
63×
17+
8×
10×
3−
126
3×
2×
17+
24×
21+
13+
5−
42×
4÷
7÷
4−
2÷
144
6×
5÷
10×
19+
1−
36×
8÷
19+
12+
18×
8+
2−
35×

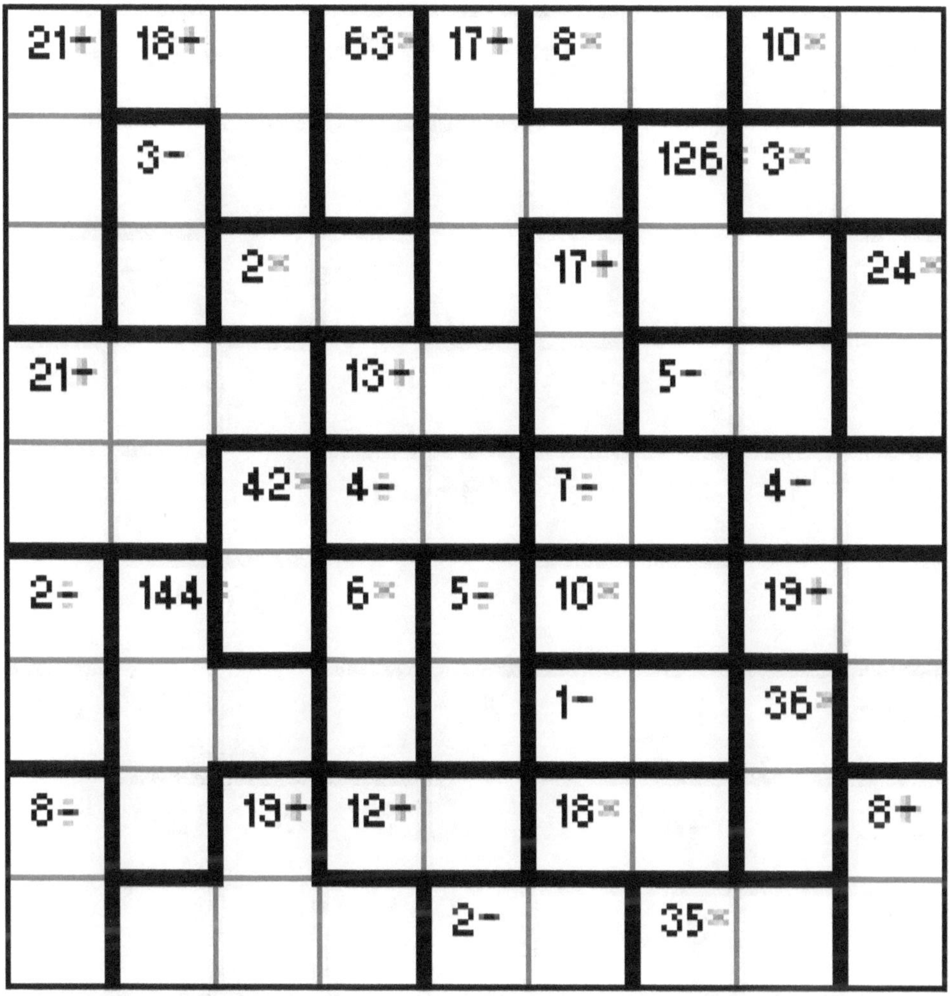

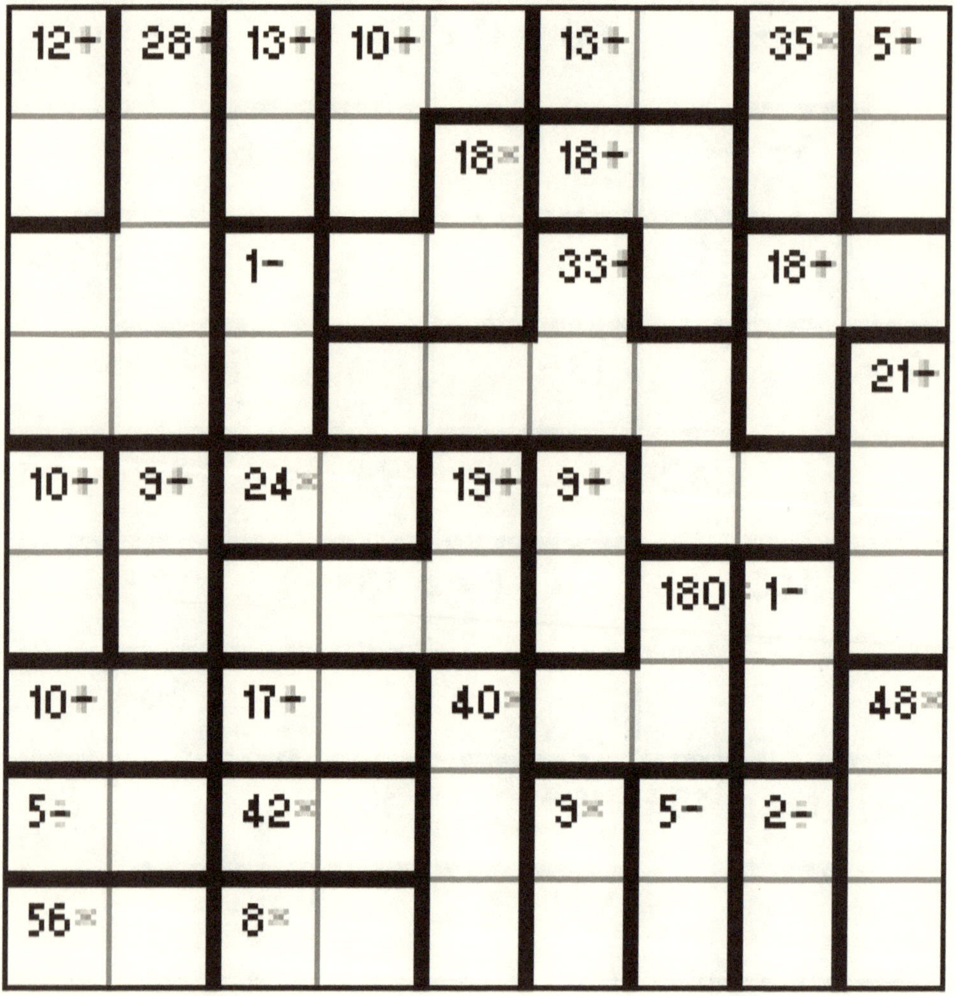

172

14×
280×
14+
2÷
17+
20+
1−
2÷
2÷
16×
7÷
2−
10+
4÷
27×
35×
168×
7÷
3−
14+
11+
140×
3÷
11+
24×
17+
22+
8×
8×
315×
108×
2−
5×

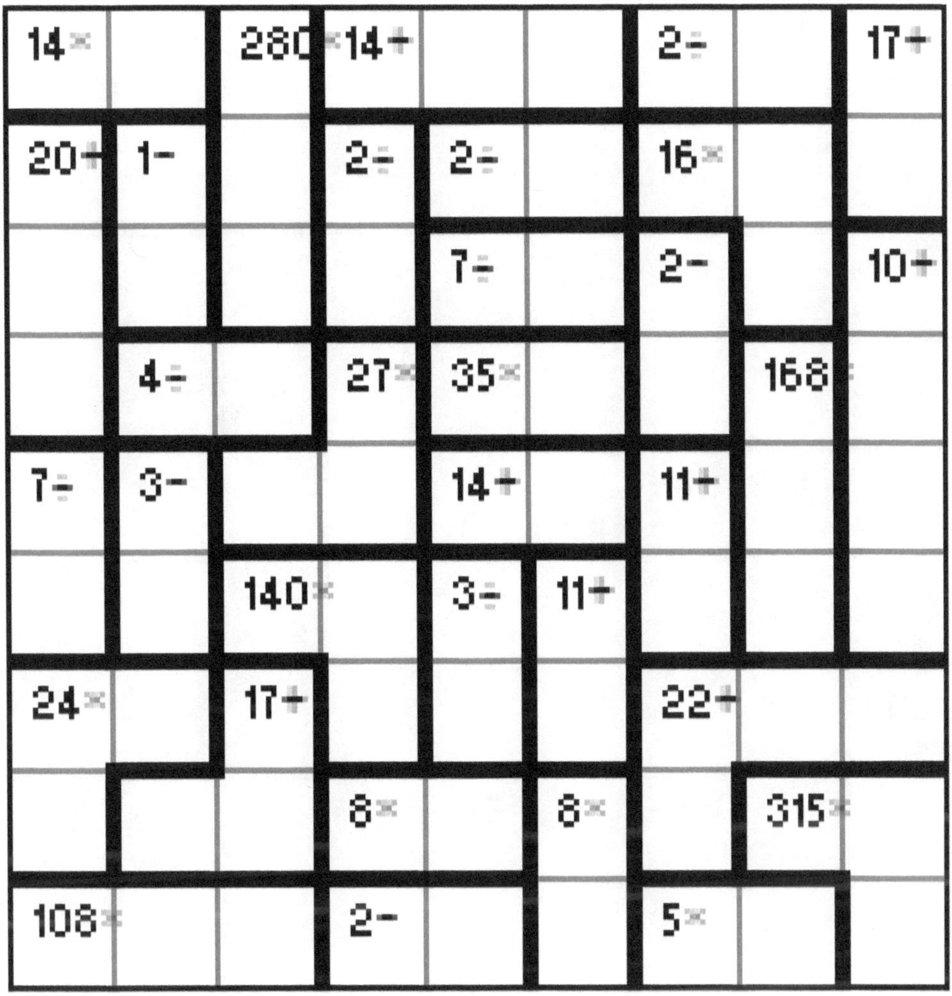

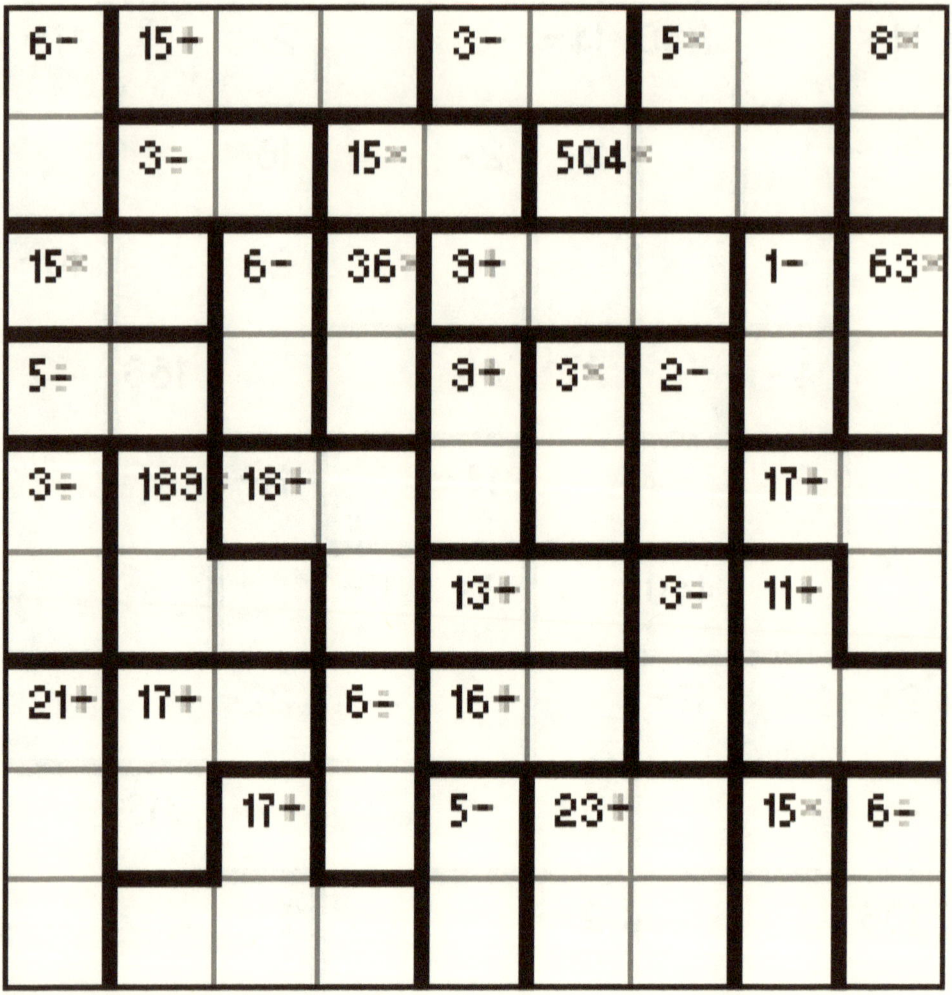

6-	15+			3-		5×		8×
	3÷		15×		504×			
15×		6-	36×	9+			1-	63×
5÷				9+	3×	2-		
3÷	189×	18+					17+	
				13+		3÷	11+	
21+	17+		6÷	16+				
		17+		5-	23+		15×	6÷

174

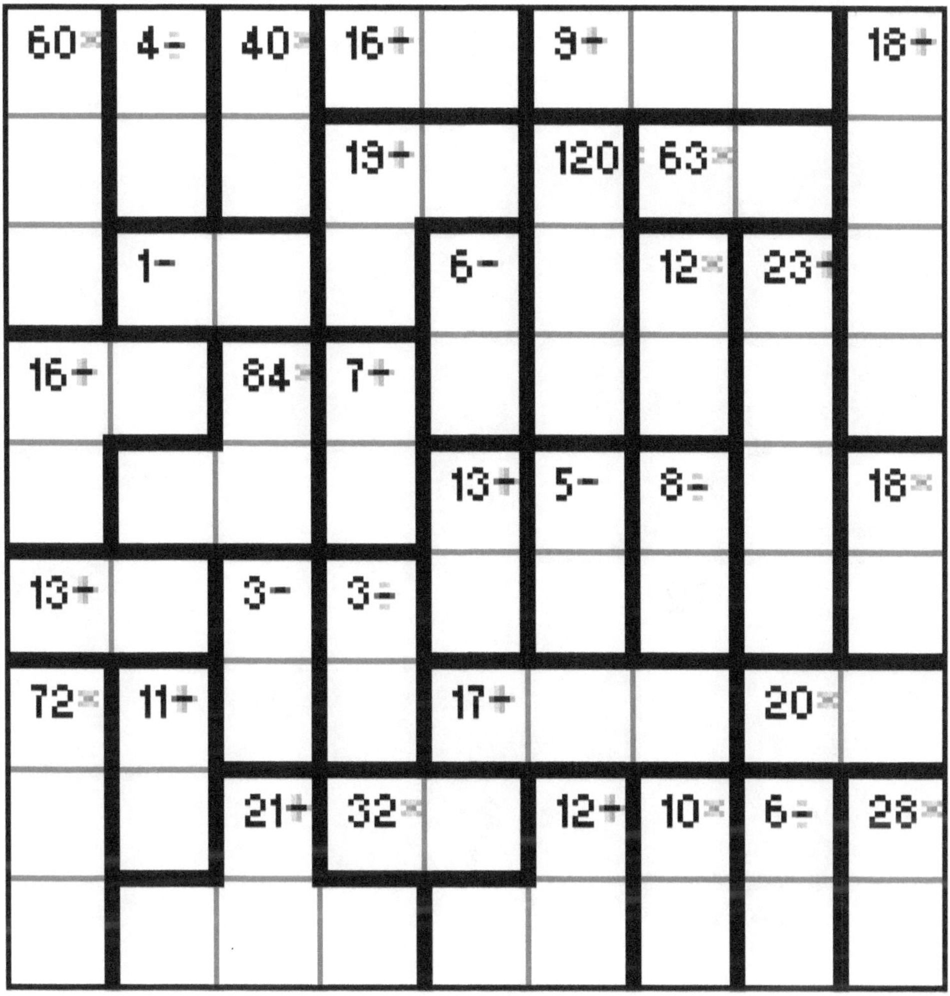

175

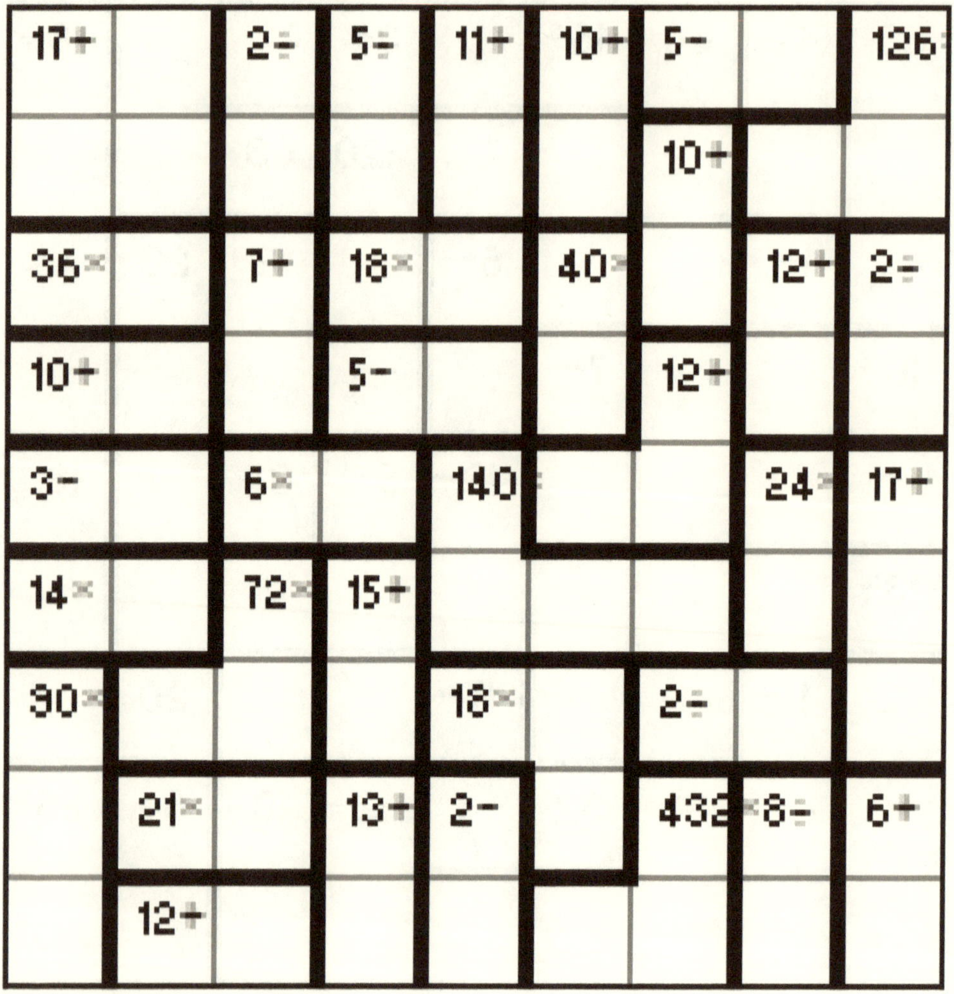

17+		2÷	5÷	11+	10+	5−		126×
						10+		
36×		7+	18×		40×		12+	2÷
10+			5−			12+		
3−		6×		140×			24×	17+
14×		72×	15+					
90×				18×		2÷		
	21×		13+	2−		432×	8÷	6+
	12+							

176

10+
7÷
2÷
48×
70×
10×
4−
11+
20+
2÷
4−
10+
8+
135×
48×
2−
15+
21+
7÷
24×
9÷
3−
3÷
54×
90×
8×
20+
9+
3÷
15+
63×
2÷
1−
3÷

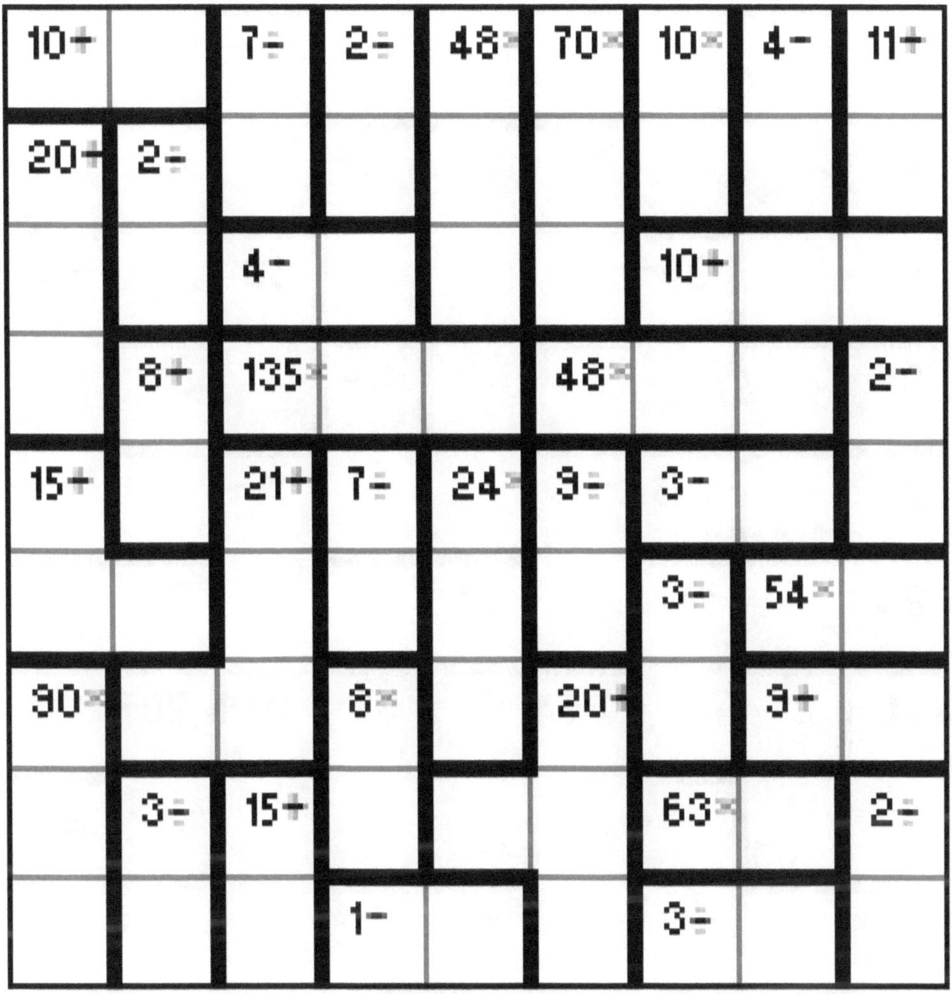

2÷
35×
1−
12+
18+
13+
5+
15+
14+
4÷
63×
20+
80×
56×
3÷
11+
2−
315×
19+
24×
14×
24×
5÷
54×
2÷
864×
6−
35×
11+
20+
2÷
40×
4×

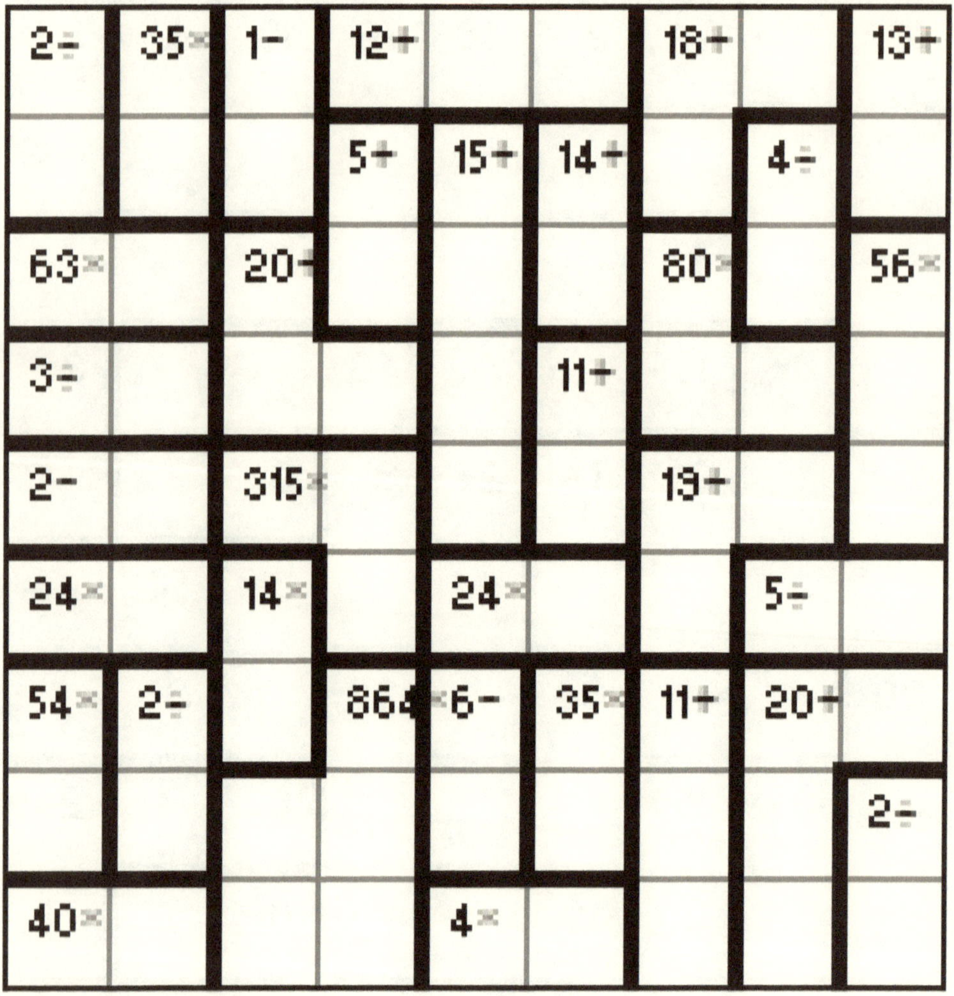

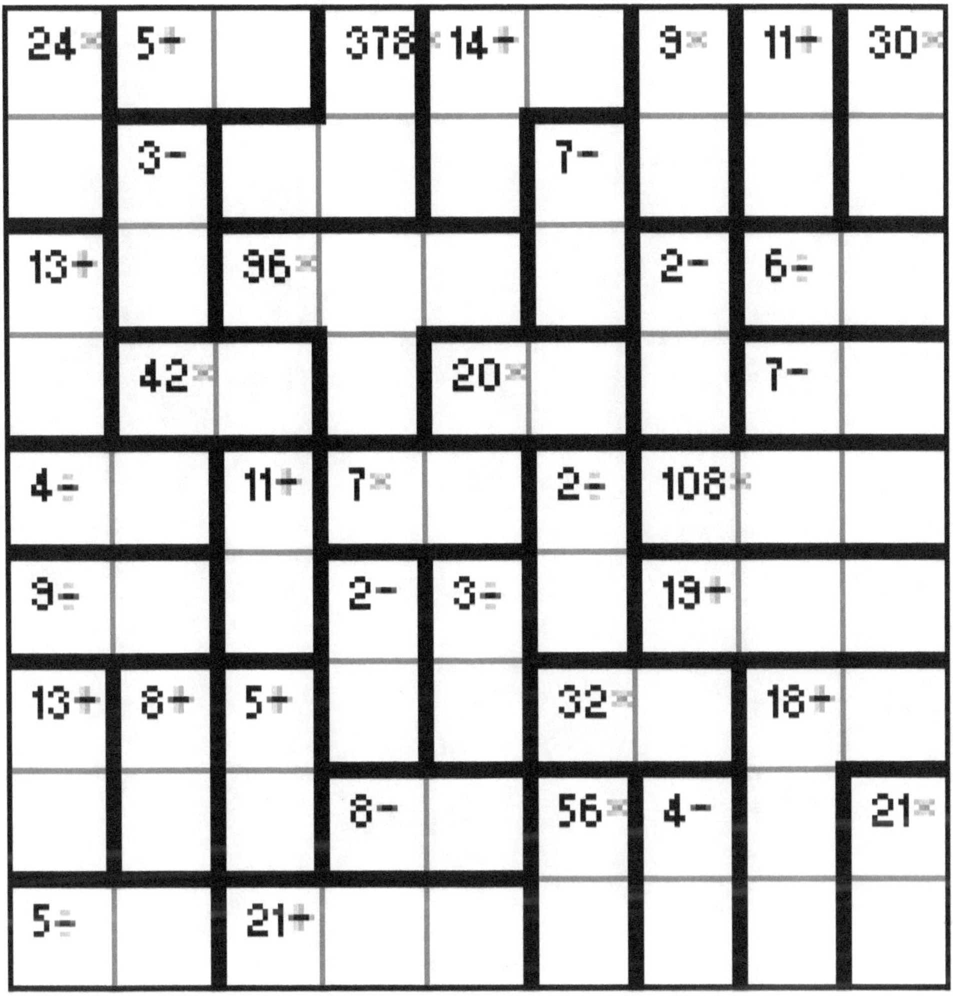

24×	5+		378×	14+		9×	11+	30×
	3−				7−			
13+		96×				2−	6÷	
	42×			20×			7−	
4÷		11+	7×		2÷	108×		
9÷			2−	3÷		19+		
13+	8+	5+			32×		18+	
			8−		56×	4−		21×
5÷		21+						

179

30×
9÷
8+
4÷
6−
15+
2−
10+
18×
1−
5+
2×
36×
24+
26+
4−
42×
6+
84×
14+
11+
5÷
1−
15+
12+
8÷
27+
5−
9+
27+
135×
1−
9+
4÷

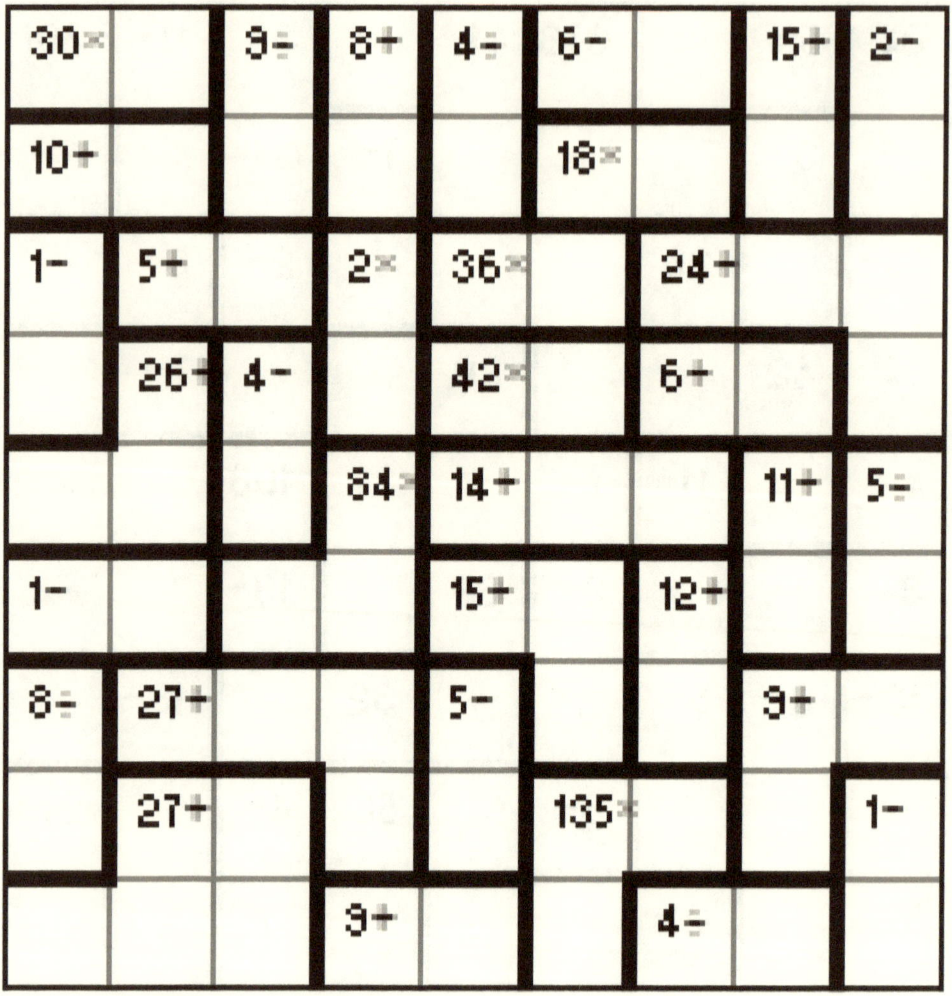

1

2	4	7	8	9	3	5	1	6
6	3	5	4	7	1	9	8	2
9	7	1	3	2	8	6	5	4
4	6	8	1	3	9	2	7	5
1	2	4	6	5	7	8	3	9
5	1	3	9	6	4	7	2	8
3	9	2	5	8	6	1	4	7
8	5	6	7	4	2	3	9	1
7	8	9	2	1	5	4	6	3

2

3	7	5	1	2	9	6	8	4
8	5	2	3	9	6	1	4	7
6	2	3	4	5	8	9	7	1
1	3	4	6	8	2	7	5	9
7	9	8	5	6	1	4	3	2
2	8	6	9	7	4	3	1	5
5	4	7	8	1	3	2	9	6
4	1	9	2	3	7	5	6	8
9	6	1	7	4	5	8	2	3

6	2	4	5	8	3	1	7	9
7	3	5	6	1	4	9	8	2
1	6	7	8	3	9	5	2	4
8	9	3	7	4	2	6	1	5
4	1	8	9	2	6	3	5	7
3	8	2	4	5	1	7	9	6
9	4	6	1	7	5	2	3	8
5	7	1	2	9	8	4	6	3
2	5	9	3	6	7	8	4	1

3

8	7	2	5	4	1	6	9	3
1	2	3	8	5	4	9	7	6
2	4	1	9	6	3	5	8	7
7	3	9	6	2	5	1	4	8
4	6	7	2	1	9	8	3	5
3	5	4	1	8	6	7	2	9
5	8	6	4	9	7	3	1	2
9	1	5	7	3	8	2	6	4
6	9	8	3	7	2	4	5	1

4

3	2	6	8	5	1	4	7	9
7	1	3	4	9	6	5	2	8
6	8	2	7	4	3	9	5	1
8	4	7	3	6	2	1	9	5
4	9	5	2	7	8	3	1	6
5	6	1	9	2	4	8	3	7
1	7	9	6	8	5	2	4	3
9	3	4	5	1	7	6	8	2
2	5	8	1	3	9	7	6	4

5

7	8	4	3	5	1	6	2	9
8	5	6	7	2	3	4	9	1
5	2	9	6	3	4	7	1	8
2	3	1	5	6	8	9	7	4
6	7	8	2	4	9	1	5	3
9	4	2	8	1	7	5	3	6
1	6	7	9	8	5	3	4	2
3	1	5	4	9	2	8	6	7
4	9	3	1	7	6	2	8	5

6

7

9	8	3	7	4	5	6	2	1
7	1	5	4	8	2	9	6	3
1	3	2	6	5	8	7	9	4
4	7	6	9	2	3	5	1	8
3	6	8	1	7	9	2	4	5
5	2	9	8	6	1	4	3	7
2	4	1	3	9	7	8	5	6
6	9	7	5	3	4	1	8	2
8	5	4	2	1	6	3	7	9

8

7	8	4	6	9	3	2	1	5
2	1	5	4	7	9	8	6	3
8	2	3	5	4	6	1	9	7
4	6	7	9	2	1	5	3	8
3	4	6	1	5	7	9	8	2
6	5	9	2	8	4	3	7	1
5	7	8	3	1	2	6	4	9
9	3	1	8	6	5	7	2	4
1	9	2	7	3	8	4	5	6

9

2	1	7	6	3	5	8	9	4
3	5	2	1	8	9	4	7	6
9	3	5	7	2	6	1	4	8
4	8	9	5	6	1	3	2	7
5	2	1	4	7	3	6	8	9
8	9	4	3	5	7	2	6	1
7	4	6	2	1	8	9	3	5
1	6	3	8	9	4	7	5	2
6	7	8	9	4	2	5	1	3

10

2	4	8	6	9	3	5	7	1
9	6	3	8	1	4	2	5	7
7	8	4	1	5	9	6	3	2
3	1	2	5	4	7	9	8	6
1	5	9	4	3	6	7	2	8
4	9	6	7	8	2	3	1	5
6	2	5	9	7	8	1	4	3
5	3	7	2	6	1	8	9	4
8	7	1	3	2	5	4	6	9

11

3	7	6	8	4	9	5	2	1
9	2	7	3	8	5	6	1	4
2	8	9	6	5	1	4	7	3
1	4	5	2	3	6	9	8	7
6	3	1	9	2	4	7	5	8
5	1	2	4	7	8	3	6	9
4	9	8	7	6	2	1	3	5
8	5	3	1	9	7	2	4	6
7	6	4	5	1	3	8	9	2

12

7	9	8	4	6	5	2	3	1
2	4	9	7	3	1	6	5	8
1	6	5	2	9	8	3	4	7
4	1	2	5	8	7	9	6	3
3	5	4	9	7	2	1	8	6
9	2	7	6	5	3	8	1	4
8	3	6	1	4	9	7	2	5
5	7	3	8	1	6	4	9	2
6	8	1	3	2	4	5	7	9

2	7	6	5	3	1	4	9	8
8	9	3	6	1	2	7	5	4
4	5	8	3	9	6	1	7	2
5	8	9	7	6	4	3	2	1
9	3	1	4	2	7	6	8	5
7	6	5	1	4	8	2	3	9
3	1	2	8	7	5	9	4	6
1	4	7	2	5	9	8	6	3
6	2	4	9	8	3	5	1	7

13

2	1	7	6	5	4	9	3	8
7	3	9	4	8	5	2	6	1
9	7	5	3	6	2	8	1	4
3	2	4	7	1	8	6	9	5
6	4	1	8	2	9	7	5	3
5	8	3	1	9	6	4	7	2
1	9	8	5	4	7	3	2	6
4	5	6	2	7	3	1	8	9
8	6	2	9	3	1	5	4	7

14

3	5	4	9	8	7	6	1	2
8	3	2	6	1	9	7	4	5
6	1	8	5	4	2	9	7	3
1	2	6	8	7	5	3	9	4
7	4	9	3	6	8	5	2	1
5	7	1	2	3	4	8	6	9
4	9	7	1	5	6	2	3	8
9	8	3	7	2	1	4	5	6
2	6	5	4	9	3	1	8	7

15

4	5	3	2	6	9	1	7	8
6	2	8	9	4	7	5	1	3
2	9	6	4	1	3	7	8	5
1	8	7	3	5	6	2	9	4
9	3	5	1	8	2	6	4	7
7	1	4	5	3	8	9	6	2
8	4	9	7	2	1	3	5	6
3	6	1	8	7	5	4	2	9
5	7	2	6	9	4	8	3	1

16

5	9	2	1	6	7	4	8	3
8	2	6	7	5	3	1	9	4
1	6	7	3	8	5	2	4	9
4	8	3	2	7	9	6	5	1
2	7	8	5	1	4	9	3	6
9	1	4	8	3	6	5	7	2
7	5	9	6	4	2	3	1	8
6	3	1	4	9	8	7	2	5
3	4	5	9	2	1	8	6	7

17

1	2	7	9	5	3	6	8	4
8	1	6	7	9	4	3	2	5
6	8	9	4	2	5	1	3	7
9	6	3	8	4	2	5	7	1
7	3	4	1	8	6	9	5	2
4	7	8	5	1	9	2	6	3
5	9	2	3	7	1	8	4	6
3	5	1	2	6	7	4	9	8
2	4	5	6	3	8	7	1	9

18

1	2	7	6	5	4	9	3	8
9	3	5	2	6	1	8	4	7
2	1	6	3	4	5	7	8	9
3	7	2	1	9	8	4	5	6
6	8	4	9	3	2	5	7	1
7	6	8	4	2	3	1	9	5
4	5	1	7	8	9	2	6	3
8	9	3	5	1	7	6	2	4
5	4	9	8	7	6	3	1	2

19

1	9	5	7	6	2	8	4	3
3	8	7	6	4	9	1	5	2
5	4	2	1	7	6	3	8	9
2	1	9	8	5	3	6	7	4
8	5	1	3	2	4	7	9	6
6	7	8	4	9	1	2	3	5
4	6	3	5	8	7	9	2	1
7	2	6	9	3	5	4	1	8
9	3	4	2	1	8	5	6	7

20

21

4	7	3	2	6	9	8	5	1
2	9	6	8	7	1	3	4	5
1	2	9	5	8	3	7	6	4
5	3	4	7	2	6	1	8	9
3	8	7	4	1	5	9	2	6
9	6	1	3	4	8	5	7	2
8	1	5	6	9	2	4	3	7
7	5	2	9	3	4	6	1	8
6	4	8	1	5	7	2	9	3

22

2	5	9	1	6	7	8	3	4
7	6	3	8	2	4	1	9	5
4	3	8	9	5	1	6	7	2
5	2	7	6	4	3	9	1	8
8	1	6	5	7	9	2	4	3
9	4	2	3	1	5	7	8	6
3	9	1	2	8	6	4	5	7
1	8	4	7	3	2	5	6	9
6	7	5	4	9	8	3	2	1

23

9	8	4	2	7	5	1	6	3
8	2	5	1	9	3	7	4	6
1	7	8	4	3	6	9	5	2
7	3	2	9	6	4	5	8	1
5	6	1	3	4	9	8	2	7
3	1	6	8	2	7	4	9	5
6	4	9	7	5	2	3	1	8
2	9	3	5	8	1	6	7	4
4	5	7	6	1	8	2	3	9

24

6	5	3	2	8	9	7	1	4
5	7	9	6	2	1	4	3	8
1	8	7	5	6	2	3	4	9
7	1	2	3	9	4	8	5	6
2	6	5	9	4	7	1	8	3
9	3	4	7	1	8	5	6	2
8	2	6	4	3	5	9	7	1
4	9	8	1	5	3	6	2	7
3	4	1	8	7	6	2	9	5

25

2	5	4	3	9	7	1	8	6
1	7	6	8	3	2	9	5	4
4	9	8	6	7	3	5	2	1
6	3	7	5	1	8	2	4	9
9	2	5	4	6	1	8	3	7
5	4	2	1	8	9	6	7	3
8	1	9	7	5	4	3	6	2
3	8	1	2	4	6	7	9	5
7	6	3	9	2	5	4	1	8

26

2	4	8	7	1	9	3	6	5
3	2	7	5	8	1	6	9	4
8	9	1	3	6	7	4	5	2
1	5	6	9	4	8	7	2	3
5	1	3	8	2	6	9	4	7
7	6	4	1	3	2	5	8	9
4	7	2	6	9	5	1	3	8
6	8	9	4	5	3	2	7	1
9	3	5	2	7	4	8	1	6

9	3	8	2	4	1	6	7	5
6	8	3	9	7	5	1	2	4
5	2	1	6	8	3	4	9	7
4	5	6	1	2	8	7	3	9
8	9	4	7	5	2	3	1	6
7	1	9	5	3	6	8	4	2
2	4	5	3	6	7	9	8	1
3	7	2	4	1	9	5	6	8
1	6	7	8	9	4	2	5	3

27

6	5	1	3	4	9	8	7	2
3	8	4	2	9	1	6	5	7
7	9	8	4	5	3	2	6	1
8	7	5	9	2	4	3	1	6
4	2	7	6	1	8	5	9	3
5	4	2	7	3	6	1	8	9
9	6	3	1	8	7	4	2	5
2	1	6	8	7	5	9	3	4
1	3	9	5	6	2	7	4	8

28

2	3	4	7	9	5	1	6	8
8	5	6	9	7	3	4	2	1
4	6	1	5	3	2	8	7	9
1	2	7	3	8	6	5	9	4
3	4	5	2	6	1	9	8	7
5	9	8	1	2	4	7	3	6
7	8	3	6	1	9	2	4	5
9	1	2	8	4	7	6	5	3
6	7	9	4	5	8	3	1	2

29

4	9	2	1	5	8	3	7	6
1	5	6	4	2	9	8	3	7
2	4	1	3	7	6	5	9	8
3	1	7	6	4	5	9	8	2
6	8	5	9	3	7	1	2	4
8	2	3	5	6	4	7	1	9
9	7	8	2	1	3	6	4	5
5	3	9	7	8	2	4	6	1
7	6	4	8	9	1	2	5	3

30

6	9	7	3	1	4	5	2	8
2	5	9	8	7	3	6	4	1
3	6	2	5	4	9	1	8	7
4	3	6	1	2	8	9	7	5
9	2	4	6	8	1	7	5	3
7	1	8	2	3	5	4	9	6
5	4	1	7	6	2	8	3	9
8	7	3	9	5	6	2	1	4
1	8	5	4	9	7	3	6	2

31

9	5	4	1	3	7	2	6	8
8	7	1	6	4	2	9	5	3
4	3	9	2	1	8	5	7	6
3	6	2	7	9	4	1	8	5
1	9	3	4	5	6	8	2	7
2	8	5	9	7	3	6	1	4
7	2	6	5	8	9	4	3	1
5	4	7	8	6	1	3	9	2
6	1	8	3	2	5	7	4	9

32

2	6	3	5	9	4	7	8	1
4	3	5	7	8	9	6	1	2
3	9	7	4	2	8	1	6	5
8	7	2	1	6	5	9	3	4
7	2	4	6	5	1	8	9	3
5	1	6	9	7	3	2	4	8
1	8	9	3	4	7	5	2	6
9	4	8	2	1	6	3	5	7
6	5	1	8	3	2	4	7	9

33

8	2	1	3	7	9	6	5	4
7	9	5	1	8	6	4	3	2
9	1	3	6	4	7	5	2	8
1	4	9	8	2	5	3	7	6
6	7	4	2	9	3	1	8	5
2	5	6	7	3	8	9	4	1
5	8	2	4	6	1	7	9	3
3	6	8	9	5	4	2	1	7
4	3	7	5	1	2	8	6	9

34

35

9	4	3	2	6	1	8	5	7
8	2	9	1	5	3	7	4	6
6	3	1	7	4	8	5	9	2
3	5	4	8	7	6	1	2	9
5	8	6	3	9	4	2	7	1
7	1	5	6	3	2	9	8	4
2	6	7	4	8	9	3	1	5
1	7	8	9	2	5	4	6	3
4	9	2	5	1	7	6	3	8

36

9	6	1	4	3	2	5	7	8
2	9	5	1	8	3	6	4	7
6	4	3	5	9	7	8	2	1
3	7	2	6	5	8	4	1	9
5	1	9	3	2	4	7	8	6
7	2	8	9	4	1	3	6	5
8	5	4	7	1	6	9	3	2
4	8	7	2	6	5	1	9	3
1	3	6	8	7	9	2	5	4

37

7	5	8	2	1	4	9	3	6
4	6	1	7	3	2	5	8	9
5	2	7	8	9	6	3	4	1
8	1	6	5	2	3	4	9	7
6	3	9	1	8	5	2	7	4
1	9	5	4	6	7	8	2	3
2	4	3	9	5	1	7	6	8
3	8	4	6	7	9	1	5	2
9	7	2	3	4	8	6	1	5

38

1	4	9	5	3	2	6	8	7
3	6	4	2	5	8	9	7	1
5	8	2	9	4	7	3	1	6
8	5	3	6	2	1	7	4	9
9	3	7	4	6	5	1	2	8
4	7	5	3	1	9	8	6	2
2	9	8	1	7	6	4	3	5
6	2	1	7	8	4	5	9	3
7	1	6	8	9	3	2	5	4

39

2	4	9	5	8	7	6	1	3
3	7	1	9	6	4	5	2	8
1	5	6	3	9	2	4	8	7
9	6	7	8	4	3	1	5	2
8	3	2	6	1	9	7	4	5
6	8	4	7	2	5	3	9	1
4	2	3	1	5	8	9	7	6
7	9	5	2	3	1	8	6	4
5	1	8	4	7	6	2	3	9

40

8	7	6	4	2	3	1	9	5
6	4	5	9	7	2	3	8	1
1	9	7	8	3	6	4	5	2
5	3	1	6	4	7	8	2	9
9	1	8	3	6	5	2	4	7
2	6	3	5	9	4	7	1	8
3	5	9	2	1	8	6	7	4
4	8	2	7	5	1	9	3	6
7	2	4	1	8	9	5	6	3

9	1	4	3	2	8	5	7	6
2	6	5	8	1	7	3	9	4
1	5	3	6	7	4	9	2	8
5	7	8	2	4	9	6	3	1
7	2	6	9	8	3	4	1	5
3	4	9	7	6	1	8	5	2
8	9	1	5	3	6	2	4	7
4	8	2	1	9	5	7	6	3
6	3	7	4	5	2	1	8	9

41

4	3	1	6	7	5	8	9	2
9	6	4	7	5	2	3	1	8
6	1	5	2	3	7	9	8	4
8	7	6	5	1	9	4	2	3
2	5	7	9	8	3	6	4	1
5	8	9	1	4	6	2	3	7
1	9	3	4	2	8	7	6	5
3	4	2	8	9	1	5	7	6
7	2	8	3	6	4	1	5	9

42

43

8	1	6	5	7	2	3	9	4
4	8	1	7	3	9	2	6	5
3	2	7	4	1	5	6	8	9
6	5	8	2	9	3	7	4	1
9	3	5	8	2	4	1	7	6
5	7	9	1	6	8	4	3	2
1	9	4	3	5	6	8	2	7
7	4	2	6	8	1	9	5	3
2	6	3	9	4	7	5	1	8

44

6	9	7	8	3	4	2	1	5
3	5	6	9	4	1	8	2	7
9	8	2	5	7	3	4	6	1
2	7	3	6	1	5	9	8	4
5	3	4	7	2	8	1	9	6
4	1	8	2	6	9	5	7	3
1	6	9	3	5	2	7	4	8
8	4	5	1	9	7	6	3	2
7	2	1	4	8	6	3	5	9

1	9	8	5	7	4	3	6	2
3	5	2	4	6	1	7	9	8
4	7	3	9	2	6	5	8	1
7	2	6	1	8	3	4	5	9
9	6	4	7	5	2	8	1	3
6	4	7	3	1	8	9	2	5
5	3	1	8	9	7	2	4	6
8	1	5	2	4	9	6	3	7
2	8	9	6	3	5	1	7	4

45

5	7	9	8	4	6	1	3	2
1	6	4	5	2	8	9	7	3
8	4	6	2	1	7	3	9	5
6	8	1	3	5	9	2	4	7
4	3	7	9	8	5	6	2	1
9	2	3	1	7	4	8	5	6
3	5	2	4	9	1	7	6	8
7	9	8	6	3	2	5	1	4
2	1	5	7	6	3	4	8	9

46

47

4	1	6	2	3	7	9	8	5
8	7	5	4	1	9	6	2	3
5	4	2	7	6	1	8	3	9
1	8	4	5	2	3	7	9	6
7	2	3	8	9	4	5	6	1
3	6	9	1	8	2	4	5	7
9	5	1	6	7	8	3	4	2
2	3	8	9	5	6	1	7	4
6	9	7	3	4	5	2	1	8

48

5	9	3	7	4	6	1	8	2
1	2	6	9	3	7	5	4	8
6	5	4	8	2	1	7	9	3
7	8	5	1	9	2	4	3	6
4	7	8	6	1	3	2	5	9
3	4	7	2	6	8	9	1	5
2	3	1	4	5	9	8	6	7
8	6	9	5	7	4	3	2	1
9	1	2	3	8	5	6	7	4

49

7	3	4	9	8	2	5	6	1
4	8	6	1	9	7	2	5	3
6	9	2	7	1	5	3	8	4
2	5	3	8	7	4	9	1	6
9	2	7	4	6	1	8	3	5
8	7	1	5	2	3	6	4	9
3	6	5	2	4	9	1	7	8
1	4	8	3	5	6	7	9	2
5	1	9	6	3	8	4	2	7

50

1	3	8	2	6	4	5	9	7
8	1	2	9	3	7	6	4	5
2	4	6	1	7	3	8	5	9
5	2	1	3	9	8	4	7	6
4	5	3	7	2	1	9	6	8
3	6	5	8	4	9	7	2	1
7	8	9	6	5	2	1	3	4
9	7	4	5	1	6	3	8	2
6	9	7	4	8	5	2	1	3

51

7	4	3	6	1	8	5	2	9
4	6	2	5	3	7	9	1	8
6	1	7	3	9	2	4	8	5
5	8	6	7	2	1	3	9	4
1	5	8	2	4	9	7	6	3
2	9	5	1	8	3	6	4	7
8	3	9	4	7	6	2	5	1
3	2	1	9	5	4	8	7	6
9	7	4	8	6	5	1	3	2

52

2	6	3	9	7	4	8	1	5
3	7	8	4	9	1	5	6	2
1	8	6	3	2	9	4	5	7
9	5	7	6	4	3	1	2	8
5	2	4	7	3	6	9	8	1
8	1	2	5	6	7	3	4	9
7	3	5	1	8	2	6	9	4
6	4	9	8	1	5	2	7	3
4	9	1	2	5	8	7	3	6

5	6	4	8	9	1	7	2	3
8	2	1	9	3	7	4	6	5
2	8	9	7	1	4	5	3	6
1	5	6	2	4	3	8	9	7
7	9	8	3	5	6	2	1	4
3	7	2	4	6	5	1	8	9
4	1	3	5	2	9	6	7	8
9	4	7	6	8	2	3	5	1
6	3	5	1	7	8	9	4	2

53

6	1	4	5	3	8	2	9	7
2	7	9	8	5	3	6	1	4
5	8	7	4	2	9	1	6	3
9	2	3	1	6	4	8	7	5
3	5	2	6	4	7	9	8	1
4	6	1	7	9	5	3	2	8
7	9	8	3	1	2	4	5	6
1	4	5	2	8	6	7	3	9
8	3	6	9	7	1	5	4	2

54

5	9	2	4	8	6	1	3	7
6	7	8	9	4	1	5	2	3
1	6	7	5	9	3	2	4	8
8	2	5	1	6	7	3	9	4
7	4	9	3	1	8	6	5	2
2	1	3	7	5	4	9	8	6
4	8	6	2	3	5	7	1	9
9	3	1	8	7	2	4	6	5
3	5	4	6	2	9	8	7	1

55

2	7	8	4	1	6	5	9	3
6	4	1	5	7	8	2	3	9
9	2	3	1	4	7	6	5	8
3	5	6	9	2	4	1	8	7
8	1	7	3	9	2	4	6	5
7	3	4	8	6	5	9	2	1
4	8	5	2	3	9	7	1	6
5	6	9	7	8	1	3	4	2
1	9	2	6	5	3	8	7	4

56

57

7	1	8	2	5	9	6	3	4
2	8	6	4	3	1	7	9	5
8	2	5	9	4	3	1	7	6
9	3	7	1	6	5	8	4	2
3	6	4	7	9	8	2	5	1
1	7	2	3	8	4	5	6	9
4	5	3	6	2	7	9	1	8
5	9	1	8	7	6	4	2	3
6	4	9	5	1	2	3	8	7

58

6	1	5	2	7	3	9	8	4
2	8	7	9	5	6	3	4	1
1	3	4	7	2	8	6	9	5
3	6	1	4	9	5	8	7	2
5	9	6	8	1	4	2	3	7
8	7	2	5	3	1	4	6	9
7	2	8	6	4	9	5	1	3
4	5	9	3	8	7	1	2	6
9	4	3	1	6	2	7	5	8

59

5	1	2	6	9	4	3	8	7
1	9	6	8	4	3	7	5	2
4	5	1	9	3	7	8	2	6
2	3	7	1	5	6	9	4	8
6	2	9	4	8	5	1	7	3
3	7	4	5	6	8	2	9	1
9	6	8	7	1	2	4	3	5
7	8	5	3	2	9	6	1	4
8	4	3	2	7	1	5	6	9

60

4	2	8	1	5	3	9	7	6
3	7	9	5	6	4	1	8	2
1	5	2	9	3	7	6	4	8
7	6	1	8	2	5	4	9	3
6	9	4	2	7	8	3	1	5
2	1	5	3	4	9	8	6	7
8	3	7	4	1	6	2	5	9
9	4	6	7	8	2	5	3	1
5	8	3	6	9	1	7	2	4

61

7	3	8	6	4	5	9	1	2
1	4	7	9	3	2	6	5	8
8	7	3	5	1	6	2	4	9
6	2	4	8	5	9	1	7	3
5	8	6	4	9	1	3	2	7
4	5	2	1	8	3	7	9	6
3	1	9	2	6	7	4	8	5
9	6	5	7	2	4	8	3	1
2	9	1	3	7	8	5	6	4

62

9	6	1	4	8	5	2	7	3
5	1	4	3	7	2	8	6	9
3	7	5	2	1	8	6	9	4
1	3	2	6	9	4	5	8	7
6	2	8	9	5	3	7	4	1
4	5	3	8	2	7	9	1	6
8	9	6	7	3	1	4	2	5
7	8	9	1	4	6	3	5	2
2	4	7	5	6	9	1	3	8

63

1	2	6	3	9	8	5	4	7
4	8	3	9	2	7	1	5	6
8	7	5	4	6	1	9	3	2
7	9	8	2	1	5	4	6	3
2	5	7	6	8	4	3	9	1
5	1	4	8	7	3	6	2	9
6	3	2	1	4	9	7	8	5
3	4	9	7	5	6	2	1	8
9	6	1	5	3	2	8	7	4

64

1	8	7	3	2	9	4	6	5
8	7	6	9	5	1	2	3	4
4	5	9	8	3	7	6	1	2
7	9	3	4	1	6	5	2	8
6	3	8	7	4	2	9	5	1
9	6	2	5	8	4	1	7	3
2	4	1	6	9	5	3	8	7
3	2	5	1	6	8	7	4	9
5	1	4	2	7	3	8	9	6

8	9	7	3	4	2	5	1	6
1	8	4	7	2	5	6	9	3
5	4	2	9	7	3	8	6	1
6	7	8	5	3	1	9	2	4
9	2	6	1	8	7	4	3	5
3	1	5	2	9	6	7	4	8
4	3	1	8	6	9	2	5	7
2	6	3	4	5	8	1	7	9
7	5	9	6	1	4	3	8	2

65

3	6	7	1	5	2	9	4	8
9	7	8	5	1	3	4	6	2
5	1	4	8	2	7	6	9	3
4	2	6	9	7	1	3	8	5
1	8	3	6	4	9	5	2	7
8	9	5	3	6	4	2	7	1
6	5	2	4	3	8	7	1	9
2	3	9	7	8	6	1	5	4
7	4	1	2	9	5	8	3	6

66

67

7	8	6	5	4	1	3	2	9
4	3	1	6	8	5	2	9	7
6	2	8	1	9	3	7	4	5
8	4	2	3	5	7	9	1	6
5	9	7	2	1	4	6	8	3
3	1	5	9	6	2	8	7	4
9	5	4	8	7	6	1	3	2
1	7	3	4	2	9	5	6	8
2	6	9	7	3	8	4	5	1

68

3	6	2	9	5	4	1	8	7
8	4	1	5	6	2	7	9	3
9	2	3	4	1	7	6	5	8
5	7	6	1	2	8	3	4	9
2	5	7	8	4	3	9	1	6
6	9	8	2	7	1	4	3	5
1	3	9	7	8	5	2	6	4
7	8	4	3	9	6	5	2	1
4	1	5	6	3	9	8	7	2

69

3	5	7	2	1	9	6	8	4
9	6	8	1	5	4	7	2	3
2	1	5	6	3	8	4	7	9
6	9	2	3	4	7	5	1	8
8	7	4	5	6	2	9	3	1
1	4	3	7	9	6	8	5	2
7	3	6	4	8	1	2	9	5
5	2	9	8	7	3	1	4	6
4	8	1	9	2	5	3	6	7

70

2	5	3	1	8	7	9	6	4
8	2	6	9	4	3	5	7	1
6	8	1	4	2	5	7	3	9
9	1	7	8	6	4	3	5	2
3	4	9	7	5	1	6	2	8
5	7	8	2	9	6	1	4	3
4	6	5	3	1	9	2	8	7
7	9	2	5	3	8	4	1	6
1	3	4	6	7	2	8	9	5

4	9	3	5	6	8	2	7	1
8	5	2	1	4	9	7	6	3
3	7	1	6	5	2	9	4	8
2	3	8	4	7	1	6	5	9
9	4	5	3	8	7	1	2	6
6	8	4	9	2	5	3	1	7
1	6	9	7	3	4	5	8	2
5	1	7	2	9	6	8	3	4
7	2	6	8	1	3	4	9	5

71

6	7	1	4	5	2	3	8	9
5	1	7	3	8	4	9	6	2
2	5	4	8	9	1	6	7	3
9	4	6	7	2	3	5	1	8
8	3	2	5	1	7	4	9	6
7	9	8	6	3	5	2	4	1
1	8	3	9	4	6	7	2	5
3	6	9	2	7	8	1	5	4
4	2	5	1	6	9	8	3	7

72

73

9	5	6	1	3	7	4	8	2
3	7	2	9	4	1	8	6	5
7	6	3	4	1	8	5	2	9
8	9	5	6	7	3	2	4	1
2	1	9	3	8	4	6	5	7
1	8	4	2	9	5	3	7	6
5	4	7	8	2	6	1	9	3
4	2	1	5	6	9	7	3	8
6	3	8	7	5	2	9	1	4

74

4	1	8	3	6	9	5	2	7
1	2	7	8	3	4	6	9	5
8	9	4	6	2	5	7	3	1
6	4	1	5	9	7	3	8	2
9	3	6	7	4	2	1	5	8
5	6	3	2	7	8	4	1	9
7	5	9	1	8	3	2	6	4
2	7	5	9	1	6	8	4	3
3	8	2	4	5	1	9	7	6

9	5	4	7	2	6	1	3	8
7	6	9	4	8	3	2	5	1
1	8	3	5	7	2	9	6	4
6	3	1	9	5	8	4	7	2
2	1	8	6	3	9	7	4	5
8	9	7	1	4	5	3	2	6
3	4	5	2	1	7	6	8	9
5	2	6	3	9	4	8	1	7
4	7	2	8	6	1	5	9	3

75

3	4	6	9	1	8	5	2	7
1	7	2	6	4	9	8	3	5
9	3	8	4	5	2	7	1	6
4	5	1	3	8	7	9	6	2
2	8	3	7	6	5	1	4	9
6	2	9	8	7	4	3	5	1
5	9	7	1	2	3	6	8	4
8	1	4	5	9	6	2	7	3
7	6	5	2	3	1	4	9	8

76

77

9	3	6	1	4	2	8	5	7
8	2	9	4	6	5	1	7	3
4	8	2	3	5	1	7	9	6
5	4	7	8	1	9	6	3	2
1	9	4	7	2	3	5	6	8
6	1	3	9	7	4	2	8	5
3	7	8	5	9	6	4	2	1
2	5	1	6	8	7	3	4	9
7	6	5	2	3	8	9	1	4

78

3	9	5	7	4	1	8	6	2
8	3	4	6	9	7	2	1	5
6	2	7	9	1	3	5	8	4
9	7	3	2	8	4	6	5	1
5	8	9	1	6	2	4	7	3
2	1	8	5	3	6	9	4	7
1	5	6	4	2	9	7	3	8
7	4	2	3	5	8	1	9	6
4	6	1	8	7	5	3	2	9

8	7	2	3	9	1	5	6	4
6	3	9	2	4	5	7	8	1
3	1	6	8	7	4	2	5	9
5	4	3	1	6	2	9	7	8
9	2	4	5	1	6	8	3	7
4	8	1	9	3	7	6	2	5
1	5	7	6	2	8	4	9	3
7	6	5	4	8	9	3	1	2
2	9	8	7	5	3	1	4	6

79

4	8	2	1	3	5	9	6	7
6	2	1	3	5	7	8	9	4
5	3	8	7	1	6	4	2	9
2	4	7	5	6	9	1	3	8
8	7	9	6	4	3	2	5	1
3	1	5	2	9	8	7	4	6
1	6	4	9	8	2	5	7	3
9	5	6	8	7	4	3	1	2
7	9	3	4	2	1	6	8	5

80

1	8	3	7	5	4	2	9	6
5	6	4	2	9	8	7	1	3
2	9	6	8	3	5	4	7	1
3	5	2	1	6	7	9	8	4
4	7	8	5	1	2	3	6	9
9	1	7	4	2	6	8	3	5
7	3	5	6	4	9	1	2	8
6	2	1	9	8	3	5	4	7
8	4	9	3	7	1	6	5	2

81

9	3	5	1	6	4	7	2	8
2	1	4	7	8	6	3	5	9
3	8	1	2	5	7	4	9	6
1	9	3	8	2	5	6	7	4
5	6	9	4	1	2	8	3	7
4	5	7	9	3	8	1	6	2
6	4	8	5	7	9	2	1	3
8	7	2	6	9	3	5	4	1
7	2	6	3	4	1	9	8	5

82

3	8	4	6	2	7	1	5	9
5	2	1	8	4	9	7	6	3
7	6	8	3	1	2	4	9	5
8	4	2	1	6	5	9	3	7
4	1	5	2	9	3	8	7	6
2	7	6	9	3	1	5	4	8
1	3	9	5	7	6	2	8	4
6	9	7	4	5	8	3	2	1
9	5	3	7	8	4	6	1	2

83

3	9	6	2	7	5	1	8	4
5	1	3	6	9	4	7	2	8
6	4	2	7	8	3	9	1	5
9	6	5	3	2	8	4	7	1
7	8	9	4	3	1	6	5	2
2	3	7	8	1	9	5	4	6
8	5	1	9	4	6	2	3	7
4	7	8	1	5	2	3	6	9
1	2	4	5	6	7	8	9	3

84

6	4	3	8	9	5	2	1	7
7	6	5	3	8	9	4	2	1
9	7	1	5	4	6	8	3	2
5	2	7	4	6	8	1	9	3
8	9	4	1	2	3	5	7	6
3	1	9	6	5	2	7	4	8
4	3	8	2	7	1	9	6	5
1	5	2	9	3	7	6	8	4
2	8	6	7	1	4	3	5	9

85

1	8	9	6	2	4	5	7	3
2	5	4	8	1	6	9	3	7
8	2	5	3	6	1	7	9	4
3	7	1	5	9	2	6	4	8
7	6	8	4	3	9	2	1	5
4	1	7	9	8	5	3	2	6
5	9	6	1	7	3	4	8	2
9	4	3	2	5	7	8	6	1
6	3	2	7	4	8	1	5	9

86

6	4	5	3	1	7	2	9	8
2	9	4	7	3	8	1	6	5
1	3	8	2	7	6	4	5	9
4	8	6	9	2	5	3	7	1
3	2	9	6	5	1	8	4	7
5	7	1	4	9	3	6	8	2
8	6	7	1	4	9	5	2	3
9	5	3	8	6	2	7	1	4
7	1	2	5	8	4	9	3	6

87

2	5	1	7	4	3	9	6	8
5	3	7	9	2	6	4	8	1
8	9	2	5	3	4	7	1	6
3	4	9	2	6	8	1	7	5
4	8	5	6	9	1	3	2	7
1	7	6	8	5	9	2	4	3
9	1	8	4	7	5	6	3	2
7	6	4	3	1	2	8	5	9
6	2	3	1	8	7	5	9	4

88

89

2	1	8	5	6	7	3	4	9
8	5	7	9	4	3	1	6	2
3	6	1	4	9	2	8	7	5
4	3	5	2	8	1	6	9	7
6	2	9	7	3	4	5	1	8
5	7	6	8	2	9	4	3	1
1	8	4	6	7	5	9	2	3
9	4	2	3	1	8	7	5	6
7	9	3	1	5	6	2	8	4

90

5	1	9	8	3	6	2	4	7
8	6	4	3	9	7	1	5	2
6	9	3	5	7	2	8	1	4
9	2	8	6	5	3	4	7	1
4	5	2	1	6	8	7	9	3
3	8	1	7	4	9	6	2	5
7	3	6	2	1	4	5	8	9
1	4	7	9	2	5	3	6	8
2	7	5	4	8	1	9	3	6

5	7	4	6	3	2	9	1	8
4	6	5	8	1	3	7	9	2
1	3	8	5	4	7	6	2	9
6	9	2	4	7	5	3	8	1
8	1	6	7	9	4	2	5	3
7	8	9	3	2	1	5	6	4
2	4	1	9	5	6	8	3	7
3	5	7	2	8	9	1	4	6
9	2	3	1	6	8	4	7	5

91

9	3	2	5	8	4	1	7	6
4	2	5	6	1	8	9	3	7
3	9	8	7	4	2	6	1	5
8	5	6	2	3	1	7	9	4
1	8	7	3	6	9	4	5	2
5	6	4	1	9	7	3	2	8
2	7	9	4	5	3	8	6	1
7	4	1	9	2	6	5	8	3
6	1	3	8	7	5	2	4	9

92

1	3	5	8	9	4	6	7	2
8	5	1	6	3	7	2	4	9
6	8	3	7	4	5	9	2	1
2	4	7	1	5	8	3	9	6
4	7	6	2	1	9	5	3	8
5	1	9	3	2	6	4	8	7
3	9	2	4	8	1	7	6	5
9	6	4	5	7	2	8	1	3
7	2	8	9	6	3	1	5	4

93

5	1	9	7	4	2	6	3	8
8	4	2	9	6	5	1	7	3
3	8	6	5	9	1	7	4	2
4	2	8	1	7	3	5	9	6
2	6	5	4	3	8	9	1	7
6	3	4	8	1	7	2	5	9
7	5	3	2	8	9	4	6	1
9	7	1	3	5	6	8	2	4
1	9	7	6	2	4	3	8	5

94

4	2	5	7	1	8	6	3	9
6	4	8	9	2	1	5	7	3
5	1	7	3	4	2	8	9	6
7	9	3	1	8	6	2	4	5
9	5	1	4	6	7	3	8	2
3	6	9	8	5	4	7	2	1
1	8	6	2	3	9	4	5	7
8	7	2	5	9	3	1	6	4
2	3	4	6	7	5	9	1	8

95

2	3	1	4	6	5	8	9	7
7	8	9	3	4	6	1	5	2
3	7	5	6	9	8	2	4	1
5	9	2	8	1	7	6	3	4
6	5	4	7	2	9	3	1	8
9	1	3	2	8	4	7	6	5
8	4	6	1	7	3	5	2	9
1	6	7	9	5	2	4	8	3
4	2	8	5	3	1	9	7	6

96

97

8	4	5	3	6	2	9	7	1
5	2	3	7	4	6	1	8	9
9	8	4	2	7	1	5	6	3
3	6	7	9	2	5	4	1	8
2	9	8	5	1	3	7	4	6
4	1	2	6	3	7	8	9	5
6	5	1	4	8	9	2	3	7
7	3	9	1	5	8	6	2	4
1	7	6	8	9	4	3	5	2

98

1	6	9	2	8	4	5	3	7
2	4	6	3	9	1	8	7	5
6	1	8	4	5	2	7	9	3
8	5	7	1	3	6	2	4	9
7	8	3	6	1	9	4	5	2
9	3	5	7	4	8	1	2	6
4	9	2	8	7	5	3	6	1
3	2	4	5	6	7	9	1	8
5	7	1	9	2	3	6	8	4

99

5	2	6	7	3	1	9	4	8
6	7	1	8	2	9	3	5	4
1	5	8	9	7	4	2	3	6
9	6	4	3	1	5	7	8	2
8	9	5	2	4	3	6	7	1
7	3	2	4	6	8	5	1	9
2	4	7	1	5	6	8	9	3
4	8	3	6	9	7	1	2	5
3	1	9	5	8	2	4	6	7

100

5	7	2	8	3	9	4	1	6
1	5	7	4	6	8	2	9	3
9	8	1	6	2	7	3	5	4
7	9	6	2	4	1	5	3	8
2	4	5	9	7	3	8	6	1
4	3	8	1	9	6	7	2	5
8	2	3	5	1	4	6	7	9
3	6	9	7	8	5	1	4	2
6	1	4	3	5	2	9	8	7

9	5	8	2	4	7	1	6	3
5	3	2	1	9	8	6	4	7
4	6	9	7	1	5	2	3	8
8	1	5	6	3	2	4	7	9
1	7	3	4	6	9	8	2	5
6	8	7	3	2	4	5	9	1
7	4	6	5	8	3	9	1	2
2	9	1	8	7	6	3	5	4
3	2	4	9	5	1	7	8	6

101

7	8	4	9	5	3	1	6	2
4	2	8	5	1	6	3	7	9
5	9	7	6	2	4	8	1	3
8	5	1	3	7	2	9	4	6
9	6	5	8	3	7	4	2	1
2	3	9	1	4	8	6	5	7
3	1	2	4	6	9	7	8	5
1	4	6	7	9	5	2	3	8
6	7	3	2	8	1	5	9	4

102

4	2	7	3	8	6	1	9	5
6	3	9	8	5	1	2	4	7
5	8	3	4	1	7	6	2	9
3	5	1	7	2	4	9	8	6
1	9	6	5	4	3	8	7	2
2	6	5	1	9	8	7	3	4
9	7	2	6	3	5	4	1	8
8	1	4	9	7	2	5	6	3
7	4	8	2	6	9	3	5	1

103

9	8	7	4	1	6	3	2	5
7	6	1	5	9	8	2	4	3
8	2	5	9	4	1	6	3	7
4	9	3	7	6	2	5	1	8
6	1	4	8	3	9	7	5	2
1	7	2	3	8	5	9	6	4
5	4	8	2	7	3	1	9	6
3	5	6	1	2	4	8	7	9
2	3	9	6	5	7	4	8	1

104

105

7	9	3	2	5	4	6	8	1
6	1	7	4	3	8	2	9	5
2	8	1	5	7	6	3	4	9
4	2	6	9	8	3	1	5	7
9	4	8	7	2	1	5	6	3
1	5	9	3	4	7	8	2	6
8	3	5	1	6	9	4	7	2
3	6	2	8	9	5	7	1	4
5	7	4	6	1	2	9	3	8

106

4	9	6	3	5	2	7	8	1
8	4	2	9	6	7	1	3	5
6	1	4	7	8	5	2	9	3
5	3	9	2	7	4	8	1	6
9	7	8	5	1	3	6	4	2
3	2	5	6	9	1	4	7	8
1	5	7	8	2	9	3	6	4
2	8	1	4	3	6	9	5	7
7	6	3	1	4	8	5	2	9

2	4	6	3	7	5	1	8	9
7	3	5	1	8	2	4	9	6
4	1	7	9	5	8	2	6	3
8	5	9	2	4	1	6	3	7
3	9	4	8	1	6	5	7	2
1	2	3	6	9	7	8	4	5
9	8	1	5	6	3	7	2	4
5	6	2	7	3	4	9	1	8
6	7	8	4	2	9	3	5	1

107

9	3	7	8	2	5	1	4	6
2	1	6	5	8	7	4	9	3
5	8	1	4	6	3	9	7	2
6	7	9	1	3	2	5	8	4
7	5	3	2	4	9	6	1	8
1	9	4	3	5	6	8	2	7
4	6	5	9	7	8	2	3	1
8	4	2	7	9	1	3	6	5
3	2	8	6	1	4	7	5	9

108

2	3	8	1	6	5	4	9	7
5	9	4	8	2	7	3	1	6
9	7	2	4	3	6	1	5	8
8	4	9	3	5	1	7	6	2
6	1	5	7	8	2	9	3	4
7	5	3	2	1	4	6	8	9
3	2	6	9	4	8	5	7	1
1	8	7	6	9	3	2	4	5
4	6	1	5	7	9	8	2	3

109

8	6	4	7	9	1	5	2	3
2	8	3	6	4	5	7	1	9
7	3	5	1	6	2	8	9	4
9	5	8	4	7	6	1	3	2
1	7	6	3	8	9	2	4	5
4	2	9	5	1	7	3	6	8
6	1	2	9	3	8	4	5	7
3	9	7	2	5	4	6	8	1
5	4	1	8	2	3	9	7	6

110

5	9	7	8	2	6	3	1	4
3	5	4	2	1	8	7	6	9
7	3	9	4	5	1	8	2	6
8	1	3	6	4	5	2	9	7
2	7	1	9	3	4	6	8	5
6	4	8	1	7	2	9	5	3
1	2	6	5	9	3	4	7	8
4	8	2	7	6	9	5	3	1
9	6	5	3	8	7	1	4	2

111

2	9	8	1	5	6	3	4	7
5	8	6	7	3	1	9	2	4
7	6	4	5	8	9	1	3	2
6	3	1	2	7	4	5	9	8
4	5	9	6	2	8	7	1	3
3	1	7	8	9	2	4	6	5
1	2	3	4	6	5	8	7	9
9	4	5	3	1	7	2	8	6
8	7	2	9	4	3	6	5	1

112

4	2	5	3	6	9	8	7	1
3	5	4	9	1	7	2	8	6
9	4	3	1	2	8	5	6	7
7	9	2	6	8	5	1	3	4
2	7	6	5	3	4	9	1	8
5	1	8	4	7	6	3	9	2
6	3	1	8	5	2	7	4	9
1	8	9	7	4	3	6	2	5
8	6	7	2	9	1	4	5	3

113

8	5	3	6	1	2	4	9	7
9	3	7	5	2	6	1	4	8
4	2	9	1	6	8	5	7	3
5	9	2	3	7	1	8	6	4
7	8	1	4	9	5	6	3	2
1	4	6	7	8	3	9	2	5
6	1	5	2	4	7	3	8	9
3	7	4	8	5	9	2	1	6
2	6	8	9	3	4	7	5	1

114

115

4	6	2	9	5	1	3	7	8
5	1	3	2	6	8	7	9	4
2	7	1	8	9	6	4	5	3
1	5	4	3	8	7	6	2	9
8	3	5	6	7	9	1	4	2
6	2	9	7	4	5	8	3	1
9	4	8	5	1	3	2	6	7
7	8	6	4	3	2	9	1	5
3	9	7	1	2	4	5	8	6

116

3	1	7	5	2	9	8	6	4
1	4	3	9	8	2	6	5	7
4	6	8	2	7	5	1	3	9
7	8	9	6	5	4	3	2	1
2	7	1	3	9	6	5	4	8
5	3	2	4	1	7	9	8	6
6	9	5	8	4	1	2	7	3
8	5	4	1	6	3	7	9	2
9	2	6	7	3	8	4	1	5

117

4	7	9	1	3	6	8	2	5
9	4	5	6	2	8	7	3	1
8	5	6	2	9	4	3	1	7
7	6	3	9	1	5	4	8	2
6	1	2	3	4	7	9	5	8
2	8	7	5	6	3	1	4	9
5	3	4	7	8	1	2	9	6
3	9	1	8	5	2	6	7	4
1	2	8	4	7	9	5	6	3

118

5	6	9	8	4	1	3	2	7
6	7	1	4	5	2	9	3	8
2	3	8	1	9	7	5	6	4
1	8	2	7	6	3	4	5	9
3	2	4	6	1	9	8	7	5
7	9	5	2	3	4	6	8	1
8	1	3	9	7	5	2	4	6
9	4	6	5	2	8	7	1	3
4	5	7	3	8	6	1	9	2

119

9	8	7	2	6	5	4	1	3
7	1	6	4	5	3	8	9	2
4	3	9	5	2	7	6	8	1
6	5	8	3	7	9	1	2	4
5	7	2	9	8	1	3	4	6
2	9	4	1	3	6	5	7	8
1	4	5	6	9	8	2	3	7
3	6	1	8	4	2	7	5	9
8	2	3	7	1	4	9	6	5

120

1	3	5	8	2	4	9	6	7
9	6	3	1	7	8	5	2	4
3	9	8	2	5	6	7	4	1
5	7	9	3	8	2	4	1	6
8	2	1	6	4	9	3	7	5
4	8	6	7	1	5	2	9	3
2	5	7	4	3	1	6	8	9
7	4	2	9	6	3	1	5	8
6	1	4	5	9	7	8	3	2

6	8	2	1	3	9	7	5	4
3	7	1	9	8	5	6	4	2
4	6	9	8	2	1	3	7	5
7	2	4	3	9	8	5	1	6
9	1	6	4	5	2	8	3	7
5	9	3	6	7	4	1	2	8
1	4	8	5	6	7	2	9	3
8	5	7	2	1	3	4	6	9
2	3	5	7	4	6	9	8	1

121

5	9	7	8	2	6	4	3	1
8	2	3	1	9	4	6	5	7
2	5	4	6	3	7	9	1	8
6	3	2	9	8	1	7	4	5
3	1	8	4	7	5	2	9	6
1	4	9	7	6	8	5	2	3
7	8	5	3	4	2	1	6	9
4	7	6	5	1	9	3	8	2
9	6	1	2	5	3	8	7	4

122

123

8	2	4	9	6	5	7	3	1
2	3	1	7	4	8	9	5	6
6	4	7	8	2	9	3	1	5
1	7	9	5	8	6	2	4	3
7	1	6	2	3	4	5	8	9
4	5	3	6	9	1	8	2	7
9	8	5	4	1	3	6	7	2
5	6	8	3	7	2	1	9	4
3	9	2	1	5	7	4	6	8

124

5	4	9	2	7	6	8	3	1
9	8	6	5	4	7	1	2	3
3	5	7	9	8	1	6	4	2
7	1	5	8	2	3	4	9	6
1	9	2	3	6	5	7	8	4
4	3	1	6	9	8	2	5	7
8	6	4	7	3	2	5	1	9
6	2	3	1	5	4	9	7	8
2	7	8	4	1	9	3	6	5

125

5	9	8	3	6	1	2	4	7
3	7	4	9	1	6	5	2	8
6	4	3	1	8	7	9	5	2
1	3	9	5	2	4	7	8	6
8	1	2	6	9	5	4	7	3
9	2	7	4	5	3	8	6	1
7	5	6	8	4	2	1	3	9
2	8	5	7	3	9	6	1	4
4	6	1	2	7	8	3	9	5

126

3	5	7	2	9	1	8	6	4
9	1	2	8	6	4	7	3	5
8	4	5	6	1	7	3	9	2
5	7	4	9	3	8	6	2	1
2	8	6	3	4	9	1	5	7
4	9	8	1	2	6	5	7	3
7	6	3	4	8	5	2	1	9
6	2	1	7	5	3	9	4	8
1	3	9	5	7	2	4	8	6

1	6	9	8	4	5	3	7	2
7	3	6	2	5	4	9	8	1
3	1	4	5	9	8	2	6	7
6	5	8	3	7	2	4	1	9
2	4	1	6	3	7	5	9	8
8	7	3	9	2	1	6	4	5
4	9	5	1	8	6	7	2	3
9	8	2	7	6	3	1	5	4
5	2	7	4	1	9	8	3	6

127

8	1	5	4	3	9	7	6	2
5	7	9	3	2	4	6	8	1
1	9	6	5	7	3	4	2	8
3	2	7	1	9	8	5	4	6
7	6	4	2	5	1	8	9	3
6	3	1	9	8	5	2	7	4
2	5	8	6	4	7	3	1	9
9	4	3	8	6	2	1	5	7
4	8	2	7	1	6	9	3	5

128

7	8	5	1	2	4	3	9	6
4	1	7	2	6	8	9	3	5
3	5	9	7	1	6	8	2	4
2	9	1	5	3	7	6	4	8
6	7	3	8	5	2	4	1	9
8	4	6	3	7	9	2	5	1
9	6	2	4	8	5	1	7	3
1	2	8	9	4	3	5	6	7
5	3	4	6	9	1	7	8	2

129

2	1	5	3	4	7	9	6	8
8	9	4	7	6	5	2	1	3
6	7	8	5	3	1	4	9	2
4	2	3	9	7	6	5	8	1
5	4	6	8	1	2	3	7	9
3	5	1	4	9	8	7	2	6
1	3	2	6	5	9	8	4	7
9	6	7	2	8	3	1	5	4
7	8	9	1	2	4	6	3	5

130

131

3	4	6	1	9	7	5	2	8
5	2	1	3	4	9	8	6	7
6	1	4	5	7	3	9	8	2
1	6	3	9	2	8	4	7	5
8	3	2	7	6	4	1	5	9
2	9	5	8	1	6	7	4	3
7	8	9	2	3	5	6	1	4
9	5	7	4	8	1	2	3	6
4	7	8	6	5	2	3	9	1

132

7	3	9	1	8	2	4	5	6
8	4	2	9	3	6	1	7	5
9	5	3	6	2	1	8	4	7
4	6	7	5	9	8	3	2	1
1	9	8	4	6	5	7	3	2
6	8	1	2	4	7	5	9	3
2	7	5	8	1	3	9	6	4
3	1	6	7	5	4	2	8	9
5	2	4	3	7	9	6	1	8

133

5	7	9	2	4	3	8	1	6
4	1	6	5	8	2	3	7	9
3	5	7	4	2	1	6	9	8
7	9	1	6	5	8	2	4	3
6	8	3	1	7	4	9	5	2
2	6	5	3	9	7	1	8	4
1	4	2	8	3	9	5	6	7
8	3	4	9	6	5	7	2	1
9	2	8	7	1	6	4	3	5

134

1	7	8	9	4	3	5	6	2
2	4	1	3	5	7	8	9	6
5	1	6	2	3	9	4	7	8
9	8	7	5	6	2	1	4	3
8	2	5	6	9	4	7	3	1
3	6	9	1	7	5	2	8	4
4	9	2	8	1	6	3	5	7
7	5	3	4	2	8	6	1	9
6	3	4	7	8	1	9	2	5

135

1	8	4	6	3	5	2	9	7
3	4	2	8	7	9	5	1	6
6	3	8	9	2	4	7	5	1
9	7	1	5	6	2	3	4	8
2	9	7	4	5	6	1	8	3
5	2	3	1	4	8	6	7	9
7	6	5	3	9	1	8	2	4
8	5	9	7	1	3	4	6	2
4	1	6	2	8	7	9	3	5

136

8	5	9	3	6	2	4	7	1
1	7	6	4	2	9	5	3	8
7	3	5	6	4	1	8	2	9
5	8	1	2	7	4	6	9	3
6	2	3	9	1	8	7	5	4
9	6	8	7	3	5	1	4	2
2	9	4	5	8	7	3	1	6
3	4	2	1	5	6	9	8	7
4	1	7	8	9	3	2	6	5

3	5	9	7	4	8	1	6	2
6	3	2	9	5	7	8	1	4
8	4	7	3	1	6	2	5	9
5	7	6	1	2	9	3	4	8
1	2	5	4	8	3	6	9	7
7	8	3	6	9	1	4	2	5
4	9	1	2	3	5	7	8	6
2	1	8	5	6	4	9	7	3
9	6	4	8	7	2	5	3	1

137

8	6	4	3	2	1	5	9	7
7	5	3	1	4	9	8	6	2
1	8	6	9	5	7	2	3	4
6	3	1	7	9	2	4	5	8
9	7	5	4	6	8	1	2	3
3	2	7	6	8	5	9	4	1
4	1	9	2	7	3	6	8	5
5	9	2	8	1	4	3	7	6
2	4	8	5	3	6	7	1	9

138

139

3	6	9	7	8	5	1	2	4
6	8	5	2	4	1	7	3	9
4	9	8	1	5	7	3	6	2
9	1	6	8	2	3	5	4	7
5	3	2	6	1	9	4	7	8
8	5	4	3	7	2	9	1	6
7	2	1	5	9	4	6	8	3
2	4	7	9	3	6	8	5	1
1	7	3	4	6	8	2	9	5

140

8	3	7	6	5	4	2	9	1
9	8	5	4	3	2	7	1	6
3	7	6	8	9	1	4	5	2
7	4	9	2	8	6	1	3	5
4	2	1	9	6	3	5	8	7
6	9	8	1	2	5	3	7	4
2	1	4	5	7	9	8	6	3
1	5	3	7	4	8	6	2	9
5	6	2	3	1	7	9	4	8

141

9	3	4	5	1	6	8	7	2
1	7	9	6	2	8	3	5	4
6	1	2	4	7	5	9	8	3
5	8	6	1	3	2	7	4	9
4	5	8	3	9	7	2	1	6
8	6	1	9	4	3	5	2	7
7	2	5	8	6	9	4	3	1
3	4	7	2	8	1	6	9	5
2	9	3	7	5	4	1	6	8

142

5	3	8	4	7	1	6	9	2
8	7	9	2	5	3	1	4	6
4	2	7	6	8	9	3	1	5
3	9	5	8	4	6	2	7	1
6	5	4	9	1	7	8	2	3
9	4	1	5	6	2	7	3	8
7	6	3	1	2	8	9	5	4
2	1	6	3	9	4	5	8	7
1	8	2	7	3	5	4	6	9

6	4	8	3	5	9	7	2	1
5	6	1	4	7	8	3	9	2
4	9	3	6	1	7	2	5	8
1	5	4	7	2	6	9	8	3
3	7	6	1	9	2	8	4	5
7	3	2	5	8	1	4	6	9
2	8	7	9	6	5	1	3	4
9	2	5	8	4	3	6	1	7
8	1	9	2	3	4	5	7	6

143

4	3	2	7	8	9	1	5	6
8	9	3	4	1	5	2	6	7
1	5	8	2	4	6	7	3	9
2	1	6	5	7	8	4	9	3
6	2	9	1	5	7	3	4	8
5	7	4	6	2	3	9	8	1
7	6	5	9	3	2	8	1	4
3	4	7	8	9	1	6	2	5
9	8	1	3	6	4	5	7	2

144

145

4	9	5	8	1	2	3	7	6
6	7	3	4	2	1	5	8	9
9	1	4	6	3	8	7	2	5
5	6	9	1	7	3	8	4	2
2	5	7	3	4	9	1	6	8
1	8	2	9	6	7	4	5	3
8	3	1	7	5	6	2	9	4
7	2	6	5	8	4	9	3	1
3	4	8	2	9	5	6	1	7

146

2	3	7	4	6	8	9	5	1
4	7	2	9	1	6	5	8	3
9	4	6	7	8	5	1	3	2
5	8	3	1	7	2	6	4	9
8	1	4	6	2	9	3	7	5
7	5	8	2	3	1	4	9	6
3	6	9	5	4	7	2	1	8
1	2	5	8	9	3	7	6	4
6	9	1	3	5	4	8	2	7

147

4	1	3	5	9	8	7	6	2
1	3	8	6	2	5	9	7	4
6	8	2	7	5	4	1	9	3
9	7	4	3	1	6	8	2	5
3	2	6	8	7	1	5	4	9
7	4	9	2	8	3	6	5	1
5	6	7	9	3	2	4	1	8
2	9	5	1	4	7	3	8	6
8	5	1	4	6	9	2	3	7

148

6	7	9	5	8	4	3	1	2
4	5	6	7	2	1	8	3	9
5	6	8	2	4	3	9	7	1
9	8	4	1	3	5	2	6	7
8	1	3	6	9	7	5	2	4
7	3	2	8	6	9	1	4	5
2	4	7	9	1	8	6	5	3
1	2	5	3	7	6	4	9	8
3	9	1	4	5	2	7	8	6

149

6	8	5	3	4	2	1	7	9
3	6	4	7	2	1	8	9	5
9	5	3	2	8	6	7	4	1
1	9	7	5	3	8	6	2	4
4	7	2	1	5	3	9	6	8
7	2	8	4	6	9	5	1	3
5	1	6	9	7	4	3	8	2
2	3	9	8	1	7	4	5	6
8	4	1	6	9	5	2	3	7

150

9	7	5	2	6	3	4	8	1
7	1	9	6	4	8	2	5	3
8	2	7	3	5	4	6	1	9
3	5	4	7	2	1	9	6	8
6	8	1	4	7	9	3	2	5
2	6	8	5	9	7	1	3	4
4	3	2	1	8	6	5	9	7
5	9	3	8	1	2	7	4	6
1	4	6	9	3	5	8	7	2

9	1	8	3	4	2	7	5	6
5	7	9	6	2	3	8	1	4
1	4	3	5	8	6	9	7	2
3	5	4	9	6	7	2	8	1
4	2	7	1	5	8	6	9	3
8	3	6	4	7	1	5	2	9
7	6	1	2	9	5	3	4	8
2	9	5	8	3	4	1	6	7
6	8	2	7	1	9	4	3	5

151

4	2	7	9	8	5	3	6	1
9	6	4	2	7	3	1	5	8
1	8	6	3	5	4	7	2	9
6	1	5	7	9	2	8	3	4
7	9	2	1	3	8	5	4	6
3	4	8	5	1	6	9	7	2
5	7	1	6	2	9	4	8	3
8	3	9	4	6	7	2	1	5
2	5	3	8	4	1	6	9	7

152

153

7	8	3	4	5	6	9	1	2
5	4	9	1	7	8	2	6	3
3	6	1	5	9	4	8	2	7
6	1	8	2	3	5	4	7	9
8	5	7	9	4	2	6	3	1
4	9	2	7	6	1	3	8	5
1	3	4	8	2	7	5	9	6
9	2	5	6	1	3	7	4	8
2	7	6	3	8	9	1	5	4

154

9	6	4	8	2	7	5	1	3
5	2	6	9	1	3	8	7	4
1	3	8	7	4	5	6	2	9
2	4	9	5	3	8	7	6	1
7	5	3	1	8	9	2	4	6
3	7	2	4	5	6	1	9	8
8	1	5	2	6	4	9	3	7
6	8	7	3	9	1	4	5	2
4	9	1	6	7	2	3	8	5

155

3	8	9	7	2	5	4	6	1
6	2	1	3	5	4	8	9	7
5	9	3	2	1	8	6	7	4
1	7	5	4	9	6	2	3	8
2	6	8	1	4	3	7	5	9
4	3	6	9	7	2	1	8	5
7	5	4	6	8	9	3	1	2
8	1	2	5	6	7	9	4	3
9	4	7	8	3	1	5	2	6

156

4	3	2	5	1	9	8	6	7
6	4	3	7	9	8	5	1	2
1	2	8	3	7	5	6	4	9
9	1	5	8	2	6	7	3	4
8	7	9	4	5	1	3	2	6
2	5	4	6	8	3	9	7	1
5	6	7	1	3	4	2	9	8
7	8	6	9	4	2	1	5	3
3	9	1	2	6	7	4	8	5

2	7	1	5	9	6	4	3	8
6	8	7	4	5	3	1	2	9
9	5	3	2	4	1	7	8	6
8	2	5	9	3	7	6	4	1
5	1	6	3	8	2	9	7	4
1	3	8	6	7	4	5	9	2
3	9	4	1	6	8	2	5	7
7	4	2	8	1	9	3	6	5
4	6	9	7	2	5	8	1	3

157

1	4	9	5	3	2	8	6	7
3	9	6	2	4	5	7	8	1
6	8	2	4	9	7	1	3	5
5	1	7	3	6	4	9	2	8
9	2	4	1	5	8	3	7	6
8	3	1	7	2	6	5	4	9
2	7	3	9	8	1	6	5	4
4	6	5	8	7	9	2	1	3
7	5	8	6	1	3	4	9	2

158

159

2	4	7	6	9	3	5	1	8
7	6	1	9	3	5	8	2	4
9	7	8	5	2	6	4	3	1
1	2	9	3	4	7	6	8	5
5	3	2	7	6	8	1	4	9
6	5	4	8	1	2	9	7	3
3	1	5	2	8	4	7	9	6
8	9	6	4	7	1	3	5	2
4	8	3	1	5	9	2	6	7

160

5	7	1	3	4	6	2	9	8
8	9	2	1	3	4	5	6	7
4	6	3	2	1	5	8	7	9
7	3	5	8	9	2	1	4	6
3	2	8	5	7	9	6	1	4
6	1	9	4	5	8	7	3	2
9	5	4	6	2	7	3	8	1
2	4	6	7	8	1	9	5	3
1	8	7	9	6	3	4	2	5

8	5	3	1	4	9	7	6	2
1	6	4	2	5	8	3	7	9
7	1	2	6	9	3	8	4	5
5	3	8	9	1	6	4	2	7
4	2	9	3	7	1	6	5	8
3	7	6	8	2	5	1	9	4
2	8	7	5	3	4	9	1	6
9	4	1	7	6	2	5	8	3
6	9	5	4	8	7	2	3	1

161

5	4	8	6	9	2	1	3	7
4	5	3	7	2	8	9	1	6
7	6	9	8	3	5	4	2	1
9	1	5	3	4	6	2	7	8
3	8	6	1	7	4	5	9	2
1	9	2	5	8	7	3	6	4
2	3	7	4	1	9	6	8	5
6	7	1	2	5	3	8	4	9
8	2	4	9	6	1	7	5	3

162

4	2	6	1	5	7	8	3	9
9	1	5	7	4	6	3	8	2
3	9	8	6	2	4	7	5	1
5	4	1	9	8	2	6	7	3
2	8	3	4	7	9	1	6	5
6	5	7	8	1	3	9	2	4
8	7	2	3	9	1	5	4	6
7	3	9	2	6	5	4	1	8
1	6	4	5	3	8	2	9	7

163

3	4	9	2	5	6	1	8	7
4	5	6	1	8	2	7	9	3
6	9	5	8	7	4	3	1	2
2	3	8	7	9	1	4	6	5
5	8	2	4	3	9	6	7	1
1	2	7	9	4	5	8	3	6
9	1	4	3	6	7	5	2	8
7	6	3	5	1	8	2	4	9
8	7	1	6	2	3	9	5	4

164

165

3	8	6	9	1	7	4	2	5
4	7	8	6	3	2	9	5	1
5	3	2	1	4	6	7	9	8
7	2	4	3	5	8	1	6	9
2	5	9	7	6	1	8	3	4
8	9	7	4	2	3	5	1	6
9	4	1	2	8	5	6	7	3
1	6	3	5	9	4	2	8	7
6	1	5	8	7	9	3	4	2

166

6	8	9	4	1	7	2	3	5
3	6	1	7	9	8	5	2	4
4	1	8	3	2	6	9	5	7
2	7	5	1	3	9	8	4	6
7	4	6	2	5	3	1	8	9
5	9	4	6	7	2	3	1	8
1	5	3	9	8	4	6	7	2
8	2	7	5	6	1	4	9	3
9	3	2	8	4	5	7	6	1

167

2	9	5	3	6	4	8	7	1
5	3	8	1	9	2	7	4	6
4	7	9	6	3	5	2	1	8
1	5	3	2	8	9	4	6	7
9	8	2	7	1	6	5	3	4
3	4	1	9	7	8	6	2	5
8	2	6	4	5	7	1	9	3
7	6	4	8	2	1	3	5	9
6	1	7	5	4	3	9	8	2

168

4	8	1	2	3	5	7	9	6
3	6	7	8	2	4	5	1	9
1	4	9	7	8	3	6	5	2
5	2	4	3	7	8	9	6	1
7	5	3	1	6	9	2	4	8
6	9	8	4	1	2	3	7	5
9	3	6	5	4	1	8	2	7
2	1	5	6	9	7	4	8	3
8	7	2	9	5	6	1	3	4

169

1	6	8	4	7	9	5	2	3
9	1	7	6	4	3	2	5	8
5	8	6	9	3	7	1	4	2
6	5	1	2	9	4	3	8	7
8	3	2	7	5	1	4	6	9
4	2	3	8	1	6	7	9	5
3	7	9	5	6	2	8	1	4
7	4	5	1	2	8	9	3	6
2	9	4	3	8	5	6	7	1

170

2	6	1	9	8	5	3	7	4
4	8	9	5	7	6	2	3	1
3	4	6	1	9	2	7	5	8
8	1	5	4	6	3	9	2	7
6	9	2	8	3	7	4	1	5
1	2	7	3	5	4	8	6	9
7	3	4	6	1	9	5	8	2
9	5	8	7	2	1	6	4	3
5	7	3	2	4	8	1	9	6

9	6	4	7	3	1	8	2	5
5	2	8	9	6	4	7	3	1
7	5	1	2	4	9	3	6	8
2	7	5	4	9	8	6	1	3
4	3	6	8	2	7	1	5	9
3	9	7	6	1	5	2	8	4
6	8	2	1	5	3	4	9	7
8	1	3	5	7	2	9	4	6
1	4	9	3	8	6	5	7	2

171

3	6	9	2	1	5	8	7	4
9	2	4	7	6	8	3	5	1
2	9	5	1	3	4	7	8	6
1	8	6	5	9	3	2	4	7
6	4	3	8	7	2	1	9	5
4	5	1	3	8	7	6	2	9
7	3	8	9	4	6	5	1	2
5	1	7	6	2	9	4	3	8
8	7	2	4	5	1	9	6	3

172

2	7	5	1	4	9	3	6	8
5	4	7	2	3	6	8	1	9
9	5	8	4	7	1	6	2	3
6	8	2	9	5	7	4	3	1
7	6	1	3	9	5	2	8	4
1	3	4	5	6	8	9	7	2
8	1	9	7	2	3	5	4	6
3	2	6	8	1	4	7	9	5
4	9	3	6	8	2	1	5	7

173

7	4	3	8	6	9	5	1	2
1	2	6	5	3	8	7	9	4
3	5	8	4	1	6	2	7	9
5	1	2	9	4	3	6	8	7
2	3	9	7	5	1	4	6	8
6	9	7	2	8	5	1	4	3
8	6	4	1	9	7	3	2	5
9	7	5	6	2	4	8	3	1
4	8	1	3	7	2	9	5	6

174

5	4	8	7	9	1	6	2	3
2	1	5	4	6	3	7	9	8
6	2	3	9	7	5	4	8	1
4	9	2	5	1	8	3	7	6
3	7	6	2	8	4	1	5	9
7	6	4	1	5	9	8	3	2
1	8	7	3	2	6	9	4	5
9	3	1	8	4	2	5	6	7
8	5	9	6	3	7	2	1	4

175

2	6	8	1	5	3	4	9	7
1	8	4	5	6	7	3	2	9
4	9	1	6	3	8	7	5	2
9	1	6	3	8	5	2	7	4
8	5	3	2	7	9	1	4	6
7	2	9	8	1	4	5	6	3
5	4	2	7	9	1	6	3	8
6	3	7	9	4	2	8	1	5
3	7	5	4	2	6	9	8	1

176

177

1	9	7	3	6	5	2	4	8
9	4	1	6	2	7	5	8	3
7	8	5	9	4	2	1	3	6
4	2	3	5	9	6	8	1	7
8	6	2	1	3	9	4	7	5
2	5	4	7	8	1	3	6	9
6	7	8	2	1	3	9	5	4
3	1	6	4	5	8	7	9	2
5	3	9	8	7	4	6	2	1

178

2	7	5	1	8	3	6	9	4
1	5	4	2	7	6	3	8	9
7	9	6	3	5	8	4	2	1
3	1	8	6	2	9	5	4	7
4	6	9	5	1	2	7	3	8
8	3	2	7	6	4	9	1	5
9	4	7	8	3	5	1	6	2
6	2	1	4	9	7	8	5	3
5	8	3	9	4	1	2	7	6

179

8	2	3	7	5	1	9	4	6
3	4	9	6	8	2	1	7	5
4	7	2	8	3	9	5	6	1
9	6	7	2	4	5	3	1	8
2	8	5	1	7	6	4	3	9
1	9	6	5	2	3	7	8	4
7	5	1	3	6	4	8	9	2
6	3	4	9	1	8	2	5	7
5	1	8	4	9	7	6	2	3

180

6	5	9	3	1	8	2	7	4
3	7	1	5	4	2	9	8	6
5	3	2	1	9	4	8	6	7
4	9	8	2	6	7	1	5	3
9	8	4	7	5	3	6	2	1
2	1	3	4	8	6	7	9	5
8	4	6	9	7	1	5	3	2
1	6	7	8	2	5	3	4	9
7	2	5	6	3	9	4	1	8

181

www.ingramcontent.com/pod-product-compliance
Lightning Source LLC
Chambersburg PA
CBHW031829170526
45157CB00001B/230
9781077874138